# プログラミング文体練習
## ―Pythonで学ぶ40のプログラミングスタイル―

Cristina Videira Lopes　著

菊池 彰　訳

# Exercises in Programming Style

## Second Edition

Cristina Videira Lopes

CRC Press
Taylor & Francis Group
Boca Raton London New York

CRC Press is an imprint of the
Taylor & Francis Group, an **informa** business

A CHAPMAN & HALL BOOK

*Julia*へ

# 訳者まえがき

　新しいプログラミング言語を学ぶ際、すでに習得したさまざまな言語の特徴や言語独特の書き方といった言語に対するある種の雰囲気を、新しい言語にも感じることがあります。波カッコでブロックを囲むなどの直接的な特徴ではなく、型の扱いやリスト処理の方法といった考え方の部分にです。

　言語を特徴づけるプログラムの書き方や、ある特定の問題を解くために複数の言語で横断的に用いられるプログラムの書き方を本書ではスタイルと呼び、1つの問題を異なるスタイルを用いてプログラムを書き分けて見せてくれます。筆者がまえがきの中で述べているように、2、3のプログラミング言語の経験しかない場合と、さまざまなプログラミング言語を学んだ後とでは、明らかに後者の方が、新しい言語や概念に対する受容力が上がります。私も長年コンピュータプログラミングに携わる中でそれを経験してきました。新しい考え方に突き当たると、「これはあの言語のあの部分の、別の考え方ではないか」との思いに至ることがあります。冒頭ではそれを「雰囲気を感じる」と表現しました。

　スタイルの引き出しを増やすことで受容力を上げることができますが、これも筆者がまえがきの中で述べているように、これまでは膨大な経験を経て獲得するのが常でした。本書では、問題と言語を固定して40のスタイルを解説し、読者の引き出しを充実させるべくサポートしてくれます。ただし、それぞれのスタイルからエッセンスを抽出し、限られたページの中で説明しているため、スタイルの利点や制約が存在する理由が理解できずに悩むかもしれません。その場合は、スタイルの元となる言語を学んだり、演習問題に挑戦してから再度解説を読み直してみてください。本書は読者のプログラミング能力を飛躍的に高めてくれるでしょう。

　本書はCristina Videira Lopesによる『*Exercises in Programming Style Second Edition*』の日本語訳です。

　日本語訳では原著から変更した点が2つあります。1つ目は、コードのPEP 8対応です。各章のプログラムは、スタイルの意図を崩さない範囲内でPEP 8に準拠させると共に、わかりにくかったprint関数のフォーマットをf文字列で書き直しました。そのため、原著のコードとも、GitHubのコード (github.com/crista/exercises-in-programming-style) とも若干異なっています。2つ目は、各章に追加した副題です。原著の章題は、それぞれのスタイルを絶妙に言い表しているのですが、一見してどのようなスタイルなのかがわかりにくいものもあります。スタイルは特定の言語やある種の技術と強い結びつ

きがあるものの、その言語や技術そのものではありません。読者が目次を見た際に、本書がどのような内容を扱っているのかをわかりやすくするために、関連するキーワードを副題として並べることにしました。スタイルを理解するために、GitHubリポジトリ各章のREADME.mdに書かれた「Possible names」も参考にしてみてください。

　また各スタイルを表現する手段としてPythonを使用していますが、本書はPythonの教科書ではありません。あくまで主役はスタイルです。そのため、各章の説明はPythonの用語ではなく、そのスタイルの言葉を使用しています。例えばPythonの関数を「手続き」と説明するなど、用語の違いに注意してください。プログラムの説明がPython的に見て正確ではない箇所については、可能な限り訳注を加えました。

　最後になりましたが、鈴木駿氏からは、プログラムの解説に対する指摘と訳注として補足すべき情報を数多くいただきました。大橋真也氏、藤村行俊氏、赤池飛雄氏からは、訳の誤りを訂正し文章のわかりやすさ、明確さを向上させるための改善点を多数いただきました。この場を借りてお礼申し上げます。また、いつものようにオライリー・ジャパンの赤池涼子氏には、翻訳の機会を与えていただいただけでなく、翻訳活動のあらゆる面でサポートをいただきました。深く感謝いたします。

2023年5月

菊池 彰

# 第2版　まえがき

　第1版の発行から6年の間に、本書の更新を必要とする出来事が2つありました。1つは、Python 3の普及です。第1版では、すべてのコードはPython 2で書かれていましたが、Python 2は現在、正式にサポートが終了しています。そのため、第2版ではすべてのコードをPython 3に書き直しました。

　しかし、2014年以降に起きた2つ目の、そしてさらに重要な出来事は、機械学習、具体的にはニューラルネットワーク（NN：Neural Networks）の急速な発展です。2018年頃には、これまでと全く同じ方法、つまり単語頻度の課題にニューラルネットワークを適用し、ニューラルネットワークにおける基本的なプログラミングの概念を捉えることが、筆者の新たな義務であり個人的な挑戦であると認識するに至ります。その結果、厳密かつ明確に論理を把握できるため、通常はニューラルネットワークを使用しない問題である単語頻度を、ニューラルネットワークを使って解くという興味深い旅を始めることにしました。この第2版では、新しく追加した第X部で、ニューラルネットワークの基本的なプログラミングの概念を紹介しています。

　この単語頻度の課題をニューラルネットワークで解決する旅を進める過程で、明らかになったことが4つあります。1つ目は、問題をより小さな要素に分解し、それら小さな問題をニューラルネットワークで解く方法を示す必要がある点です。これは、単語頻度全体を解くには、小さな問題をパイプラインでつなぎ、多くのニューラルネットワークの概念を必要とするためです。また、ニューラルネットワーク人気を支える魔法の源泉は**学習**ですが、それよりも計算機械のネットワークという概念に筆者が惹きつけられてしまったことです。これが2つ目です。既存のデータに基づいて予測を行う統計学の力には感心するのですが、コンピュータエンジニアである筆者は、どうしても手作業で重みを設定してネットワークをプログラミングしたくなるのです。「第X部　ニューラルネットワーク」では、学習を行わずに手作業でプログラミングを行いました。3つ目は、ニューラルネットワークをプログラミングする最も人気のあるフレームワークであるTensorFlowは、その中核に**配列プログラミング**の概念を使用していたことです。我々が本質的に線形代数演算を扱っていることを考えれば、これは驚くことではありません。この歴史的に重要なプログラミングスタイルである配列プログラミングを、第1版では見逃してい

たことに気づいたので、「**第Ⅰ部　歴史的スタイル**」に新しい章を追加しました（ごめんなさいAPL[*1]、ご紹介が遅れたことをお詫びします）。最後の4つ目は、ニューラルネットワークプログラミングの概念だけで、新しい本1冊が書けると気づいたことです。第X部には6つの章がありますが、これらの章はニューラルネットワークにおけるプログラミングアイデアの膨大で豊穣な分野をカバーしきれていません。

　ニューラルネットワークは、根本的にこれまでと異なる考え方を必要としますが、非常に低レベルかつ非常に強力でもあります。すべてのプログラマはこのコネクショニスト[*2]コンピューティングモデルを学ぶ必要があると筆者は確信しています。それはニューラルネットワークを活用したアプリケーションが非常に高い人気を得ているからではなく、それ自身に価値があるからです。

　ピエール・バルディは、筆者がニューラルネットワークへの関心を深め、門外漢としてこの分野を学ぶのに協力してくれました。第X部に取り上げたすべての話題について、彼との会話が大きな助けとなりました。また、この6年で娘のジュリアは成長し、本書第2版の完成に向けて集中できるよう助けてくれたこともありました。彼女に感謝します。また、2018年にサバティカルを与えてくれた学科長のアンドレ・バン・デル・ホークと学部長のマリオス・パパエフティミューに感謝します。そのおかげで、機械学習の世界に飛び込むことができました。最後に、筆者の講座を受講し、熱心にさまざまなフィードバックをくれた何百人もの学生に感謝します。

クリスティナ・ヴィディラ・ロペス
アーバインにて
2020年2月29日

---

[*1]　訳注：APL (a programming language) は配列処理と簡潔な記法を特徴とする、初期のプログラミング言語の1つ。関数型言語で、Mathematicaに影響を与えた。特殊記号を多用するため特殊なキーボードが必要だったが、後継のJ言語はASCII文字だけで記述できる。
[*2]　訳注：コネクショニズム (connectionism) は、脳の神経回路網をモデルにして認知機能をコンピュータ上で実現しようとする考え方。コネクショニスト (connectionist) はその研究者のこと。

# 第1版　まえがき

## コード

本書は、http://github.com/crista/exercises-in-programming-styleで公開しているコードの解説書です。

## 想定される読者

上記のコードは本書の根幹をなすものであり、プログラミングの技法を学ぶあらゆる人を対象としています。一部のイディオムには自明でないものもあるため、コードを補完して説明を加えました。長年の経験を持つソフトウェア開発者は、本書の広い文脈の中で馴染みのあるプログラミングスタイルを再確認し、普段は使用しないであろうスタイルを楽しく学べるはずです。

本書は、コンピュータサイエンスやソフトウェア工学における上級プログラミング講座の教科書として使用できます。また、講義スライドなどの追加教材も用意されています。本書はプログラミングの入門コース向けには作られていません。学生は走る（つまり、さまざまな方法の存在に気づく）よりも前に、這う（つまり、方法は1つしかないと錯覚しながらプログラミングを学ぶ）ことができなければなりません。読者の多くは、学部の3、4年生か、博士課程前期の大学院生を想定しています。各章末の演習は、読者が各スタイルを理解しているかをテストするのに適しています。また、大学院生向けに適切と思われる参考文献も紹介しました。

本書は、プログラミングを少し知っている、あるいはプログラミング技術に強い関心を持つライターの方々にも、興味を持っていただけると思います。重要な違いはあっても、プログラムを書くことと一般的な文章を書くことには多くの共通点があります。

## 執筆に至る経緯

　1940年代、フランスの作家レーモン・クノー[*1]は、全く同じ物語をそれぞれ異なる99のスタイルで書いた『*Exercices de style*』[*2]という珠玉の作品を執筆しました。これは、1つの物語をさまざまな方法で表現できることを示した、文章技術の傑作です。物語は平凡かつすべて同じであり、内容よりもむしろスタイルに着目しています。物語を語る際に行われる決定が、その物語の認知にどのような影響を与えるかを示しています。

　クノーの物語は2つの文で語れる程度の非常に簡単なものです。S系統のバスに乗った語り手は、帽子をかぶった首の長い男に気づきますが、その男は隣に座っていた男と口論になります。2時間後、語り手はサン・ラザール駅の近くで同じ男が友人と思われる人物と共にいることを見かけ、その人物はオーバーコートに追加するボタンについて男に助言しています。それだけです。そしてこの物語を、例えば緩叙法、比喩、擬人化などを使用して、99回繰り返します[*3]。

　筆者は、長年にわたりプログラミングに関する講座の中で、一般的にプログラムの書き方やシステム設計のさまざまな方法を理解するのに学生が苦労していることに気づきました。彼らは1つ、多くても2つのプログラミング言語しか学んでいないため、その言語が推奨するスタイルしか理解できず、他のスタイルに頭を悩ませることになるのです。その原因は彼らにはありません。プログラミング言語の歴史を見ても、プログラムのスタイルに関するコンピュータサイエンスの教材がほとんどないことからもわかるように、膨大な経験を積まないとこの問題に直面することがないのです。スタイルとは、実体がなく説明することも困難な、プログラムに関する特性であり、技術的な議論が続いています。そこで、クノーに触発されたプロジェクトを始めることにしました。つまり、プログラムのスタイルに適切な評価ができるように、筆者が長年にわたり出会った多くのスタイルを用いて全く同じ計算課題のプログラムを書くのです。

　では、「スタイル」とは何でしょう。クノーも参加していたサークル「ウリポ (Oulipo)」（フランス語で「Ouvroir de littérature potentielle」であり「潜在的文学工房」と訳される）において、スタイルとは、しばしば置換 (permutations) やリポグラム (lipograms) といった数学的概念に基づく「制約の下での創造」の結果とされています。これらの制約は、物語そのもの以外に、知的な面白さを生み出すための手段として使われます。この考え方は流行し、何年にもわたってウリポの制約を用いた文学作品がいくつも生み出されました。

　本書でも同様に、プログラミングスタイルとは一連の制約の下でプログラムを書いた結果として生じるものと考えます。この制約には、外部からもたらされるものや自主的に課したもの、環境の真の課題を捉えたものや人工的なもの、過去の経験および測定可能なデータから得られるものや個人的な好みなどさまざまなものが存在します。制約はその起源に関係なく、スタイルの種となります。どの制約を重視するかにより、「何をするか」という点では実質的に同じでも、「どうするか」という点では根本的に

---

[*1]　訳注：レーモン・クノーは、フランスの詩人。『地下鉄のザジ』(*Zazie dans le métro*)の作者として知られている。

[*2]　訳注：日本語訳は2つある。朝比奈 弘治訳 (1996)、文体練習、朝日出版社と松島 征 (2012)、文体練習、水声社

[*3]　訳注：99編目は他と異なり、ちょっとしたネタバレを含み、それまでの98編に新しい視点をもたらすという仕掛けがある。

異なるプログラムが作成できます。

　優れたプログラマが把握すべきあらゆる事柄の中で、データ構造やアルゴリズムと同様にプログラミングスタイルの収集は重要です。さらに言うと、スタイルはコンピュータに対する効果よりも人に対して大きな影響を持ちます。プログラムはコンピュータに情報を伝えるだけでなく、それを読む人に情報を伝えることに意味があるからです。どのような表現形式であっても、「何」が伝えられるかは、それが「どのように」語られているかによって形作られ、影響します。上級プログラマは、単に性能が良く適切に動作するプログラムを書くだけでなく、そのプログラムを表現するための適切なスタイルを目的に合わせて選択する能力が必要です。

　これまでは、プログラム表現の微妙な違いを教えるよりも、アルゴリズムやデータ構造を教える方がずっと簡単でした。データ構造やアルゴリズムに関する書籍はほとんど同じ形式を持ち、疑似コード、その説明、計算量の分析などで構成されています。プログラミングに関する書籍は、プログラミング**言語**を説明するものと、設計やアーキテクチャの**パターン**を紹介するものの2つに大別されます。しかし、プログラムの書き方には、プログラミング言語が奨励や強制する概念から、最終的にプログラムを構成する要素の組み合わせまでの連続性があります。言語とパターンは相互に影響し合うため、これらを2つの異なるものとして分離すると、誤った二項対立を生んでしまいます。クノーの作品群に出会った際、彼が表現スタイルを説明するための基礎として焦点を当てた**制約 (constraints)** が、プログラミングの世界における多くの重要な創造的作業を統合するための優れたモデルであるように思えました。

　ソフトウェアシステムにおけるスタイルを説明するための優れた統一原理として制約に注目したのは、筆者が初めてではありません。**アーキテクチャのスタイル**に関する研究は、長年そのアプローチを取ってきました。正直なところ、スタイルが制約（あるものは許可されない、あるものは必ず入っていなければならない、あるものは制限があるなど）から生じるという考え方は、最初は少し理解しがたいものでした。誰が制約の下でプログラムを書きたいなどと思うでしょうか。クノーの作品に出会うまではこの考えを完全に理解できませんでした。

　クノーの物語と同様に、本書の計算課題は簡単です。テキストファイル中の単語のリストを作成し、単語の頻度を計算し、頻度の高い順に表示します。この計算課題を、**単語頻度 (term frequency)** [*1]と呼びます。本書には、各章に1つずつ、単語頻度プログラムを表現する33種類のスタイルを掲載しています。クノーの作品とは異なり、それぞれのスタイルにおける制約を言葉で表現し、サンプルプログラムを説明することにしました。対象読者を考慮すると、読者の解釈に委ねるのではなく、それらの知見を明らかにすることが重要であると考えたからです。章の最初に各スタイルの制約条件を提示し、次にサンプルプログラムを示し、そのコードの詳細な解説を行います。システム設計に対するスタイルの影響の節と、そのスタイルが生まれた歴史的背景に関する節を多くの章に追加しました。歴史は重要です。学問はその核となる考え方の起源を忘れてはなりません。読者の好奇心が旺盛で、推薦した参考文献に目を通してくれることを期待しています。

　なぜ33種類なのでしょうか。この33は個人的な縛りです。クノーの作品には99のスタイルがありま

---

[*1]　訳注：本書のプログラムのクラス名などで接頭辞として使われる「TF」はここから来ている。

したが、もし99種類を目標にしていたら、おそらく本書は完成しなかったでしょう。しかし、本書のベースとなる公開リポジトリの内容は、これからも増え続けるでしょう。スタイルは、歴史的スタイル、基本スタイル、関数合成、オブジェクトおよびオブジェクトの相互作用、リフレクションとメタプログラミング、異常事態、データ中心、並列性、対話性の9つに分類されています。これらの分類は、本書を整理する方法として生まれました。互いに関連性の高いスタイルをグループ化したものですが、これ以外の分類ももちろん可能です。

クノーの作品と同様に、これらプログラミングスタイルのサンプルはまさに**練習**なのです。それはソフトウェアのスケッチあるいはアルペジオであり、音楽ではありません。実際のソフトウェアではシステムのさまざまな部分にさまざまなスタイルを用います。さらに、これらすべてのスタイルは混ぜ合わせることが可能で、それ自体が興味深いハイブリッドスタイルとなります。

最後に、もう1つ重要な指摘があります。このプロジェクトはクノーの作品から着想を得ましたが、ソフトウェアは文芸作品と全く同じではありません。ソフトウェア設計の決定には、実用的な視点が欠かせません。つまり、ある特定の目的に対しては、他の表現よりも優れた表現が存在します[*1]。本書では、特定の明確なケースを除いて、スタイルの良し悪しを判断していません。それは、プロジェクトの状況や背景に大きく依存し、筆者が判断できるものではないからです。

## 謝辞

本書の初期ドラフトに貴重なご意見をいただいた方々、Richard Gabriel、Andrew Black、Guy Steele、James Noble、Paul Steckler、Paul McJones、Laurie Tratt、Tijs van der Storm、カリフォルニア大学アーバイン校のINF212/CS235（2014年冬季）を受講した学生達、特にMatias GiorgioとDavid Dinhに感謝します。

IFIPワーキンググループ2.16[*2]のメンバーにも感謝します。本書のアイデアをワーキンググループで最初に提示した際の反応が、この資料を形作る上で重要なきっかけとなりました。

そして、これまでexercises-in-styleのコードリポジトリへ貢献していただいた以下の方々に感謝します。Peter Norvig、Kyle Kingsbury、Sara Triplett、Jørgen Edelbo、Darius Bacon、Eugenia Grabrielova、Kun Hu、Bruce Adams、Krishnan Raman、Matias Giorgio、David Foster、Chad Whitacre、Jeremy MacCabe、Mircea Lungu。

---

[*1]　文芸作品でも実はそうした面があるのかもしれないが、筆者はその点について詳しく理解しているわけではない。

[*2]　訳注：情報処理国際連合（IFIP：International Federation for Information Processing）はユネスコの提案により組織され、情報処理技術の促進と開発途上国の支援を推進するための国際組織。2.16プログラミング言語設計のワーキンググループ。筆者はWGメンバーの1人。参照：http://program-transformation.org/WGLD

# 序章

## 単語頻度 (term frequency)

クノーの物語のように、本書の計算課題は非常に簡単です。与えられたテキストファイルから、単語とその出現頻度を降順に $N$（例えば25）個表示します。大文字と小文字を正規化し、「the」、「for」などのストップワード[*1]を無視します。単純化のために、頻度が等しい場合の順序は気にしません。この課題を**単語頻度**と呼びます。

入力と単語頻度の出力例を示します。

```
Input:
    White tigers live mostly in India
    Wild lions live mostly in Africa

Output:
    live - 2
    mostly - 2
    africa - 1
    india - 1
    lions - 1
    tigers - 1
    white - 1
    wild - 1
```

プロジェクト・グーテンベルクから入手可能なジェーン・オースティンの『高慢と偏見』(*Pride and Prejudice*) に対して単語頻度を実行すると、次のような出力が得られます。

```
mr  -  786
elizabeth  -  635
very  -  488
darcy  -  418
```

---

*1 訳注：ストップワード (stop word) は、a, the などのように非常に一般的であるため、処理対象から外される単語のこと。

```
such   -  395
mrs    -  343
much   -  329
more   -  327
bennet    -  323
bingley   -  306
jane   -  295
miss   -  283
one    -  275
know   -  239
before    -  229
herself   -  227
though    -  226
well   -  224
never  -  220
sister    -  218
soon   -  216
think  -  211
now    -  209
time   -  203
good   -  201
```

　各章のプログラムは、この単語頻度を実装しています。また、すべての章には演習問題の節があり
ますが、演習問題の1つは、対応するスタイルを使用して別の簡単な課題を実装するものです。いくつ
か例を示します。

　これらの課題は、上級者なら誰でも簡単に取り組めるほど簡単です。アルゴリズムの難しさはさて
おき、各スタイルの根底にある制約に従うことに焦点を当ててください。

# 索引

　テキストファイル内の単語をアルファベット順に、出現するページ番号と共に出力します。ただし、
100回以上出現する単語は無視し、1ページは45行と仮定します。例えば、『高慢と偏見』が与えられ
たとき、索引は次のようになります。

```
abatement - 89
abhorrence - 101, 145, 152, 241, 274, 281
abhorrent - 253
abide - 158, 292
...
```

# 単語の文脈

　テキストファイル内の単語をアルファベット順と文脈順に、その単語が出現するページ番号と共に表
示します。1ページは45行と仮定し、文脈は前後それぞれに2つの単語とします。句読点（ピリオド、
カンマ、疑問符など）は無視してください。例えば、『高慢と偏見』では「concealment」と「hurt」が次の

ように出力されます。

```
perhaps this concealment this disguise - 150
purpose of concealment for no - 207
pride was hurt he suffered - 87
must be hurt by such - 95
and are hurt if i - 103
pride been hurt by my - 145
must be hurt by such - 157
infamy was hurt and distressed - 248
```

単語の文脈課題では、concealment、discontented、hurt、agitation、mortifying、reproach、unexpected、indignation、mistake、confusionなどを対象とすると良いでしょう。

# Python主義（Pythonisms）

本書で使用するサンプルコードはすべてPythonで書かれていますが、スタイルを理解することが目的であるため、Pythonの専門知識を必要としません。実際、各章の演習問題には、他の言語でプログラムを書く課題もあります。そのため、読者にはPythonで**書く**能力より、Pythonを**読む**能力が求められます。

Pythonは比較的読みやすい言語ですが、他の言語に慣れた読者を混乱させるかもしれない言語のクセがあります。ここではその中の一部を説明します。

### リスト（List）

リストは、専用の構文でサポートされている基本データ型で、Cのような言語では配列と呼ばれるものに似ています。例えば`mylist = [0, 1, 2, 3, 4, 5]`で、リストを作成できます。Pythonは、基本データ型として配列を持たず[1]、Cのような言語で配列を使用するような場面ではリストを使用します。

### タプル（Tuple）

タプルは不変のリストです。タプルも専用の構文でサポートされる基本データ型で、Lisp系の言語ではリストと呼ばれるものに相当します[2]。`mytuple = (0, 1, 2, 3, 4)`はタプルの例です。タプルとリストは同じように扱えます。ただし、タプルは不変なのでリストを変更する操作はタプルには使用できません。

### リストインデックス

要素へのアクセスは、`mylist[インデックス]`のように行います。インデックスはC言語と同様に0から始まり、リストの長さは`len(mylist)`で得られます。リストのインデックス指定は、この単純な例よりももっと複雑な指定が可能です。いくつか例を示します。

---

[1] Pythonにはarrayデータオブジェクトもあるが、言語の基本型ではない。専用の構文も持たず、リストほど利用されてもいない。

[2] 訳注：ここでは基本的なオブジェクトの扱い方について着目している。Lisp系言語では一般的にリストの破壊的な変更を行わないため、「相当する」と表現している。実際にLispのリストは書き換え可能。

| | |
|---|---|
| mylist[0] | 最初の要素 |
| mylist[-1] | 最後の要素 |
| mylist[-2] | 最後から2番目の要素 |
| mylist[1:] | インデックス1から最後の要素までのリスト |
| mylist[1:3] | インデックス1から3の要素の1つ前までのリスト |
| mylist[::2] | 1つおきのリスト |
| mylist[start:stop:step] | startからstop-1までstep要素ごとのリスト |

## 境界 (bounds)

リストの長さを超えてインデックスを指定すると、IndexErrorが発生します。例えば、要素数が3のリストで4番目の要素にアクセス（例：[10, 20, 30][3]）すると、予想通りIndexErrorになります。しかしPythonでは、リスト（および一般的なコレクション）に対する範囲の指定は、インデックスに関して寛容です。例えば、要素が3個だけのリストで、範囲が3から100までのリストを取得（例：[10, 20, 30][3:100]）すると、その結果はIndexErrorではなく空のリスト（[]）となります。同様にリストを部分的に含む範囲は、リストが持つ部分だけが得られ（例：[10, 20, 30][2:10]は[30]となる）IndexErrorは発生しません。厳密な言語に慣れた人は、この寛容な振る舞いに最初は戸惑うかもしれません。

## 辞書 (Dictionaries)

辞書（言語によりマップと呼ばれる）は専用の構文でサポートされるPythonの基本データ型です。mydict = {'a' : 1, 'b' : 2}は辞書の例です。これは、2つの文字をキーとして、それぞれ整数の値を対応させています。一般的に、キー（key）と値（value）には任意の型が使用できます[*1]。JavaではHashMapクラスが、C++では（数ある中で特に）mapクラステンプレートが相当します。

## self

ほとんどのオブジェクト指向言語では、オブジェクト自身に対する参照は特別な構文を使用して暗黙的に利用できます。例えば、JavaやC++ではthis、PHPでは$this、Rubyでは@など[*2]です。これらの言語とは異なり、Pythonには特別な構文がありません。さらに言うと、インスタンスメソッドは、単にオブジェクトを最初のパラメータとして受け取るクラスメソッドです。この最初のパラメータは、慣習的にselfと呼ばれますが、言語の特別な決まりではありません[*3]。以下は、2つのインスタンスメソッドを持つクラス定義の例です。

```
class Example:
    def set_name(self, n):
        self._name = n
    def say_my_name(self):
        print(self._name)
```

[*1] 訳注：正確には、キーとして使用できるのはハッシュ可能な(Hashable)オブジェクトに限られる。キーにハッシュ可能でない型を使用した場合、TypeErrorとなる。（例：mydict = {[] : 1}）
[*2] 訳注：Rubyでは、self.nameはインスタンスメソッドname()を呼び出し、@nameはインスタンス変数nameを参照する。
[*3] 訳注：PythonのコードスタイルガイドであるPEP 8では、selfの使用を求めている。

どちらのメソッドも、先頭にselfという名前のパラメータを持ち、メソッド内で使用されます。selfに特別な意味はなく、meやmyあるいはthisなど別の名前でも構いません。ただし、self以外はPythonプログラマに嫌われるかもしれません。また、インスタンスメソッドの呼び出しでは最初のパラメータが省略されるため、多少混乱するかもしれません。

```
e = Example()
e.set_my_name("Heisenberg")
e.say_my_name()
```

Pythonのドット記法 (.) が原則通りのメソッド呼び出しに対する糖衣構文[*1]であるため、このようなパラメータ数の違いが生じます。

```
e = Example()
Example.set_my_name(e, "Heisenberg")
Example.say_my_name(e)
```

## コンストラクタ

Pythonでは、クラスのコンストラクタは__init__という名前のメソッド[*2]です（単語の両側にアンダースコアが2つずつあります）[*3]。この厳密な名前を持つメソッドは、オブジェクトの生成直後にPythonのランタイムによって自動的に呼び出されます。以下は、コンストラクタを持つクラスとその使用例です。

```
class Example:
    # This is the constructor of this class
    def __init__(self, n):
        self._name = n
    def say_my_name(self):
        print(self._name)

e = Example("Heisenberg")
e.say_my_name()
```

---

* 1　訳注：糖衣構文またはシンタックスシュガー（syntactic sugar）は、プログラムを読みやすくするための簡易的な記法のこと。言語の原則的な書き方からは多少外れるものの、わかりやすい書き方ができる。
* 2　訳注：オブジェクトの生成時にはメモリ割り当てと初期化が行われるが、メモリの割り当てを__new__が、初期化を__init__が行う。そのため、正確には__init__はコンストラクタではなくオブジェクトのイニシャライザである。
* 3　訳注：2つのアンダースコアは、ダンダー（dunder：double underscore）と呼ばれ、クラス内で使用されるとprivate属性を持つものとして扱われる。また名前の両側に2つのアンダースコアを持つ名前は、Pythonの予約語とされる。詳細はPEP 8を参照。

## 本書の表記法

本書では次の表記法が使われています。

**ゴシック（サンプル）**

新しい用語を示す。

**等幅（Sample）**

プログラムリストに使うほか、本文中でも変数、関数、データ型、環境変数、文、キーワードなどのプログラムの要素を表すために使う。

**太字の等幅（sample）**

ユーザがその通りに入力すべきコマンドやテキストを表す。

 一般的なメモを表す。

## 連絡先

本書には、正誤表、追加情報等が掲載されたWebページが用意されています。

https://www.oreilly.co.jp/books/9784814400225/

# 目次

# 第Ⅰ部
## HISTORICAL
# 歴史的スタイル

　コンピュータシステムは、ある意味でタマネギのようなものです。意図の表現を容易にするために、抽象化されたいくつもの層を長年にわたり開発し、積み重ねてきました。下に位置する層が何を意味するのかを知ることは重要です。最初の3つのプログラミングスタイルでは、数十年前のプログラミングがどうであったのか、そしてそれが今でもある程度使用されていることを示します。なぜならアイデアは何度も再発明されるからです。

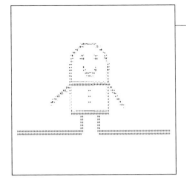

## 制約

- 非常に小さいメモリ。処理するデータや生成されるデータより数桁小さい。
- 識別子を使用しない。つまり変数名やタグ付きアドレスは利用できず、メモリはアドレスでのみ指定可能。

## プログラム

```python
1  #!/usr/bin/env python
2  import sys, os
3
4  # 「2次記憶」としての中間ファイルを扱うユーティリティ関数
5  def touchopen(filename, *args, **kwargs):
6      try:
7          os.remove(filename)
8      except OSError:
9          pass
10     open(filename, "a").close() # ファイルをtouchする
11     return open(filename, *args, **kwargs)
12
13 # メモリ制約として、1024セル以下とすること
14 data = []
15 # 利点:
16 # ストップワードはわずか556文字、行はすべて80文字未満なので、これらを
17 # 利用して問題を単純化できる。入力を1行ずつ処理しながら、ストップワード
18 # をメモリに読み込む。この2つの前提が成り立たない場合は、アルゴリズムを
19 # 大幅に変更する必要がある。
20
21 # 全体戦略:
22 # (前半)入力ファイルを読み、単語数を数える。2次記憶(ファイル)に
23 # 頻度を記録し値を増やす。
24 # (後半)2次記憶内の最も頻度の高い25単語を見つける。
```

```
25
26 # 前半：
27 # - ファイルから1行ずつ読み込む
28 # - 正規化のため読み込んだ文字を小文字に変換する
29 # - 単語を特定したら、ファイル内の該当する頻度を増やす
30
31 # ストップワードのリストを読み込む
32 f = open('../stop_words.txt')
33 data = [f.read(1024).split(',')] # data[0]にストップワードを保持する
34 f.close()
35
36 data.append([])      # data[1]は、読み込んだ行（最大80文字）
37 data.append(None)    # data[2]は、単語の最初の文字位置
38 data.append(0)       # data[3]は、行中で処理を行う文字の位置
39 data.append(False)   # data[4]は、既出単語かを表すフラグ
40 data.append('')      # data[5]は、見つけた単語
41 data.append('')      # data[6]は、中間ファイルから読み込んだ行で、単語,NNNNの形式を持つ
42 data.append(0)       # data[7]は、その単語の頻度であるNNNN部分の整数値
43
44 # 2次記憶をオープン
45 word_freqs = touchopen('word_freqs', 'rb+')
46 # 入力ファイルをオープン
47 f = open(sys.argv[1], 'r')
48 # 入力ファイルの行ごとにループ
49 while True:
50     data[1] = [f.readline()]
51     if data[1] == ['']: # 入力ファイルの末尾に達した
52         break
53     if data[1][0][len(data[1][0])-1] != '\n': # 行が\nで終端されていない場合、
54         data[1][0] = data[1][0] + '\n'          # \nを加える
55     data[2] = None
56     data[3] = 0
57     # 行中の文字ごとにループ
58     for c in data[1][0]: # 識別子cを使用しない方法は、演習問題とする
59         if data[2] is None:
60             if c.isalnum():
61                 # 単語の先頭
62                 data[2] = data[3]
63         else:
64             if not c.isalnum():
65                 # 単語の終わりを見つけたので、その単語を処理する
66                 data[4] = False
67                 data[5] = data[1][0][data[2]:data[3]].lower()
68                 # ストップワードと長さが2未満の単語は無視する
69                 if len(data[5]) >= 2 and data[5] not in data[0]:
70                     # 既出の単語かを確認
71                     while True:
```

```
72              data[6] = str(word_freqs.readline().strip(), 'utf-8')
73              if data[6] == '':
74                  break;
75              data[7] = int(data[6].split(',')[1])
76              # 単語部分。空白は含めず
77              data[6] = data[6].split(',')[0].strip()
78              if data[5] == data[6]:
79                  data[7] += 1
80                  data[4] = True
81                  break
82          if not data[4]:
83              word_freqs.seek(0, 1) # Windowsでは必要
84              word_freqs.write(bytes("%20s,%04d\n" % (data[5], 1), 'utf-8'))
85          else:
86              word_freqs.seek(-26, 1)
87              word_freqs.write(bytes("%20s,%04d\n" % (
                    data[5], data[7]), 'utf-8'))
88          word_freqs.seek(0,0)
89          # リセット
90          data[2] = None
91      data[3] += 1
92  # 入力ファイルの終わりに達したので、終了する
93  f.close()
94  word_freqs.flush()
95
96  # 後半
97  # 続いて、頻出する25単語を見つける
98  # ここまで使用したデータは不要なので一旦削除する
99  del data[:]
100
101 # 最初の25要素は、頻出25単語用に開けておく
102 data = data + [[]]*(25 - len(data))
103 data.append('') # data[25]は、ファイルに格納された単語,頻度の行
104 data.append(0)  # data[26]は、頻度部分
105
106 # 2次記憶ファイルの行ごとにループ
107 while True:
108     data[25] = str(word_freqs.readline().strip(), 'utf-8')
109     if data[25] == '': # EOF
110         break
111     data[26] = int(data[25].split(',')[1]) # 整数として読み込む
112     data[25] = data[25].split(',')[0].strip() # 単語
113     # この単語は、メモリ内単語のどれかより頻度が高い
114     for i in range(25): # 識別子iを使用しない方法は、演習問題とする
115         if data[i] == [] or data[i][1] < data[26]:
116             data.insert(i, [data[25], data[26]])
117             del data[26] # 最後の要素を取り除く
```

```
118            break
119
120 for tf in data[0:25]: # 識別子tfを使用しない方法は、演習問題とする
121     if len(tf) == 2:
122         print(tf[0], '-', tf[1])
123 # 終了
124 word_freqs.close()
```

 Pythonに慣れていない読者は、序章の「**Python主義 (Pythonisms)**」でリスト、リストインデックス、境界について説明しているので参考にしてください。

## 解説

　このスタイルは、プログラムが実行される環境の制約を反映します。メモリの制約により、プログラマは利用可能なメモリを処理データで使い回す方法を考える必要があり、計算処理が複雑になります。また、識別子がないため、プログラム内では問題を表す自然な表現が行われず、それらはコメントや設計書に書かれています。1950年代前半のプログラムは、このようなものでした。しかし、この類のプログラミングスタイルは消滅したわけではなく、現在でもハードウェアを直接扱う場合や、メモリの使用量を最適化する場合などで使われます。

　こうした制約に不慣れなプログラマは、このプログラムに強い違和感を覚えるかもしれません。これは確かにPythonなど最近のプログラミング言語を使用して書かれたプログラムとは異なりますが、本書のテーマである「プログラミングスタイルは**制約から生じる**」をうまく体現しています。多くの場合、制約は外部から課せられます。例えば、ハードウェアのメモリが限られている、アセンブリ言語が識別子をサポートしていない、性能が重要でマシンを直接操作しなければならない、などです。一方、制約を自主的に課す場合もあります。プログラマ、場合により開発チーム全体は、問題に対する考え方やコードの記述方法を規定します。例えば、保守性、可読性、拡張性、問題領域への適合性、開発者の過去の経験、あるいは今回のように新しい構文を学ぶことなく低レベルプログラミングがどのようなものかを教えるためなど、その理由はさまざまです。実際、どのようなプログラミング言語でも、低レベルで古き良き時代スタイルのプログラムを書くことは可能です。

　独特な実装である理由を説明したので、コードを詳細に調べてみましょう。メモリの制約上、処理するデータの大きさを無視するわけにはいきません。例では、メモリのセルを1,024以下としています（#14）。ここで言う「メモリセル」は、やや曖昧な表現ですが、おおよそ文字や数字などの単純なデータだと考えてください。『高慢と偏見』には1,024文字を超えるデータが含まれるため、1次記憶（メモリ）に収まりません。2次記憶（ファイル）を最大限に活用し、データを小さなかたまりで処理する方法を考えなければなりません。コーディングを始める前に、何を1次記憶に保持し、何をどのタイミングで2

次記憶に吐き出すか、さまざまな選択肢について封筒裏の計算[*1]を行う必要があります（#15-#24）。当時も今も、1次記憶へのアクセスは2次記憶へのアクセスより桁違いに速いので、このような概算は性能を最適化するために必要です。

　選択肢は非常に多く、読者はこのスタイルにおける解決策をさらに模索してみてください。プログラムは大きく2つに分かれます。前半（#26-#94）は入力ファイルを処理して、単語の出現回数を数え、そのデータを2次記憶である中間ファイル word_freqs に書き込みます。後半（#96-#124）では中間ファイルを処理して、最頻出の25単語を見つけ、最後に表示します。

　前半は次のように動作します。

- 約500文字のストップワードを1次記憶に保持（#31-#34）
- 入力ファイルを1行ずつ読む。1行は最大80文字（#48-#91）
- 各行ごとに、文字のフィルタリング、単語の識別、小文字への正規化を行う（#57-#91）
- 単語とその頻度を2次記憶から取得し、更新を書き込む（#70-#88）

　入力ファイル全体をこのように処理した後、中間ファイルに蓄積された単語の頻度に注目します。頻出単語をソートしたリストが必要なので、プログラムでは次のように処理を進めます。

- 単語とその頻度を保持するためのメモリを25単語分用意する（#102）
- ファイルから一度に1行ずつ読み取る。各行には、単語とその頻度が記載されている（#106-#118）
- 新しい単語がメモリ内の単語よりも頻度が高ければ、リストの適切な場所に単語を挿入し、リスト末尾の単語を削除する（#113-#118）
- 最後に、上位25個の単語とその頻度を表示し（#120-#122）、中間ファイルを閉じる（#124）。

　このように、メモリ制約は使用するアルゴリズムに強い影響を及ぼします。これは常にメモリ内のデータ量に注意しなければならないためです。

　このスタイルの2つ目の、そして自ら課した制約は、識別子を使用しないという点です。この制約もプログラムに強い影響を与えますが、それは「読みやすさ」という別の性質のものです。変数名は存在せず、データメモリに数字でインデックスを付けてアクセスします。単語頻度を考える上で発生する自然な概念（単語、頻度、数、ソートなど）は、プログラムのテキスト上に全く登場せず、メモリ上のインデックスとして間接的に表現されます。このような概念を表現するには、メモリセルがどのようなデータを保持しているか、その説明をコメントとして記述するしかありません（例えば、#36-#42や#101-#104などのコメントを参照してください）。プログラムを読む途中で、あるメモリインデックスがどのような上位概念に対応しているのかを思い出すために、これらのコメントを読み返す必要が頻繁に生じます。

---

*1　訳注：封筒裏の計算（back-of-the-envelope calculations）は、手元にある不要な紙切れで概算を行い、問題の見当をつけることを指す。フェルミ推定（Fermi estimate）とも呼ばれる。

## システムデザインにおけるスタイルの影響

　コンピュータが数ギガバイトのRAMを搭載する現代では、ここで見たようなメモリに関する制約は過去のものとなりました。しかし、メモリ管理を意識させない最近のプログラミング言語や、プログラムが扱うデータ量が増え続けている現状では、プログラムのメモリ消費を制御できず、実行時の性能に悪影響を及ぼすことがあります[*1]。異なるプログラミングスタイルがメモリ使用量に及ぼす影響について、ある程度の知識を持つことは常に良いことです。

　最近のビッグデータと呼ばれる分野では、メモリの制限に伴う複雑さが再び注目されるようになりました。メモリの絶対量が不足しているわけではありません。処理するデータの量と比較すると、メモリ量がはるかに少ないのです。例えば『高慢と偏見』だけでなく、グーテンベルク・コレクション全体の単語頻度を求める場合を考えます。すべての書籍データを同時に記憶しておくことはできませんし、単語頻度のリストをすべてメモリに置くことすらできないかもしれません。データがメモリに乗らなくなると、(1) 賢くデータを表現するデータ構造を考え、より多くのデータがメモリに収まるようにする、(2) データを1次記憶と2次記憶で循環させる、などの工夫が必要となります。こうした制約の中でプログラミングを行うと、どうしても「古き良き時代」のようなプログラムになりがちです。

　識別子を使用しないことに関して、1950年代から1960年代にかけてのプログラミング言語進化の原動力となったのが、まさに例で示したような認知的間接性の排除でした。低レベルの機械概念と高レベルのドメイン概念の関係を外部文書に書くのではなく、高レベル概念をプログラムの中に表現したいのです。長年プログラミング言語が、ユーザ定義の名前付き抽象化機能を提供してきたにもかかわらず、プログラマがプログラム要素やAPI (Application Programming Interfaces)、そしてコンポーネント全体に適切な名前付けを行わなかったために、ここで示したような不明瞭なプログラム、ライブラリ、システムができてしまうことは、決して珍しいことではありませんでした。

　この古き良き時代のスタイルは、大量のデータをメモリに保持できることと、プログラム要素のすべてに適切な名前を付けられることが、どれほどありがたいかを思い出させてくれます。

## 歴史的背景

　このようなプログラムのスタイルは、計算の最初の実用的なモデルであるチューリングマシン (turing machine) から直接発生したものです。チューリングマシンは、無限に変更可能な状態であるテープ（データメモリ）と、その状態を読み込んで変更する状態機械から構成されています。チューリングマシンは、コンピュータの発展とプログラミングの方法に多大な影響を与えました。そして、チューリングのアイデアは、フォン・ノイマンが最初に設計したプログラム内蔵方式のコンピュータ設計に影響を与えました。チューリング自身、ACE (Automatic Computing Engine) と呼ばれる計算機の仕様を作りましたが、これは多くの点でフォン・ノイマンのものよりも進んでいました。しかし、その報告書は英国政府により機密扱いにされ、第二次世界大戦後の政治の影響もあり、チューリングの設計が秘

---

[*1]　訳注：GC (Garbage Collection) を持つ言語では、メモリの割り当てや解放についてプログラム側で意識する必要はないことになっている。しかしJavaでは、性能を劣化させるGCをなるべく発生させないようにプログラムするという別の制約を生み出した。

密裏に実現されるのは数年後のことになります。ノイマンのアーキテクチャもチューリングマシンも、1950年代に最初のプログラミング言語を生み出し、メモリ内の状態を時間と共に再利用・変化させることでプログラミングを行うという概念を定着させたのです。

## 参考文献

Bashe, C., Johnson, L., Palmer, J. and Pugh, E. (1986), *IBM's Early Computers: A Technical History* (History of Computing), MIT Press

　IBMは、計算機の黎明期における代表的企業である。本書は、IBMが電気機械メーカーから計算機のリーディングカンパニーへと変貌を遂げるまでの物語である。

Carpenter, B.E. and Doran, R.W. (1977), The other Turing Machine, *Computer Journal* 20(3): 269-279.

　チューリングの技術レポートの1つで、フォン・ノイマンの論文をベースに、サブルーチン、スタック、その他多くの概念を含む計算機の完全なアーキテクチャを記述したもの。原著論文は、http://www.npl.co.uk/about/history/notable-individuals/turing/ace-proposalで見ることができる。

Turing, A. (1936), On computable numbers, with an application to the Entscheidungs problem, *Proceedings of the London Mathematical Society* 2(42): 230-265

　「チューリングマシン」原著論文。論文で提案された数学ではなく、チューリングマシンのプログラミングモデル、つまり記号を書いたテープ、左右に動くテープリーダー/ライター、テープへの記号の上書きを示すための文献として取り上げた[1]。

von Neumann, J. (1945), First draft of a report on the EDVAC, *IEEE Annals of the History of Computing* 15(4): 27-43に再掲（1993）

　「フォン・ノイマン・アーキテクチャ」原著論文。チューリングの論文と同様、1つのプログラミングモデルとして示す。

## 用語集

### 主記憶（1次記憶、メインメモリ）

　単に**メモリ**と呼ばれるこのデータ記憶装置は、CPUから直接アクセスできる。この記憶装置内のデータは、使用するプログラムの実行を超えては持続せず、電源が切れると維持されない、という意味で揮発性を持つ。最近の主記憶はすべてランダムアクセスメモリ（RAM：Random Access Memory）であり、CPUは特定の場所にあるデータにたどり着くために順番にアクセスする必要がなく、任意の場所をアドレスで指定できる。

---

[1]　訳注：いくつかの誤りに対する訂正論文 Turing, A.M. (1938). "On Computable Numbers, with an Application to the Entscheidungsproblem: A correction". Proceedings of the London Mathematical Society. 2 (published 1937). 43 (6): 544-6.が1938年に発表されている。これらの論文の解説書として、Charles Petzold (2008)、The Annotated Turing、Wileyと、その日本語訳である井田哲雄ほか訳（2012）、チューリングを読む、日経BPが出版されている。

**補助記憶（2次記憶）**

　2次記憶はCPUから直接アクセスできず、入出力チャネルを介して間接的にアクセスする記憶装置を指す。2次記憶のデータは電源が切れても、明示的に削除されるまで装置内に残る。最近のコンピュータでは、ハードディスクドライブやUSBメモリが最も一般的な2次記憶装置である。2次記憶へのアクセスは、1次記憶へのアクセスに比べて数桁遅くなる。

## 演習問題

**問題1-1　他言語**

　スタイルを維持したまま、課題を別のプログラミング言語で実装せよ。

**問題1-2　識別子使用禁止**

　このプログラムでは、識別子をいくつか使用している（c #58、i #114、tf #120）。これらの識別子を使用しないように、プログラムを修正せよ。

**問題1-3　複数行入力**

　このプログラムは入力を1行ずつメモリに読み込むため、1次記憶が十分に活用されていない。メモリセルの制限である1,024個以下の範囲で、できるだけ多くの行をメモリに読み込むようプログラムを修正せよ。選択した行数が適切であることを説明すること。また、修正により元のプログラムより高速に動作するかを確認し、その理由を説明せよ。

**問題1-4　別課題**

　本書の序章で示した課題を、古き良き時代スタイルを使用して実装せよ。

# 2章
## Forthで行こう
### ———— スタックマシン

## 制約

- データスタックを持つ。すべての操作（条件分岐、演算など）は、スタック上のデータに対して行われる。
- 後の操作に必要なデータを保存するためのヒープを持つ。ヒープデータには名前を付けられる（言い換えると、これは変数である）。上述したように、すべての操作はスタック上のデータに対して行われるため、操作が必要なヒープのデータは、まずスタックに移動し、最終的にヒープに戻す必要がある。
- ユーザ定義の「手続き」（つまり、名前に束縛された命令の集合）による抽象化。手続き以外の呼び方をする場合もある。

## プログラム

```python
 1 #!/usr/bin/env python
 2 import sys, re, operator, string
 3
 4 #
 5 # 最も重要なデータであるスタック
 6 #
 7 stack = []
 8
 9 #
10 # ヒープ。データと名前の関連付け(つまり、変数)
11 #
12 heap = {}
13
14 #
15 # このプログラムの新しいワード(手続き)
16 #
17 def read_file():
```

```
18        """
19        スタックからファイルのパスを取得し、
20        ファイルの内容全体をスタックに戻す。
21        """
22        f = open(stack.pop())
23        # 結果をスタックにプッシュする
24        stack.append([f.read()])
25        f.close()
26
27 def filter_chars():
28        """
29        スタック上のデータを受け取り、英数字以外のすべての文字を
30        空白に置き換えたコピーを戻す。
31        """
32        # ここはスタイルとは関係がない。reによる正規表現は制約を超えた高度な機能であるが、
33        # 高速かつ短時間で処理を行うために使用する。パターンをスタックにプッシュする。
34        stack.append(re.compile(r'[\W_]+'))
35        # 結果をスタックにプッシュする
36        stack.append([stack.pop().sub(' ', stack.pop()[0]).lower()])
37
38 def scan():
39        """
40        スタック上の文字列を取り出して、単語をスキャンする。
41        得られた単語のリストをスタックに戻す。
42        """
43        # このスタイルに対してsplit()は高度な機能であるが、高速かつ短時間処理のために使用する。
44        # これを取り除く方法は読者への演習問題とする。
45        stack.extend(stack.pop()[0].split())
46
47 def remove_stop_words():
48        """
49        スタックから単語のリストを受け取り、ストップワードを取り除く
50        """
51        f = open('../stop_words.txt')
52        stack.append(f.read().split(','))
53        f.close()
54        # アルファベット小文字を1文字の単語として追加する
55        stack[-1].extend(list(string.ascii_lowercase))
56        heap['stop_words'] = stack.pop()
57        # 繰り返しになるが、このスタイルに対して高レベルな機能であるものの、
58        # 高速かつ短時間処理のために使用する。読者への課題として、このままとする。
59        heap['words'] = []
60        while len(stack) > 0:
61            if stack[-1] in heap['stop_words']:
62                stack.pop() # ポップしたまま削除される
63            else:
64                heap['words'].append(stack.pop()) # ポップして、保存
```

```
65      stack.extend(heap['words']) # 単語をスタックに戻す
66      del heap['stop_words']; del heap['words'] # 不要なので削除する
67
68 def frequencies():
69     """
70     単語のリストを受け取り、単語と出現頻度を
71     関連付ける辞書を返す。
72     """
73     heap['word_freqs'] = {}
74     # 本物のForth的な処理方法を少しだけ...
75     while len(stack) > 0:
76         # とはいえ、素朴な実装だと遅すぎるため
77         # 以下の処理はスタイルに沿ったものではない
78         if stack[-1] in heap['word_freqs']:
79             # 頻度のインクリメント: 後置記法スタイル"頻度 1 +"を使用する
80             stack.append(heap['word_freqs'][stack[-1]]) # 頻度をプッシュ
81             stack.append(1) # 1をプッシュ
82             stack.append(stack.pop() + stack.pop()) # 加算
83         else:
84             stack.append(1) # スタックにプッシュ
85         # 更新した頻度をヒープに戻す
86         heap['word_freqs'][stack.pop()] = stack.pop()
87
88     # 結果をスタックにプッシュ
89     stack.append(heap['word_freqs'])
90     del heap['word_freqs'] # この変数は不要になった
91
92 def sort():
93     # スタイルに沿っていないので、修正は演習とする
94     stack.extend(sorted(stack.pop().items(), key=operator.itemgetter(1)))
95
96 # メインプログラム
97 #
98 stack.append(sys.argv[1])
99 read_file(); filter_chars(); scan(); remove_stop_words()
100 frequencies(); sort()
101
102 stack.append(0)
103 # すべての単語を処理した後にはスタック内のデータは1つになるはずなので
104 # スタックの長さも1と比較する
105 while stack[-1] < 25 and len(stack) > 1:
106     heap['i'] = stack.pop()
107     (w, f) = stack.pop(); print(w, '-', f)
108     stack.append(heap['i']); stack.append(1)
109     stack.append(stack.pop() + stack.pop())
```

Pythonに慣れていない読者は、序章の「**Python主義 (Pythonisms)**」でリスト、リストインデックス、境界について説明しているので参考にしてください。

## 解説

　このスタイルは、1950年代後半にスミソニアン天体物理観測所のプログラマであったチャールズ・ムーアーが個人用プログラミングシステムとして開発した小型のプログラミング言語Forthから着想を得ています。このプログラミングシステム（単純な言語のインタープリタ）は、当時は時間のかかる作業であった再コンパイルを行わずにさまざまな方程式を処理する必要性から生じたものです。

　この奇妙な小さな言語の中心にあるのはスタックの概念です。数式は「3　4　+」のような後置記法（postfix notation）[*1]で入力します。被演算子は1つずつスタックにプッシュされ、演算子に遭遇するとスタック上の被演算子を取り出し、その結果に置き換えます。データがすぐに必要でない場合は、ヒープと呼ばれるメモリの一部に置くことができます。Forthはスタックマシンに加えて、手続き（Forthでは「ワード（word）」と呼ばれる）の定義もサポートしています。ユーザ定義の手続きは、組み込みのものと同様に、スタック上のデータに対して操作を行います。

　構文は後置的であることに加え、他の言語では使用しない特殊な記号が使われることから、Forthは理解するのが難しいと言われます。しかし、スタック、ヒープ、手続き、名前といった制約を理解すれば、言語モデルは驚くほど単純です。Pythonで書かれたForthインタープリタを使うのではなく[*2]、Forthの基礎となる制約をPythonのプログラムでどのようにコード化するか、その結果どの程度Forthスタイルのプログラミングにできるかをこの章では説明します。サンプルプログラムを詳しく見てみましょう。

　まず、このスタイルのための、スタック（#7）とヒープ（#12）を定義します[*3]。次に、一連の手続き（Forthの用語では「ワード」）を定義します。例えば、ファイルの読み込み（#17-#25）、文字のフィルタリング（#27-#36）、単語のスキャン（#38-#45）、ストップワードの除去（#47-#66）、頻度の計算（#68-#90）、結果の並べ替え（#92-#94）などがその例です。これらの処理については、この後詳しく説明します。注意したいのは、これらの手続きはすべてスタックからデータをポップし（例：#22、#36、#45）、最後にデータをスタックにプッシュします（例: #24、#36、#45）。

　Forthのヒープは、データブロックを割り当て、名前に束縛[*4]できます（そして普通は束縛します）。

---

* 1　訳注：逆ポーランド記法（RPN：Reverse Polish Notation）とも呼ばれる。一般的な数式で使用される演算子が被演算子で挟まれる形式を中置記法、演算子が前に置かれる形式を前置記法と呼ぶ。前置記法は、Lisp系の言語で使用される。

* 2　訳注：本書のGitHubリポジトリ https://github.com/crista/exercises-in-programming-style/tree/master/02-go-forth には、本章のプログラムに加えてForthのインタープリタである、forth.pyも含まれている。

* 3　Pythonではリストをスタックとして使用できる。つまり、リストにはメソッドpop（ポップ）とappend（プッシュと同じ動作）が用意されている。このプログラムでは場合により、リスト全体の要素をスタックにプッシュする手段としてextendメソッドも使用する。

* 4　訳注：束縛（bind）は、値に名前を付けること。（#56）ではヒープ上の領域にストップワードのリストを格納し、名前 stop_wordsを付けた。変数に値を代入（assign）したように見えるが、特に純粋関数型言語では変数の破壊的な代入（値の変更）はできないので、このような値に名前を付ける動作を束縛と呼ぶ。一種の定数定義と考えて良い。本書では束縛（bind）と代入（assign）を区別する。

言い換えると、これが変数です。プログラマはデータのサイズを定義する必要があるため、このメカニズムは比較的低レベルです。Forthのスタイルを模倣するため、単純に辞書(#12)を使用します。例えば、(#56)では、スタック上のストップワードをポップして、ヒープ上の変数stop_wordsに格納しています。

　プログラムの大部分はForthスタイルで書かれてはいませんが、一部はスタイルに忠実です。そこに注目してみましょう。手続きremove_stop_words (#47) は、名前が示すように、ストップワードを除去します。この手続きが呼ばれる際、スタックには入力ファイルのすべての単語が適切に正規化されて格納されているはずです。『高慢と偏見』の冒頭は次のようになっています。

    ['the', 'project', 'gutenberg', 'ebook', 'of', 'pride', 'and', 'prejudice', ...]

　これが、remove_stop_wordsが呼ばれる時点のスタックです。次に、ストップワードのファイルを開いて、中に書かれたすべてのストップワードをスタックにプッシュします(#51-#55)。単純化のため、スタック上のデータと結合するのではなく、ストップワードのリストをプッシュします。スタックは次のようになります。

    ['the', 'project', 'gutenberg', 'ebook', 'of', 'pride', 'and',
        'prejudice', ..., ['a', 'able', 'about', 'across', ...]]

　ファイルからすべてのストップワードを読み込んでスタックに配置した後、スタック内の単語を処理する準備として、前述したようにストップワードのリストをポップしてヒープに退避します(#56)。続いて、スタック上の単語をスタックが空になるまで(#60)次の手順を繰り返し処理します(#60-#64)。スタックの一番上にある単語(Pythonではstack[-1])がストップワードのリスト中に入っているかを調べます(#61)。実際のForthでは、ストップワードのリストも明示的に反復する必要があるため、この確認はずっと複雑になります。いずれにせよ、単語がストップワードのリストに含まれていれば、その単語をスタックからポップして捨ててしまいます。もしその単語がストップワードのリストになければ(#63)、スタックからポップしてヒープ内の変数words(ストップワードに該当しない単語を蓄積するリスト)に保存します(#64)。反復処理が終わると、変数wordsの内容をすべてスタックに戻します(#65)。このようにして、スタックにはストップワードではないすべての単語が格納されます。

　その時点でヒープの変数は不要となったため、破棄します(#66)。Forthではこの考え方に基づき、ヒープからの変数削除をサポートしています。

　手続き frequencies (#68) は、算術演算に関連するスタイルの詳細を示しています。この手続きでは、(前の処理と同じように)スタックに置かれたストップワードに該当しない単語を順に処理し、最後に単語頻度の辞書をスタックに置きます(#89)。この操作は次のように進みます。まず、単語と頻度の組を格納するword_freqs変数(空の辞書)をヒープに確保します(#73)。そして、スタックの単語に対して以下の手順を繰り返します。スタックの一番上にある単語が、既出かどうかを確認します(#78)。ここでも性能上の理由から、この確認は本来のForthのスタイルと比較してずっと単純に表現されています。もしその単語が既出であるならば、その頻度を増加させます。これは、現在の頻度の値をスタックにプッシュ(#80)し、次に1をスタックにプッシュ(#81)した後、2つのオペランドをスタックから取り出してその和をスタックにプッシュします(#82)。その単語が既出でなければ、単に1をスタックに

プッシュする（#83）だけです。続いて、単語（代入の左辺）とその頻度（代入の右辺）をポップし、ヒープの変数に格納します（#86）。これをスタックが空になるまで（#75）行います。前の処理と同様に、最後にヒープ変数の内容をすべてスタックに戻し、その変数を削除します。

　メインプログラムは入力ファイル名をスタックにプッシュ（#98）するところから始まり、順次手続きを呼び出します。これらの手続きはそれぞれが完全に独立しているわけではない点に注意が必要です。各手続きは、前の手続きがデータをスタックに残すという、強い仮定に依存しています。

　頻度の算出と並べ替えが終われば、最後に結果を表示します（#105-#109）。このブロックでは、Forthが「不定ループ」と呼ぶ、ある条件が成立するまで実行されるループ方法の詳細を示しています。この例では、次の手順で単語頻度の辞書を25回反復処理します。スタックにあるデータ（単語の出現頻度）の上に0をプッシュ（#102）し、スタックの先頭が25になるまで不定ループを続けます。各反復において、ループカウントをスタックから変数にポップ（#106）し、単語と頻度をスタックからポップして表示（#107）した後、変数内のループカウントをスタックに戻し、続いてループカウントを増加させるための1をプッシュします。ループとプログラムはスタック先頭の値が25になると終了しますが、追加の終了条件（len(stack) > 1）は、単語数が25に満たない小さな入力を想定しています。

　選択肢は非常に多く、読者はこのスタイルにおける解決策をさらに模索してみてください。

## 歴史的背景

　初期の計算機にはスタックがありませんでした。コンピュータにスタックを使うというアイデアの最も古い文献は、1945年のアラン・チューリングによる「Automatic Computing Engine (ACE) report」ですが、残念ながらこの報告書は何年も機密扱いにされていたため、多くの人が知ることはありませんでした。

　スタックは1950年代後半に複数の人がそれぞれに再発明します。コンピュータアーキテクチャがスタックを持ち、手続き呼び出しなどの目的でスタックを使用するようになるまで、さらに数年かかります。

　Forthは、コンピュータの異端児による個人的なプロジェクトで、当時の有力者の注目を集めることはありませんでした。Forthはすべてソフトウェアで実装され、1958年以来（ムーアー自身により）何世代ものコンピュータに移植されてきました。ムーアーがForthを1950年代後半に使い始めたことを考えると[*1]、それほど早くからスタックマシンのインタープリタが存在していたことは、歴史的な意味を持ちます[*2]。

　もう1つのよく知られているスタックマシンベースの言語は、印刷用の文書を記述するための言語であるPostScriptです。PostScriptは、1970年代後半にXerox PARCでジョン・ワーノックらによって開発され、彼がそれ以前に設計した言語がベースになっています。このグループは最終的にPARCを離れ、アドビシステムズを立ち上げました。

---

＊1　訳注：ムーアーが個人的に開発を続けていたプログラミング言語を、Forthと名付けたのは1968年。
＊2　訳注：プログラミング言語Mind（http://www.scripts-lab.co.jp/mind/whatsmind.html）は、Forth風のプログラムを日本語で記述できる。1980年代に日本で開発され、現在も開発は続けられている。

## 参考文献

Koopman, P. (1989), Stack Computers: *The New Wave*, Ellis Horwood Publisher, http://www.ece.
cmu.edu/~koopman/stack_computers/

スタックマシンの紹介。タイトルにあるような新たな潮流（New Wave）とは言えないが、内容は興
味深い[*1]。

Rather, E., Colburn, D. and Moore, C. (1993), The evolution of Forth, *ACM SIGPLAN Notices* 28(3) -
HOPL II, pp. 177-199, https://www.forth.com/resources/forth-programming-language/

チャールズ・ムーアーはコンピュータ界の異端児であり、誰もが彼の業績を認識している。当論
文は、Forthの歴史を紹介する。

Warnock, J. E. (2012), Simple ideas that changed printing and publishing, *Proceedings of the
American Philosophical Society* 156(4): 363-378.

印刷用スタックマシン言語PostScriptの歴史的展望。

## 用語集

### スタック（stack）

スタックは、「後入れ先出し（LIFO：Last-In-First-Out）」のデータ構造。主な操作は、スタックの
一番上に要素を追加する**プッシュ（push）**と、スタックの一番上から要素を取り出して削除する
**ポップ（pop）**の2つ。スタックは、Forth以外のプログラミング言語の実装でも重要な役割を担っ
ている。通常、プログラマには見えないが、事実上すべての現代的プログラミング言語において、
スタックはプログラム実行の流れを司るメモリの一部である。手続きや関数が呼び出されると、通
常パラメータと戻り先アドレスがスタックにプッシュされ、その後の手続きや関数の呼び出しでも、
同様のデータがスタックにプッシュされる。読み出し先から戻る際には、スタック上の対応する
データがポップされる。

### ヒープ（heap）

多くの現代的プログラミング言語の実装の基礎となるメモリの一種。ヒープはリストやオブジェク
トの作成など、動的なメモリ割り当てと解放で使用される（ヒープと呼ばれる木構造を持つ特殊な
データ構造とは異なる点に注意）。

### スタックマシン（stack machine）

スタックマシンは、実際のまたはエミュレートされた計算機の一種。プログラムの式を評価するた
めの主要な機能として、レジスタの代わりにスタックを使用する。Forthはスタックマシンプログ
ラミング言語の1つであり、Java仮想マシンなど現代的な仮想マシンもスタックマシンであること
が多い。

---

[*1] 訳注：日本語訳は、田中 清臣 監訳・藤井 敬雄 訳（1994）、スタックコンピュータ、共立出版

## 演習問題

### 問題 2-1　他言語

スタイルを維持したまま、課題を別のプログラミング言語で実装せよ。

### 問題 2-2　存在確認

このプログラムでは、単語が既出であるかを確認するためにPythonの高レベルなin演算子 if x in yを使用しており、スタイルに合っていない（#78）。この部分、つまり与えられた単語がヒープ上の辞書に含まれているかの検査を、スタックマシンスタイルを使用して書き直せ。加えて、そのプログラムの性能がどうなるかを説明せよ。

### 問題 2-3　真のスタック

スタックの実装にPythonのリストを使用したため、このプログラムは少しわかりにくい。Pythonで真のスタックデータ構造を実装せよ。（おそらくリストをラップして[*1]）期待通りのpush, pop, peek, empty操作[*2]を実装し、リストの代わり（#7）にそのデータ構造を使用する。

### 問題 2-4　別課題

本書の序章で示した課題を、スタックマシンスタイルで実装せよ。

---

[*1]　訳注：Pythonはこうした独自のリスト的クラスのための基底クラスとしてcollections.UserListを提供しているので、これを使用するとよい。
[*2]　訳注：peekはスタックから要素を削除せずに先頭の値を返す操作。emptyはスタックが空か否かを判定する操作。

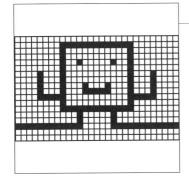

# 3章
## A R R A Y S
## 配列プログラミング
### ──────────ベクトル演算

## 制約

- 主要なデータタイプは配列、すなわち固定サイズの要素集合。
- 明示的な反復処理を行わず、高レベルの宣言的操作により配列にアクセスする。
- 計算は、固定サイズのデータに対する検索、選択、変換で行われる。

## プログラム

```
1  import sys
2  import numpy as np
3
4  # 実行例は、"Hello World!"を入力した場合の、各コードの実行結果
5  characters = np.array([' ']+list(open(sys.argv[1]).read())+[' '])
6  # 実行例: array([' ', 'H', 'e', 'l', 'l', 'o', ' ', ' ',
7  #                'W', 'o', 'r', 'l', 'd', '!', ' '], dtype='<U1')
8
9  # 正規化
10 characters[~np.char.isalpha(characters)] = ' '
11 characters = np.char.lower(characters)
12 # 実行例: array([' ', 'h', 'e', 'l', 'l', 'o', ' ', ' ',
13 #                'w', 'o', 'r', 'l', 'd', ' ', ' '], dtype='<U1')
14
15 ### 空白のインデックスを探し、単語の区切りとする
16 sp = np.where(characters == ' ')
17 # 実行例: (array([ 0, 6, 7, 13, 14], dtype=int64),)
18 # ちょっとしたトリックとしてspの各要素を2回繰り返してから、組を作る
19 sp2 = np.repeat(sp, 2)
20 # 実行例: array([ 0, 0, 6, 6, 7, 7, 13, 13, 14, 14], dtype=int64)
21 # 最初と最後の要素を除いて、2要素ずつ2次元配列にまとめる
22 w_ranges = np.reshape(sp2[1:-1], (-1, 2))
23 # 実行例: array([[ 0,  6],
24 #                [ 6,  7],
```

```
25 #                    [ 7, 13],
26 #                    [13, 14]], dtype=int64)
27 # 空白および1文字単語に相当するインデックスを取り除く
28 w_ranges = w_ranges[np.where(w_ranges[:, 1] - w_ranges[:, 0] > 2)]
29 # 実行例: array([[ 0,  6],
30 #                    [ 7, 13]], dtype=int64)
31
32 # 単語は空白に挟まれるため、空白インデックスの組を与えると単語のできあがり
33 words = list(map(lambda r: characters[r[0]:r[1]], w_ranges))
34 # 実行例: [array([' ', 'h', 'e', 'l', 'l', 'o'], dtype='<U1'),
35 #           array([' ', 'w', 'o', 'r', 'l', 'd'], dtype='<U1')]
36 # 文字の配列を文字列に再編する
37 swords = np.array(list(map(lambda w: ''.join(w).strip(), words)))
38 # 実行例: array(['hello', 'world'], dtype='<U5')
39
40 # ストップワードの削除
41 stop_words = np.array(list(set(open('../stop_words.txt').read().split(','))))
42 ns_words = swords[~np.isin(swords, stop_words)]
43
44 ### 単語頻度をカウント
45 uniq, counts = np.unique(ns_words, axis=0, return_counts=True)
46 wf_sorted = sorted(zip(uniq, counts), key=lambda t: t[1], reverse=True)
47
48 for w, c in wf_sorted[:25]:
49     print(w, '-', c)
```

 Pythonに慣れていない読者は、序章の「**Python主義 (Pythonisms)**」でリスト、リストインデックス、境界について説明しているので参考にしてください。

## 解説

　このスタイルで最も目につくのは、配列、つまり固定サイズの要素集合という概念です。すべてのデータは配列に格納され、配列のサイズは固定されており、既知でなければなりません。配列は1次元またはそれ以上の次元を持つことができます。1次元の配列は**ベクトル (vector)**、$N$次元の配列は$N$次元**マトリクス (matrix)**と呼ばれます。データが配列に割り当てられたメモリよりも小さい場合、データを超える分の配列要素は0などの値で埋められます。

　もちろん、配列は誰もが知るデータ構造です。しかし、単に配列を使うだけでは、配列プログラミングのスタイルとは言えません。このスタイルの第二の制約である「明示的な反復処理を行わない」が、より重要です。命令型言語のように明示的に配列の要素を反復処理するのではなく、配列全体に対して一度に適用される高レベルの宣言的な操作で配列にアクセスします。配列演算は高度な数学的抽象化により、低レベルの実装の詳細を隠し、画像処理演算プロセッサ（GPU：Graphical Processing Unit）でサポートされるような高度な並列実装に適しています。

例えば、次のような命令型の疑似言語で書かれたコードを考えてみます。

```
String[] cars = {'Volvo', 'BMW', 'Ford', 'Mazda'}
for (i = 0; i < cars.length; i++) {
    cars[i] = cars[i].toLowerCase();
}
List<String> ocars = new List<String>();
for (int i = 0; i < cars.length; i++) {
    if (cars[i].contains('o'))
        ocars.append(cars[i])
}
```

このコードではデータ（cars）を保持するために配列を使用しますが、配列プログラミングスタイルで記述されていません。一方、次のコードでは、配列プログラミングスタイルが使われています。

```
String[] cars = {'Volvo', 'BMW', 'Ford', 'Mazda'}
cars = ToLowerCase(cars);
ocars = Where(cars.contains('o'))
```

前者は明示的な反復処理ですが、後者は配列に対する高レベルの宣言的操作です。このような操作を行わなければ、配列を使用していても、配列プログラミングスタイルとは言えません。

Pythonでは通常、データのコレクションにさまざまなサイズのリスト、タプル、辞書を使います。また、arrayモジュールで配列もサポートします。しかし、これらは基本的なデータ構造に過ぎず、配列プログラミングスタイルをサポートしていません。Pythonは高水準の配列操作をサポートしていないため、特に科学計算の分野ではその用途がかなり限定されていました。その穴を埋めたのがサードパーティライブラリで、最も人気があるNumPyです。これは配列をサポートするだけでなく、強力な配列演算もサポートしています。このプログラムではNumPyを使用します。詳しく見てみましょう。

配列スタイルで単語頻度を解決するとは、簡単に言えば、すべてのテキストデータを配列に入れ、単語とその頻度が得られるまでいくつかの配列操作を行うことを意味します。この実装では、まず生データ（文字の配列）(#5) を作るところから始めます。特定の操作を簡単にするため、配列の最初と最後に空白を入れています。続いて、NumPyで利用可能な高レベルの配列操作をいくつか使用します (#10-#11)。ここでは、characters配列中の英数字以外のすべての文字が空白で置き換えられ[1]、すべての文字が小文字に正規化されます。これらの高レベルな検索と置換の機能は、並列処理に最適化された実装が行われているかもしれませんが、それは外からは見えません。

次にトークン化、つまり、文字の配列に含まれる単語を特定する必要があります。配列プログラミングに忠実であるためには、他のデータ構造を使う場合とは異なる方法で問題を考える必要があります。空白のインデックスを求め、その2つのインデックスの間にある文字の並びを単語とします。最終的に

---

[1] 訳注：np.chars.isalpha()は、NumPy配列の要素ごとにアルファベット文字であればTrue、それ以外の文字ならFalseとなるブール配列を返す。~はPythonのビット反転を行う単項演算子であるが、NumPyのブール配列に使用した場合は論理値を反転する。このブール配列を元の配列のインデックスとして指定すると、Trueに該当する要素だけを持つサブセットが得られる。そのサブセットの各要素に対して、ここでは空白を上書きする。

は、各行が単語の[start, end]インデックスの組である2次元の行列を作ります。このアプローチを実装するために、空白のインデックスを見つけ (#16)、2次元行列化の準備としてそれらの数値を複製し (#19)、複製したインデックスの配列をreshapeメソッドで2次元行列に変換し (#22)、最後にendインデックスとstartインデックスの差が2より大きい、つまり少なくとも2文字以上の単語のみを残します (#28)。最終的に、w_rangesにはすべての単語の[start, end]組が格納されます (#28) *1。

このプログラムでは、配列プログラミングスタイルから逸脱し、可変長の単語リストを使用しています (#33)。これは、単語の数を予測できないので、（デフォルトの最大値を仮定しない限り）配列を使用できないからです。リストwordsは、まだ文字のNumPy配列のリスト (#33) ですが、これ以降は文字ではなく単語を処理対象とするため、文字列（単語）を要素とする新しいNumPy配列を作成します (#37)。ストップワードを文字列の配列に読み込み (#41)、強力な配列演算*2によりsword配列の中からストップワード配列stop_wordsにない単語だけを残します (#42)。

最後に、もう1つの強力な配列演算*3を用いて、一意の単語とその頻度を求めます (#45)。続いて、配列プログラミングスタイルではなく従来の方法により頻度の降順で並べ替えを行います (#46) *4。

ここではプログラムに入力データの実行例を示すコメントを加え、読者が配列操作の意味をよりよく理解できるようにしています。そのため、プログラムは実際よりも長く感じられますが、実行例のコメントを除くと、以下のように非常に簡潔なプログラムであることがわかります。

```
import sys, string
import numpy as np

# 文字列を単語に分割
characters = np.array([' ']+list(open(sys.argv[1]).read())+[' '])
characters[~np.char.isalpha(characters)] = ' '
characters = np.char.lower(characters)
sp = np.where(characters == ' ')
sp2 = np.repeat(sp, 2)
w_ranges = np.reshape(sp2[1:-1], (-1, 2))
w_ranges = w_ranges[np.where(w_ranges[:, 1] - w_ranges[:, 0] > 2)]
words = list(map(lambda r: characters[r[0]:r[1]], w_ranges))
swords = np.array(list(map(lambda w: ''.join(w).strip(), words)))

# ストップワードの削除
stop_words = np.array(list(set(open('../stop_words.txt').read().split(','))))
ns_words = swords[~np.isin(swords, stop_words)]
```

---

*1　訳注：NumPy配列に論理演算を行うと（例：characters == ' '）、各要素に対するTrueまたはFalseのNumPy配列（ブール配列）ができる。また、np.whereメソッドは、True要素のインデックスからなるNumPy配列を返す。

*2　訳注：np.isin(swords, stop_words)は、swords配列中の各要素が、stop_words配列中に含まれるかを示すブール配列を返す。np.isinメソッドは結果を反転させるinvertパラメータを持つため、~np.isin(swords, stop_words)とnp.isin(swords, stop_words, invert=True)の結果は同じ。

*3　訳注：np.uniqueは、UnixのuniqコマンドのようにNumPy配列中の重複を取り除いた配列を返す。return_counts=Trueオプションを指定すると、重複要素数の配列も返す。

*4　訳注：np.uniqueで別々の配列とされた単語 (uniq) と頻度 (counts) は、zip(uniq, counts)を使用して、それぞれの配列の対応する要素を (単語, 頻度) のタプルにまとめたリストになる。そのリストをsorted関数でソートする。

```
# 単語頻度のカウント
uniq, counts = np.unique(ns_words, axis=0, return_counts=True)
wf_sorted = sorted(zip(uniq, counts), key=lambda t: t[1], reverse=True)

for w, c in wf_sorted[:25]:
    print(w, '-', c)
```

データ集約型のプログラムを配列プログラミングスタイルで記述すると、一般的に小さく簡潔なプログラムになる傾向があります。配列操作に慣れてきたなら、もっと読みやすく感じるはずです。

## システムデザインにおけるスタイルの影響

配列プログラミングは、本来、意図を表現するために数学から生まれた一連のアイデアです。しかし、このアイデアは、数学的な応用の枠を超えて広がりました。例えば、配列の要素を選択、検索、更新する強力な演算は、関係データベースのクエリ言語にも使用されています。さらに、一時期は工学的アプリケーションのニッチな分野と考えられていた配列プログラミングが、TensorFlowのような最新の機械学習フレームワークで復活しつつあります。本書の「**第X部　ニューラルネットワーク**」では、これらの新しい開発について取り上げます。

## 歴史的背景

配列プログラミングは、高水準プログラミングの中で最も古いアイデアの1つです。コンピュータは、科学的および工学的計算を行うために開発されました。自然科学や工学の分野では、線形代数が非常に重要です。そのため、多次元行列とそれに対する演算は、アセンブリが主流であったコンピュータ言語を数学に近づけたいと思わせた最初の概念であったと言えるでしょう。このプログラミングスタイルは、APLの設計者であるケネス・アイバーソンが1962年に出版した『*A Programming Language*』で初めて文書化されました。APL自体は1960年代にIBMで実装された重要かつ影響力のある配列プログラミング言語でしたが、特殊な記号が多用された難解な言語でもありました。しかし、その簡潔な配列操作の記法は、当時、他に類を見ないものでした。複雑なプログラムを1行のAPLコードで記述する「APLワンライナー」は、ある意味APLプログラマのお遊びとも言われています。

ダートマスBASICは、1960年代半ばに単純な行列演算を採用していました。1970年代には、統計処理用のプログラミングシステムであるS（Rの前身）が同じアイデアを基に開発されました。1980年代には、自然科学と工学アプリケーションのための最新プログラミング環境として、MATLAB®が登場しました。MATLABはAPLと同様に、配列プログラミングスタイルの特徴である強力な配列演算をサポートしています。最近では、2000年代初頭に、PythonのエコシステムにNumPyが追加されました。またJuliaは、ベクトル演算をサポートする現代的な言語の一例です。

## 参考文献

Iverson, K. (1962), *A Programming Language*, Wiley, https://www.softwarepreservation.org/projects/
apl/Books/APROGRAMMING%20LANGUAGE

    APL作者自身による原理と言語の解説[*1]

## 用語集

### 配列 （array）

    固定サイズのデータの集合。通常、配列の要素はすべて同じ型を持つが、必須の要件ではない。
例えばAPLでは、型の異なる要素を持つ配列をサポートする。

### マトリクス （matrix）

    多次元の配列。

### 形状 （shape）

    配列の次元を表す。例えば3×2配列の形状は、(3, 2)である。

### ベクトル （vector）

    1次元の配列。

### ベクトル化 （vectorization）

    配列の要素に対する反復処理を、配列全体に対する操作として抽象化したもの。

## 演習問題

### 問題 3-1　他言語

    MATLABやJuliaなどの配列プログラミング言語で、単語頻度を実装せよ。

### 問題 3-2　スタイルの堅持

    文字列の配列を作成するために、配列プログラミングのスタイルを崩して文字の配列から単語の
リストを作成し、そこから文字列の配列を作成した (#33-#37)。#28以降を配列プログラミングスタ
イルを崩さずに実装せよ。つまり、文字の2次元配列として表現された単語の配列を処理する。

### 問題 3-3　別課題

    本書の序章で示した課題を、配列プログラミングスタイルを使用して実装せよ。

---

[*1]　訳注：日本語訳は内山 昭、長田 純一訳 (1975)、APL-プログラミング言語、講談社

# 第Ⅱ部
## BASIC
# 基本スタイル

　ここでは、4つの基本的なスタイルを紹介します。**一枚岩、クックブック、パイプライン、コードゴ** **ルフ**です。これらは、広く浸透しているという意味で、基本的なスタイルです。他のあらゆるスタイル は、この4つのスタイルの要素を取り入れています。

## 制約

- 名前付き抽象化機能を使用しない。
- ライブラリをほとんど使用しない、または全く使用しない。

## プログラム

```python
#!/usr/bin/env python
import sys, string

# [単語,頻度]の大域的リスト
word_freqs = []
# ストップワードのリスト
with open('../stop_words.txt') as f:
    stop_words = f.read().split(',')
stop_words.extend(list(string.ascii_lowercase))

# ファイル内の行単位で繰り返し
for line in open(sys.argv[1]):
    start_char = None
    i = 0
    for c in line:
        if start_char is None:
            if c.isalnum():
                # 単語の始まり
                start_char = i
        else:
            if not c.isalnum():
                # 単語の終わり。見つけた単語の処理を行う
                found = False
                word = line[start_char:i].lower()
                # ストップワードに該当しない単語を処理する
```

```
26                    if word not in stop_words:
27                        pair_index = 0
28                        # 既出の単語かを判別
29                        for pair in word_freqs:
30                            if word == pair[0]:
31                                pair[1] += 1
32                                found = True
33                                break
34                            pair_index += 1
35                        if not found:
36                            word_freqs.append([word, 1])
37                        elif len(word_freqs) > 1:
38                            # 並べ替えが必要
39                            for n in reversed(range(pair_index)):
40                                if word_freqs[pair_index][1] > word_freqs[n][1]:
41                                    # 順番を変更する
42                                    word_freqs[n], word_freqs[pair_index]
43                                        = word_freqs[pair_index], word_freqs[n]
43                                    pair_index = n
44                    # 次の単語を探す
45                    start_char = None
46            i += 1
47
48 for tf in word_freqs[0:25]:
49     print(tf[0], '-', tf[1])
```

## 解説

　このスタイルでは、強力なライブラリ関数が利用できる最新の高レベルプログラミング言語を使用したとしても、ほぼ古き良き時代のスタイルで問題を解決します。最初から最後までひとかたまりのコードで構成され、新しい抽象化機能を使用せず、ライブラリもあまり利用しません。設計の観点で言うと、目的の出力を得ることが主な関心事です。その際、問題の細分化や、すでに存在するコードの再利用については深く考慮しません。問題全体が1つの概念的な単位であるとすると、プログラミングの作業とは、この単位を司るデータと制御の流れを定義することです。

　プログラムは次のように動作します。単語と頻度を関連付ける組を、大域的なリストword_freqs (#5) に保持します。ファイルからストップワードのリストを読み込み、*a* のような1文字の単語をそこに追加します (#7-#9)。次に、入力ファイルを1行ずつ処理する長いループ (#12-#46) を実行します。このループの中には、入力行を1文字ずつ処理する2番目のループ (#15-#45) が含まれます。この入れ子のループでは、単語の始まり (#17-#19) と終わり (#21-#43) を検出し、ストップワードではない単語を数えます (#26-#43)。検出した単語が初出の場合は、word_freqsリストに頻度1の新しい組 (pair) を追加し (#35-#36)、既出の場合は (#29-#34) 頻度を増やします (#31)。このプログラムでは、最後に頻度の高い順に単語を表示するため、word_freqsのリストが常に頻度の降順になるよう工夫を加えています

(#39-#43)。最後に (#48-#49)、word_freqs 先頭から25要素を出力します。Python標準ライブラリからインポートしているのはsysとstringだけであることに注意してください (#3) [*1]。

コンピュータプログラミングの黎明期には、低レベルのプログラミング言語を使用した比較的小さなプログラムは、すべてがこのスタイルで作られました。gotoが制御の流れに大きな表現能力を与えましたが、その結果長大な「スパゲティプログラム[*2]」の存在を促進しました。gotoのような構文は、非常に単純なプログラムを除けば、あらゆる開発において有害であると考えられています。そのため、ほとんどの現代的なプログラミング言語は、この構文を持ちません。しかし、gotoはモノリスの根本的な原因ではありません。正しくgotoを使用するなら、整然としたプログラムを生み出すことは可能です。プログラム保守の観点から見て望ましくないのは、プログラムテキストの長いブロックが存在することであり、何を行っているのかを適切に抽象化できていないことです。

どのようなプログラミング言語でも、一枚岩スタイルでプログラムを記述できます。実際、現代的なプログラムでも、プログラムテキストの長いブロックは決して珍しくありません。性能上の理由から、あるいは課題が容易に細分化できないことから、このような長いプログラムテキストが正当化されることもあります。しかし、多くの場合、プログラマが解決すべき課題について時間をかけて慎重に検討していない兆候なのかもしれません。章や節のないマニュアルがわかりにくいように、モノリスプログラムの多くは読みやすくありません。

**循環的複雑度** (Cyclomatic complexity) は、プログラムテキストの複雑さ、特に制御フロー経路の量を測定するために開発された指標です。経験則では、プログラムテキストの循環的複雑度が高いほど、可読性が下がります。循環的複雑度は、プログラムテキストを有向グラフとみなし、次の式で求めます。

$$CC = E - N + 2P$$

ここで

$E =$ エッジの数
$N =$ ノードの数
$P =$ 出口ノードの数

例えば、次のプログラムテキストで考えてみます。

```
1 x = raw_input()
2 if x > 0:
3     print('Positive')
4 else:
5     print('Negative')
```

このテキストの有向グラフは**図4-1**の通りです (ノード番号は行番号に対応します)。

---

* 1 訳注：ここではsysとstringモジュールを1行でインポートしているが、PEP 8ではそれぞれに行を分けたインポートを推奨している。
* 2 訳注：絡み合うスパゲティのように、プログラムが長く複雑になっている様。

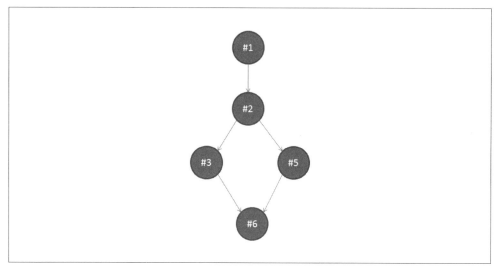

**図4-1　プログラムテキストの有向グラフ**

このテキストの循環的複雑度は次のように計算できます。

$$CC = E - N + 2P = 5 - 5 + 2 = 2$$

　循環的複雑度は、Flesch Reading Ease テストや Flesch-Kincaid grade level テスト[*1]などの、自然言語テキストの読みやすさを測定する指標と同じ目的を持ちます。これらの測定基準は、文体を数値に要約するものであり、文体がテキストの理解に与える難しさに関する、心理学上のいくつかの証拠に裏付けられています。プログラムの作成と文学作品の執筆とは明確に異なります。しかし、書かれたものを理解することに関しては、多くの類似点があります。場合により、プログラミングの課題に内在する複雑さを読者に明らかにするため、長いプログラムが必要になるのかもしれません。しかし多くの場合、それは当てはまりません。

## システムデザインにおけるスタイルの影響

　システム規模でモノリスとは、必要とするすべてを行う単一アプリケーションの大きなコンポーネントを指します。これは、モジュール化された特定の機能を担当するサブコンポーネントでシステムを分割するのとは対照的です。

　このスタイルは、どの規模であれ良い習慣とはみなされません。しかし、モノリスなコードは非常に一般的です。モノリスを認識し、そこに至る理由を理解することが重要です。

---

[*1]　訳注：英文の読みやすさを測る指標。Flesch Reading Ease はスコアが高いほど読みやすい。Flesch-Kincaid grade level は、その文章を読むのに適した学年を示す。マイクロソフト Word などのワードプロセッサソフトウェアには、文書校正のための機能として用意されていることが多い。

## 参考文献

Dijkstra, E. (1968), Go To statement considered harmful, *Communications of the ACM* 11(3): 147-148.

　　ダイクストラのgotoに対する怒りを表した古典的論文。

Knuth, D. (1974), Structured programming with go to statements, *ACM Computing Surveys* 6(4): 265-301.

　　ダイクストラの怒りに対する、数ある反論の中で最も優れたもの。

McCabe, T. (1976), A complexity measure. *IEEE Transactions on Software Engineering* SE-2(4): 308-320.

　　グラフに基づくFORTRANプログラムの複雑さに対する指標。プログラム設計上のさまざまな判断に対する認知的負荷を定量化する最初の試み。

## 用語集

**制御フロー（control flow）**

　　プログラム文の実行順序とプログラム式の評価順序のこと。条件分岐、反復、関数呼び出し、戻り値などが含まれる。

**循環的複雑度（cyclomatic complexity）**

　　プログラムソースコードの独立した実行経路の数を測定するソフトウェア指標。

## 演習問題

**問題 4-1　他言語**

　　スタイルを維持したまま、課題を別のプログラミング言語で実装せよ。

**問題 4-2　readlines**

　　このプログラムは、ファイルから1行ずつ読み込む。最初に（readlines()を使用して）ファイル全体をメモリに読み込み、それからメモリ内の行を繰り返し処理するよう変更せよ。これは良い方法だろうか、それとも悪い方法か。それはなぜか。

**問題 4-3　2つのループ**

　　このプログラムでは、検出された単語ごとに頻度リストを降順に並べ替える（#39-#42）。モノリススタイルを維持したまま、単語頻度を画面に出力する直前に、独立した別のループで並べ替えを行うようにプログラムを修正せよ。その場合の長所と短所は何か。

**問題 4-4　循環的複雑度**

　　このプログラムの循環的複雑度を求めよ。

**問題 4-5　別課題**

　　本書の序章で示した課題を、モノリススタイルを使用して実装せよ。

# 5章
## COOKBOOK
# クックブック
### ──構造化プログラミング

## 制約

- goto を使用しない。
- 手続き抽象化を用いて大きな問題を小さな単位に分割し、制御フローの複雑さを抑える。手続きは機能の断片であり入力を受け取るが、必ずしも問題に関連する出力を生成しない。
- 手続きは、大域（global）変数を使用して状態を共有する。
- 大きな問題は、共有された状態の変更や追加などを行う手続きを、次々と適用することで解決される。

## プログラム

```python
#!/usr/bin/env python
import sys, string

# 大域変数
data = []
words = []
word_freqs = []

#
# 手続き
#
def read_file(path_to_file):
    """
    ファイルのパスを受け取り、
    ファイルの内容全体を大域変数に格納する
    """
    global data
    with open(path_to_file) as f:
        data = data + list(f.read())

```

```
21 def filter_chars_and_normalize():
22     """
23     data中の非英数字を空白に置き換え、英字を小文字にする
24     """
25     global data
26     for i in range(len(data)):
27         if not data[i].isalnum():
28             data[i] = ' '
29         else:
30             data[i] = data[i].lower()
31
32 def scan():
33     """
34     単語を探索し、大域変数wordsに格納する
35     """
36     global data
37     global words
38     data_str = ''.join(data)
39     words = words + data_str.split()
40
41 def remove_stop_words():
42     global words
43     with open('../stop_words.txt') as f:
44         stop_words = f.read().split(',')
45     # 1文字を単語として追加
46     stop_words.extend(list(string.ascii_lowercase))
47     indexes = []
48     for i in range(len(words)):
49         if words[i] in stop_words:
50             indexes.append(i)
51     for i in reversed(indexes):
52         words.pop(i)
53
54 def frequencies():
55     """
56     単語と頻度を関連付ける組を作成し
57     リストにする
58     """
59     global words
60     global word_freqs
61     for w in words:
62         keys = [wd[0] for wd in word_freqs]
63         if w in keys:
64             word_freqs[keys.index(w)][1] += 1
65         else:
66             word_freqs.append([w, 1])
67
```

```
68 def sort():
69     """
70     word_freqsを頻度で並べ替える
71     """
72     global word_freqs
73     word_freqs.sort(key=lambda x: x[1], reverse=True)
74
75
76 #
77 # メインプログラム
78 #
79 read_file(sys.argv[1])
80 filter_chars_and_normalize()
81 scan()
82 remove_stop_words()
83 frequencies()
84 sort()
85
86 for tf in word_freqs[0:25]:
87     print(tf[0], '-', tf[1])
```

## 解説

　このスタイルでは、大きな問題は、それぞれが1つのことを行う小単位、別名**手続き**（procedure）に細分化されます。このスタイルでは一般的に、最終的な目標を達成するための手段として、手続きの間でデータを共有します。さらに、状態の変化は、変数の以前の値に依存する場合があり、手続きはこの変数に対する**副作用**を持つと言われます。計算処理は、蓄積されたデータを手続きが処理し、次の手続きのためのデータを準備することで進行します。手続きはこのようにデータを返さず、共有データに対して作用します。

　プログラムは次のように実装されています。まず共有のための大域データを宣言します（#5-#7）。dataは入力ファイルの内容を保持し、wordsはdataから抽出した単語を保持し、word_freqsは単語-頻度の組を保持します。3つの変数はすべて空リストで初期化されます。これらのデータは以下の手続き群（#12-#73）で共有され、それぞれの手続きは特定の処理を実行します。

read_file(path_to_file) (#12-#19)

　入力ファイルのパス名を受け取り、ファイルの内容全体を大域変数dataに加える。

filter_chars_and_normalize() (#21-#30)

　data内すべての非英数字を空白に置き換え、英字を小文字にする。その際、dataを直接書き換える。

scan() (#32-#39)

　　splitメソッドを使用してdataの単語をスキャンし、見つけた単語を大域変数wordsに加える[*1]。

remove_stop_words() (#41-#52)

　　ファイルからストップワードのリストを読み込み、そこに1文字単語を追加する（#44-#48）。続いて次のようにwordsからすべてのストップワードを削除する。wordsリストの中でストップワードがある場所のインデックスを収集し、popメソッドを使用してwordsから該当する要素を削除する。

frequencies() (#54-#66)

　　wordsから、単語と頻度の組のリストを作成する。

sort() (#68-#73)

　　変数word_freqsの内容を頻度の降順でソートする。リストのsortメソッドは引数を2つ持ち、その1つに比較対象を取り出す関数を渡す。ここではword_freqsリストに格納されている組の2番目の要素（インデックスの値は1）を返す無名関数を指定する。

　79行目から終わりまで（#79-#87）がメインプログラムです。この部分は、スタイルのクックブック的性格を最もよく表しています。大きな問題が小さな問題に巧みに分割され、それぞれが名前付きの手続きで処理されるため、メインプログラムがそれぞれの処理に相当する手続きを順次呼び出す様が、あたかも凝った料理のレシピを追うように見えます。また、調理が進むことで食材の状態が変化するように、それぞれの手続きは共有変数の状態を変化させます。

　処理の進行と共に状態が変化する（つまり可変状態である）場合、手続きは**べき等**（idempotent）ではない可能性があります。つまり、手続きを2回呼び出すと、世界の状態はすっかり変わってしまい、プログラムの出力も全く別になる可能性があります。例えば、手続きread_file(path_to_file)を2回呼ぶと、ファイル内容の代入が累積されるため（#19）、変数dataに重複したデータが格納されます。べき等な関数や手続きとは、複数回呼び出しても一度だけ呼び出した場合と全く同じ観測可能な効果をもたらします。べき等性の欠如は、多くの場合プログラミングエラーの原因とみなされます。

## システムデザインにおけるスタイルの影響

　このスタイルは、処理の進行と共に外部からのデータを蓄積し、そのデータに依存した振る舞いをする計算課題に適しています。例えば、ユーザがさまざまなタイミングで入力を行い、その入力を後で変更するような操作や、ユーザが入力したすべてのデータに依存する出力を行うなど、状態を保持しそれを処理の進行と共に変化させる方法が自然に適合します。

　後の章で明らかになる問題の1つは、状態の共有粒度です。この例では変数が大域的であり、一連の手続き全体で共有されています。最短のプログラムを除き、大域変数は長い間悪いアイデアとされ

---

[*1]　関数の先頭で、大域変数であるdataとwordsにglobal宣言を行い、明示的に大域（global）であることを示している。これを行わないとwordsは、ローカルスコープの変数と判断され、words = words + data_str.split()の右辺で値が代入される前に名前wordsが使用されているとのエラーとなる。関数read_fileの変数dataも同じ。ただし大域変数の参照を行う際、名前がローカルスコープに見つからない場合には上位のスコープも探索されるため、global宣言を行わなくても大域変数が正しく参照される。つまり、上記2ヶ所以外は、global宣言がなくても動作に影響はない。

てきました。本書で取り上げる他の多くのスタイルでは、はるかに小さなスコープで変数を共有する手続きを使用します。実際、特定の方法で副作用を制限するためにはどのようなスタイルが適しているのか、数多くの興味深い研究が長年にわたり行われてきました。

システム規模では、外部のデータベースなどに格納した状態をコンポーネントが共有および変更する、クックブック型のアーキテクチャスタイルが広く使われています。

## 歴史的背景

1960年代には、当時のプログラミング技術に挑戦するような大規模なプログラムが数多く開発されました。主な課題の1つが、他人が理解できるプログラムです。プログラミング言語の機能は増える一方でしたが、必ずしも古い構造を手放すことはありませんでした。そのため、同じプログラムでもさまざまな表現ができるようになりました。1960年代後半になると、プログラミング言語のどの機能が（プログラム理解のために）「良く」、どの機能が「悪い」かについての議論が始まりました。一部でダイクストラが主導したこの議論では、大域的なジャンプ（goto）のような有害とされる機能の使用を控え、代わりにより高度な反復構造（whileループなど）や手続き、コードの適切なモジュール化の使用を呼びかけました。誰もがダイクストラの立場に同意したわけではありませんが、彼の考え方が主流となりました。ここに**構造化プログラミング**の時代が始まります。この章で説明したこのスタイルは、前章で見た**非構造化**プログラミング、つまりモノリスプログラミングに対抗するスタイルとして登場したものです。

## 参考文献

Dijkstra, E. (1970), *Notes on Structured Programming*, http://www.cs.utexas.edu/users/EWD/ewd02xx/EWD249.PDF

　　ダイクストラは、構造化プログラミングの最も声高な提唱者の1人。プログラミング全般に関するダイクストラの考えがまとめられた古典的名著。

Wulf, W. and Shaw, M. (1973), Global variable considered harmful, *SIGPLAN Notices*8(2): 28-34.

　　さらなるプログラムの構造化に関する意見。この論文はタイトルにあるように、大域変数に反対を表明している。単に構造化プログラミングを述べたものではなく、十分に構造化されたプログラミングに対してさらに考察を加えたもの。

## 用語集

**べき等性**（idempotence）

　　関数や手続きを複数回適用しても一度だけ適用したのと全く同じ観測可能な効果が得られる場合、その関数または手続きはべき等性を持つという。

**可変変数（mutable variable）**

割り当てられた値が時間の経過と共に変化する可能性のある変数のこと[*1]。

**手続き（procedure）**

プログラムのサブルーチン（subroutine）のこと。入力パラメータを受け取ることもあれば、受け取らないこともある。値を返すこともあれば返さないこともある[*2]。

**副作用（side effect）**

副作用とは、プログラムの観測可能な部分が変化すること。副作用には、ファイルや画面への書き込み、入力の読み取り、観測可能な変数の値の変更、例外の発生などがある。プログラムは、副作用を介して外の世界と相互作用する。

## 演習問題

**問題 5-1　他言語**

スタイルを維持したまま、課題を別のプログラミング言語で実装せよ。

**問題 5-2　スコープ局所化**

大域変数を使用せずにプログラムを実装せよ。指示的なクックブックスタイルは維持し、手続きも基本的には同じ形を使用する。

**問題 5-3　二重苦**

このプログラムの中でべき等な手続きを挙げよ。また、べき等でない手続きを挙げよ。

**問題 5-4　細部の重要性**

このプログラムに最小限の修正を加え、すべての手続きがべき等となるようにせよ。

**問題 5-5　別プログラム**

クックブックスタイルを使用し、本章のプログラムとは異なる手順で単語頻度を解く別のプログラムを実装せよ。

**問題 5-6　別課題**

本書の序章で示した課題を、クックブックスタイルを使用して実装せよ。

---

[*1]　訳注：初期値を持たず、一度代入した値がその後変更されない変数を不変変数（imutable variable）と呼ぶ言語もある。一方、初期値を持ち値が変わらないものを一般的に定数（constant）と呼ぶ。

[*2]　訳注：FORTRANなど古典的な言語では値を返すものを関数、返さないものを手続きと区別する場合があるが、多くの現代的な言語では手続きと関数を区別しない。ここでの説明は、広義の手続きとして関数も含めた説明になっている。Pythonはreturn文を持たない関数を定義できるため、これを手続きと考えることもできるが、実際にはreturn文がない場合にはNoneを返している。https://docs.python.org/ja/3.12/tutorial/controlflow.html?highlight=procedure#defining-functionsを参照。

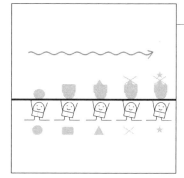

# 6章
## パイプライン
### ──関数型プログラミング

## 制約

- 大きな問題は、関数抽象化を使って分解される。関数は入力を受け取り、出力を生成する。
- 関数間では状態を共有しない。
- パイプラインでは数学の関数合成 $f \circ g$ を忠実に反映した関数の組み合わせにより大きな問題を解決する。

## プログラム

```python
#!/usr/bin/env python
import sys, re, operator, string

#
# 関数
#
def read_file(path_to_file):
    """
    入力ファイルのパス名を受け取り
    その内容全体を文字列として返す
    """
    with open(path_to_file) as f:
        data = f.read()
    return data

def filter_chars_and_normalize(str_data):
    """
    文字列を受け取り
    すべての非英数字を空白に、英字を小文字に置き換えたコピーを返す
    """
    pattern = re.compile(r'[\W_]+')
    return pattern.sub(' ', str_data).lower()
```

```
23
24  def scan(str_data):
25      """
26      文字列を受け取り、
27      単語を探索して、単語のリストを返す
28      """
29      return str_data.split()
30
31  def remove_stop_words(word_list):
32      """
33      単語のリストを受け取り
34      すべてのストップワードを取り除いたコピーを返す
35      """
36      with open('../stop_words.txt') as f:
37          stop_words = f.read().split(',')
38      # 1文字を単語として追加
39      stop_words.extend(list(string.ascii_lowercase))
40      return [w for w in word_list if w not in stop_words]
41
42  def frequencies(word_list):
43      """
44      単語のリストを受け取り
45      単語と出現頻度を関連付けた辞書を返す
46      """
47      word_freqs = {}
48      for w in word_list:
49          if w in word_freqs:
50              word_freqs[w] += 1
51          else:
52              word_freqs[w] = 1
53      return word_freqs
54
55  def sort(word_freq):
56      """
57      単語と頻度の辞書を受け取り
58      頻度の降順に要素を並べた
59      単語と頻度の組のリストを返す
60      """
61      return sorted(word_freq.items(), key=operator.itemgetter(1), reverse=True)
62
63  def print_all(word_freqs):
64      """
65      頻度順に並べられた組のリストを受け取り、再帰的に表示する
66      """
67      if(len(word_freqs) > 0):
68          print(word_freqs[0][0], '-', word_freqs[0][1])
69          print_all(word_freqs[1:]);
```

```
70
71 #
72 # メインプログラム
73 #
74 print_all(sort(frequencies(remove_stop_words(scan(
       filter_chars_and_normalize(read_file(sys.argv[1])))))))[0:25])
```

# 解説

　パイプラインスタイルは、工場のパイプラインをモデルにしており、各ステーションまたはボックスは、そこを流れるデータに対してある特定の処理を実行します。最も純粋なパイプラインスタイルは、数学の関数理論を忠実に反映しており、小さなボックス、言い換えると関数が入力を受け取り、出力を生成します。数学における関数は、あるドメインの入力集合から同じまたは別のドメインの出力集合への写像であり、各入力は正確に1つの出力に関連します。例えば、$f(x)=x^2$は、実数を非負の実数に写す関数であり、入力として値$x$が与えられると、出力として値$x^2$を生成します。工場パイプラインのように、数学的関数合成$f \circ g$（$f$を$g$の後で施す）を使用して、関数同士を結合します。ただし、2番目の関数$g$の出力ドメインが1番目の関数$f$の入力ドメインと同じか、それに含まれていることが必要です。関数の入力と出力には、他の関数（それ自体で何かを行うボックス）を含めても構いません。関数を入力として受け取るか、関数を生成する関数は、**高階関数 (higher-order function)** と呼ばれます。

　パイプラインスタイルでは、あらゆるものを1組の入力から1組の出力に対応させる関係とみなすことにより、この類の数学的な純粋性を達成しようとします。この制約は非常に強力であり、純粋なパイプラインスタイルでは、計算の入力を受け取る最初の部分と出力を行う最後の部分を除くと、ボックス化された関数に外側の世界は存在しないのです。プログラムは関数と関数合成だけで表現される必要があります。残念ながら、この単語頻度プログラムはファイルからデータを読み込む必要があるので、完全に純粋ではありません。しかし、それは後で対応します。25章では、純粋な計算から不純な処理を分離する方法を説明します。

　プログラムの分析を行いましょう。クックブックスタイルで行ったのと同様に、単語頻度の問題はより小さな問題に分解され、それぞれを特定の計算処理で対処します。分解はクックブックで用いたものとあらゆる点で同じであり、同じ名前の同じ手続きを用います。しかし、これらの手続きには特別な性質があります。つまり、それぞれが1つの入力パラメータを持ち、最後に1つの値を返します。例えば、read_file (#7-#14) は文字列（ファイル名）を入力として受け取り、そのファイルの内容を出力として返します。filter_chars_and_normalize (#16-#22) は文字列を入力として受け取り、そのコピーを返します。コピーの中身は、非英数文字を空白で置換し大文字を小文字に正規化したものです。これらの手続きは、1つの入力値を受け取り、1つの出力値を生成する**関数**になりました。関数の外に状態はありません。

　クックブックスタイルのプログラムでは、手続きは入力を受け取らず、何も返しません。単に共有の状態に変更を加えるだけでした。また、クックブックスタイルの手続きがべき等性を持たないのに対し、

このプログラムでは関数が**べき等性**を持つ点にも注意してください[*1]。べき等性とは、関数を2回以上呼び出しても、1回だけ呼び出したときと全く同じ観測上の効果が得られることを意味します。関数は観測上の世界では何の副作用も持たず、与えられた入力に対して常に同じ出力を生成します。例えば、"hello world"という入力でscanを呼ぶと、いつでも、何度でも['hello', 'world']が返ります。

　メインプログラム (#74) もまた、このスタイルを象徴しています。一連のステップの代わりに関数が連鎖し、1つの関数の出力が次の関数への入力になります。数学の関数は右から左へ、つまり、**後**に呼び出される関数が前の関数の左側に書かれる ($f \circ g$="$f$を$g$の後で施す") ため、数学にも右から左へ書く言語にも慣れていない人にはこのスタイルのプログラムは少し不自然に感じるかもしれません。この場合、「sortはfrequenciesの後、それはremove_stop_wordsの後、... (sort after frequencies after remove_stop_words ...)」と読むか、または右から左へ「read_fileを実行し、filter_chars_and_ormalizeを実行し、... (read_file then filter_chars_and_normalize...)」と読みます。

　このプログラムでは、すべての関数で引数は1つですが、一般的に関数は複数の引数を持ちます。しかし、すべての複数引数の関数は、**カリー化 (currying)** と呼ばれる技法を用いて、一連の単一引数の高階関数に変換できます。例えば、次の3引数の関数で考えてみましょう。

```
def f(x, y, z):
    return x * y + z
```

これは、次のように呼び出せます。

```
>>> f(2, 3, 4)
10
```

この関数は、次の高階関数に変換できます。

```
def f(x):
    def g(y):
        def h(z):
            return x * y + z
        return h
    return g
```

そして、次のように呼び出します。

```
>>> f(2)(3)(4)
10
```

## システムデザインにおけるスタイルの影響

　何らかの手段を用いて状態保持や状態変更を行わないシステムコンポーネントはあまり存在しませんが、パイプラインの影響はコンピュータシステムエンジニアリングの分野に広く見られます。このア

---

[*1]　訳注：先のパラグラフでも簡単に触れられているように、このプログラムの最初と最後の関数は外界とのやり取りを行うため純粋ではなく、特に関数read_fileはべき等ではない。この問題は、25章で再度取り上げる。

イデアの最も古く、そして最もよく知られたアプリケーションの1つが、Unixシェルの**パイプ**です。「|」文字で連結することにより、あるコマンドの出力を次のコマンドの入力に結びつけ、任意のコマンドを連続して実行できます（例えばps -ax | grep httpなど）。パイプで連結された各コマンドは、入力を消費して出力を生成する独立した単位です。単語頻度プログラムは、パイプでつながれた一連コマンドを使用しても実装が可能です。

```
grep -o "[A-Za-z][A-Za-z][A-Za-z]*" $1 \
    | tr '[:upper:]' '[:lower:]' \
    | grep -Ev "^($(sed  -e 's/,/|/g' ../stop_words.txt))$" \
    | sort | uniq -c | sort -rn | head -25 \
    | sed -e 's/^ *\([0-9]*\) *\([a-z]*\)/\2  -  \1/'
```

（$1は、シェルスクリプトの第1パラメータを表す。入力ファイル名が想定される。）

データ集約型アプリケーションのフレームワークとしてよく知られたMapReduceも、パイプラインスタイルの制約を具現化しています。31章で詳しく説明します。

パイプラインスタイルは、本質的にパイプラインとしてモデル化できるような問題に特に適しています。A*を始めとするグラフ探索などの人工知能アルゴリズム[1]がこのカテゴリに分類されます。また、コンパイラなどの言語処理系も、グラフや木構造に対する関数で構成されることが多いため、適していると言えます。

問題への適合性に加えて、このスタイルを採用するのは、単体テストと並行処理というソフトウェア工学的な理由もあります。外側の状態を一切保持しないため、このスタイルの関数は単体テストが非常に容易です。テストを何度実行しても、呼び出し順序が変わっても、結果は常に同じだからです。命令型のプログラミングスタイルで、この不変性は成り立ちません。並行処理でも関数は計算の単位であり、互いに独立しています。したがって、関数間の同期や共有の状態を気にすることなく、複数のプロセッサに分散させるのは容易です。パイプラインスタイルで適切に表現できる問題であれば、パイプラインスタイルを使用するべきです。

## 歴史的背景

このプログラミングスタイルを使用していなくても、関数はいたるところに登場します。関数は複数の状況で複数の人により何度も発明されました。パイプラインスタイルは、数学に忠実であることを目指しているため、関数の関連するプログラミングでもニッチな分野でのみ発展しました。

チューリングの業績を生み出した1920年代から1930年代にかけての計算理論の集中的な研究には、数学者アロンゾ・チャーチ[2]が追求した計算の基礎としての関数も含まれます。チューリングとほぼ同時期に、チャーチはたった3つの規則を持つ非常に単純な計算であるλ計算により、特定の関係に従って任意の入力を出力に**変換**できることを示しました。これにより、彼はチューリングマシンと同様に強

---

[1]　訳注：A*（A-star）アルゴリズムは、探索アルゴリズムの1つ。ノードで表現された複数の経路の中から、ある2点を結ぶ最短経路を機械的に求めることができる。

[2]　訳注：チャーチは、チューリングやクリーネがプリンストン大学で博士号を取得した際の指導教官。

力な万能記号置換マシンを発明しますが、その概念的アプローチは全く異なります。数年後、クリーネによるチャーチ・チューリングのテーゼとして知られるように、チューリングの計算モデルはチャーチのモデルと等価であるとされました。しかしその後、関数型プログラミングが登場するまでには数十年を必要とします。

　コンピュータの正常な進化の過程で、関数は必然的に**再発明**されます。1950年代には、多くのプログラムではいくつかの命令ブロックがプログラム実行中に何度も実行されることがわかります。これにより、**サブルーチン (subroutine)** の概念が生まれ、まもなくすべての言語がこの概念を何らかの形でサポートするようになりました。サブルーチンは、その名の通り、プログラムの任意の場所で呼び出され、完了後に呼び出し元に戻る**手続き (procedure)** として、より高度なプログラミング言語への道を切り開きます。手続きから関数への移行は、入力パラメータと出力値を加えるだけです。例えば1958年にリリースされたFORTRAN IIには、SUBROUTINE、FUNCTION、CALL、RETURNが言語構成要素として追加されました。

　しかし、プログラミング言語が関数を備え、関数を使用してプログラムを書くことと、パイプライン型の関数スタイルで行うプログラミングは同じではありません。先に述べたように、パイプラインは数学的関数に存在する純粋性を維持することを目的とした、強い制約のあるスタイルです。厳密に言えば、FORTRAN、C、Pythonなどの「関数」は、入出力の関係を実装するだけでなく、世界の観測可能な状態に影響を与えます。これは、数学的な意味の関数ではないので、パイプラインの外側にあるとみなされます。同様に、工場パイプラインのステーションが通過するユニットの数をカウントし、処理数が一定値に達したら処理を停止するなら、それはパイプラインモデルの純粋性を破る副作用とみなされます。

　このプログラミングスタイルは、1960年代にLISPとして登場しました。LISPはコンピュータ・プログラムのための数学的な表記法として設計され、Churchのλ計算に大きな影響を受けています。LISPは、当時主流であった命令型プログラミング言語とは対照的であり、まさにその強い関数型スタイルが特徴でした。結局、LISPはλ計算の純粋性から離れ、変数や変更可能な状態を許容する構成要素も含むようになりましたが、その影響は大きく、特に学術関係ではLISPによってもたらされた関数型プログラミングに基づく新しい言語設計の潮流が生まれました。

　関数型プログラミング、そしてパイプラインは、現在主要なすべてのプログラミング言語でサポートされています。そして純粋なパイプラインスタイルは、Haskellが先導しています。

# 参考文献

Backus, J. (1978), Can programming be liberated from the von Neumann style? A functional style and its algebra of programs, *Communications of the ACM* 21(8): 613-641.[*1]

> バッカス・ナウア記法（BNF：Backus-Naur Form）で有名なジョン・バッカスは、当時の主流であった「複雑で、扱いにくく、役に立たない」言語を批判し、純粋関数型プログラミングを提唱することで、プログラミング言語の議論を先鋭化させた。極論ではあるが、プログラミング言語設計における重要な問題点に触れている。

Church, A. (1936), An unsolvable problem of elementary number theory, *American Journal of Mathematics* 58(2): 345-363.

> λ計算に関する原著論文。

McCarthy, J. (1960), Recursive functions of symbolic expressions and their computation by machine, Part I, *Communications of the ACM* 3(4): 184-195.

> LISPの解説とλ計算との関係。

Stratchey, C. (1967), Fundamental concepts in programming languages, *Higher-Order and Symbolic Computation* 13: 11-49、コペンハーゲン大学の夏季コースにおけるストレイチーの講義録であるが2000年に出版された

> ストレイチーは、構文によって混乱し、無頓着に一貫性なく使われていた概念や言葉を明確に定義し、プログラミング言語の意味論（semantics）を始めた。本稿は、彼が1967年に行った講義を書き下ろしたものである。この論文では、式と命令（statement）、関数とルーチン（procedure）の違いについて書かれている。ストレイチーは、プログラミングにおいて副作用は重要であり、明確な意味があると考えていた。この当時、彼はCPLという研究目的の言語定義に携わっていたが、この言語は普及することなく消滅も早かった。CPLはC言語の遠い祖先にあたる。

# 用語集

### カリー化（currying）

引数を複数持つ関数を、それぞれが1つの引数を持つ一連の高階関数に変換するための手法。

### 関数（function）

数学では、入力を出力に対応させる関係のこと。プログラミングでは、入力を受け取り、出力を生成する手続きのこと。**純粋 (pure)** な関数は、数学と同様に副作用を持たない。副作用を持つ関数は、**純粋ではない (impure)** 関数と呼ぶ。

---

[*1] 訳注：ジョン・バッカスは、世界最初の高水準言語FORTRANの開発者。バッカスは1977年にチューリング賞を受賞しており、これはその際の受賞講演が*Communications of the ACM*に掲載されたもの。日本語訳は「プログラミングはフォン・ノイマン・スタイルから解放され得るか？関数型プログラミングスタイルとそのプログラム代数」としてACMチューリング賞講演集、共立出版株式会社刊、に掲載されている。

**べき等性（idempotence）**

　関数や手続きを複数回適用しても1回だけ適用したのと全く同じ観測可能な効果が得られる場合、その関数または手続きはべき等性を持つという。

**不変変数（immutable variable）**

　不変変数とは、最初の値が束縛された後、その値が変更されない変数のこと。

**副作用（side effects）**

　コードの一部が既存の状態を変更したり、世界との観察可能な相互作用がある場合、副作用があるという。非ローカル変数や引数の値の変更、ファイルやネットワークやディスプレイとのデータ読み書き、例外の発生、副作用を持つ関数の呼び出しなどが、副作用の例。

## 演習問題

**問題 6-1　他言語**

　スタイルを維持したまま、課題を別のプログラミング言語で実装せよ。

**問題 6-2　2 in 1**

　このプログラムでは、ストップワードのリストを含むファイルの名前がハードコードされている（#36）。これを修正して、ストップワードファイルの名前がコマンドラインの第2引数として与えられるようにせよ。その際、次の制約を遵守すること。（1）どの関数も1つ以上の引数を取ることはできない。（2）変更できる関数はremove_stop_wordsだけとする。remove_stop_wordsの変更に合わせてメインブロックの呼び出し順を変更してもよい。

**問題 6-3　別プログラム**

　パイプラインスタイルを使用し、本章のプログラムとは異なる手順で単語頻度を解く別のプログラムを実装せよ。

**問題 6-4　別課題**

　本書の序章で示した課題を、パイプラインスタイルを使用して実装せよ。

# 7章
## コードゴルフ
### ワンライナー

## 制約

● できるだけ少ない行数で実装する。

## プログラム

```
1 #!/usr/bin/env python
2 import re, sys, collections
3
4 stops = open('../stop_words.txt').read().split(',')
5 words = re.findall(r'[a-z]{2,}', open(sys.argv[1]).read().lower())
6 counts = collections.Counter(w for w in words if w not in stops)
7 for (w, c) in counts.most_common(25):
8     print (w, '-', c)
```

## 解説

　このスタイル最大の関心事は簡潔さです。目標は、プログラムの機能をできるだけ少ない行数で実装することです。通常、この目標を達成するためにプログラミング言語とライブラリの高度な機能を利用します。簡潔さだけを追求すると、コード行が非常に長くなり、命令の列も理解しにくくなることも珍しくありません。また、テキストを簡素化した結果、プログラム性能の低下や、より大きな、あるいは異なる状況で使用した場合にのみ顕在化するバグを埋め込む可能性も高くなります。しかし、適切であるなら、簡潔さにより非常に洗練された読みやすいプログラムとなります。

　このプログラムは、単語頻度を実装するPythonコードの中で、おそらく最も短いプログラムの1つです[*1]。最初にストップワードのリストを1行で読み込みます (#4)。これは、いくつかのファイル操作を連鎖的に実行しています。ストップワードファイルを開き、その内容をすべてメモリに読み込んで

---

＊1　このプログラムは、本書のGitHubリポジトリで公開されているPeter Norvig氏寄稿のもの（訳注：ファイル名はtf-07-pn.py）を少し改良している。「**第1版　まえがき**」を参照。

から、カンマで単語を分割し、ストップワードのリストを変数stopsに束縛します。入力ファイルから単語のリストをメモリに読み込むのも1行で行います (#5)。これは、ファイルを開き、内容をすべて読み込み、すべての文字を小文字に正規化し、1文字の単語を排除するために正規表現を使用して長さが2以上の連続した文字 (aからz) の列をすべて抽出します。結果として得られる単語のリストを、変数wordsに束縛します。続いて、Pythonの強力なコレクションライブラリを用いて、ストップワード以外すべての単語について、単語と頻度の組を作成します (#6)。最後に強力なコレクションライブラリ (collections.Counter) の提供するmost_commonメソッドを使用して (#7)、頻出単語25個とその頻度を表示します (#8)。

　コード行数の短さは、すでに誰かが作った強力な抽象化機能の上に成り立ちます。一部の言語のコアライブラリは、短いプログラムを作成するのに役立つ非常に多くのユーティリティを持ちます。別の言語のコアライブラリは小さく、ユーティリティライブラリはサードパーティによって提供されることが期待されます。Pythonに組み込まれているライブラリは比較的大きく、種類も豊富です。しかし、自然言語テキスト処理用のサードパーティ製ライブラリ (TextBlobなど) を利用すれば、さらに短いプログラムができるかもしれません。もし、ファイルの単語頻度を計算するユーティリティプログラムがあるなら、次のような関数を1つ呼び出すだけでよいのですterm_frequency(_file_, order=`desc', limit=25)。

　言語のコアライブラリは信頼できますが、サードパーティのライブラリを使用する場合は、ある種の注意が必要です。外部のライブラリを使用すると、自分のコードと他人のプロジェクトの間に依存関係が生じます。ライブラリの開発者がある時点でコードの保守をやめてしまうことは珍しくなく、特にソースコードが入手できないと、その利用者は手詰まりとなります。また、サードパーティのコードに安定性が欠如していると、それを使用したコードに不具合をもたらす可能性があります。

## システムデザインにおけるスタイルの影響

　ソフトウェア業界で使用される最も一般的な指標の1つが、ソースコード行数 (SLOC：Source Lines Of Code) です。良くも悪くも、SLOCはコスト、開発者の生産性、保守性、管理におけるその他多くの関心事を見積もる尺度として広く使用されています。多くの指標が長年にわたって生まれては消えていきましたが、SLOCは生き延びています。COCOMO (Constructive Cost Model) は、SLOCに基づくソフトウェアコスト見積もりモデルの一例です。1970年代に開発され、その後何度か更新されたこのモデルは、現在でも広く使用されています[1]。

　管理上の懸念の一部、特にプログラマの生産性に対して、詳細な調査を目的とする場合にSLOCは明らかに不適切です。しかし残念ながら、SLOCは現在も尺度として使用され続けています (1日あたりのSLOCが多いプログラマは生産性が高いと主張する企業がまだに存在します)。上に示したプログラムは極端な例ですが、この美しく小さなプログラムを書いたプログラマよりも、モノリススタイルでプログラムを書いたプログラマの方が生産性が高いとは誰も言わないでしょう。コストや生産性などの高

---

＊1　http://ohloh.netに掲載されている各プロジェクトに対するコスト見積もりがその一例。

度な管理上の関心事とSLOCとの相関は、経験的に証明されたことはありません。単にソフトウェアプロジェクトの計画立案のための大まかな経験則として、プロジェクトの初期には役立つかもしれません。

　一般的に、簡潔さはプログラミングの卓越さを示すものとみなされており、さまざまなプログラミング言語で可能な限り短いプログラムを作成する技術は**コードゴルフ**と呼ばれます。しかし、プログラムの短縮化だけを目的とするのは、通常は良い考えではありません。多くの場合小さいけれども、非常に読みにくい、あるいは性能的に問題のあるプログラムとなる可能性があります。例えば、次のような単語頻度プログラムを考えてみましょう。

```
1 #!/usr/bin/env python
2 import re, string, sys
3
4 stops = set(open("../stop_words.txt").read().split(",") +
                list(string.ascii_lowercase))
5 words = [x.lower() for x in re.split("[^a-zA-Z]+", open(sys.argv[1]).read())
            if len(x) > 0 and x.lower() not in stops]
6 unique_words = list(set(words))
7 unique_words.sort(key=lambda x: words.count(x), reverse=True)
8 print("\n".join(["%s - %s" % (x, words.count(x)) for x in unique_words[:25]]))
```

　このプログラムは、最初のプログラムと行数は同じです。しかし、各行にはより多くのことが詰め込まれており、やや理解しにくい表現となっています。5行目は、最初のプログラムの5行目とほぼ同じ処理を行います (#5)。入力ファイルの単語をメモリに読み込み、ストップワードをフィルタリングします。これは、ファイルシステムの操作とテストの後に、正規表現で分割を行いながらリスト内包を使用しています[*1]。次の2行は、さらに理解が困難です。setデータ構造の重複を排除する性質を使用して一意の単語をリストにします (#6)。次に、単語の数を数えるcountを指定した無名関数 (Pythonではlambda) をキーとして一意の単語リストをソートします (#7)。

　2番目のプログラムは正しいのですが、性能は最悪です。小さなテキストファイルでは性能の低さは顕在化しませんが、『高慢と偏見』では劇的に悪化します。その原因は、このプログラムが単語の数を必要とするたびに、何度も数え直すからです (#7)。

　簡潔さは通常、多くのプログラマが目指すべき優れた目標ですが、コード行数だけを最適化するのは誤った目標であり、診断が非常に難しい問題を後々まで残してしまう可能性があります。

## 歴史的背景

　コードゴルフは、1960年代にケネス・アイバーソンによって開発されたAPL (a programming language) 言語で初めて登場しました。この言語は配列を操作する数学的表記のために、標準的には

---

＊1　訳注：リスト内包表記は、[xに**対する処理** for x in **リスト** if **条件**]の形式で、条件に合致するリストの各要素に対して処理を行った結果のリストを作成する。この行ではinの後ろ、つまりre.split(r"[^a-zA-Z]+", open(sys.argv[1]).read())にて、ファイルを読み込んだ結果を"a-zA-Z"以外の文字で分割したリストが作成され、その各要素 (つまり単語) に対してlowerメソッドを適用したリストを作成する。その際if以下の条件に合致しないもの、つまり、各要素の文字数が0文字以下、またはstopsリストに含まれる単語は除外される。

使用しない多数の記号を用います。1970年代初頭には、有用な関数を1行で記述するゲーム（APLワンライナー）がAPLプログラマの間で流行しましたが、これらのワンライナーは比較的理解しにくいものでした。

　コードゴルフは、最少のコード行数ではなく、最少のキーストローク（文字数)を競うこともあります。

## 参考文献

Boehm, B. (1981), *Software Engineering Economics*, Englewood Cliffs, Prentice-Hall

　　COCOMOモデルを中心とした、ソフトウェアコスト見積もりに関する解説。

## 用語集

### コード行数（LOC：Lines Of Code）

　　LOCは、最も広く使用されているソフトウェア指標の1つ。LOCにはいくつかの種類が存在する。プログラム命令の行だけをカウントし、空行やコメント行は無視するソースLOC（SLOC）が最もよく使用される。

## 演習問題

### 問題7-1　他言語

　　スタイルを維持したまま、課題を別のプログラミング言語で実装せよ。

### 問題7-2　性能改善

　　2つ目のプログラムでは、7行目 (#7) が性能のボトルネックになっている。それを修正せよ。

### 問題7-3　短縮化

　　Pythonでさらに短い単語頻度プログラムを実装せよ。

### 問題7-4　別課題

　　本書の序章で示した課題を、コードゴルフスタイルを使用して実装せよ。

# 第III部
## FUNCTION COMPOSITION
# 関 数 合 成

　第III部では、関数合成に関連する3つのスタイルを紹介します。**合わせ鏡**は、よく知られた再帰の仕組みを示し、その本来の概念である数学的帰納法を用いる方法を説明します。**継続**は、継続渡しスタイル（CPS：Continuation-Passing Style）と呼ばれるプログラミング手法に基づきます。**単子**は、本書で初めてモナドと呼ばれる概念に触れます。後者の2つのスタイルは、関数を通常のデータとして使用します。これは、関数型プログラミングの基礎となる考え方の1つです。

# 8章

INFINITE MIRROR

# 合わせ鏡

——— 再帰

## 制約

- 問題のすべて、または重要な部分は、数学的帰納法を用いてモデル化する。つまり、基本ケース（$n_0$）を指定し、次に $n+1$ のルールを指定する。

## プログラム

```python
1  #!/usr/bin/env python
2  import re, sys, operator
3
4  # 使用できるリソース量は環境により異なるため、動作しない場合は値を減らす
5  RECURSION_LIMIT = 5000
6  # これは名前に反して、再帰を制限するだけでなく
7  # 呼び出しスタックの深さを制限するため
8  # 少し増やしておく
9  sys.setrecursionlimit(RECURSION_LIMIT + 10) PEP 8
10
11 def count(word_list, stopwords, wordfreqs):
12     # 空のリストであった場合
13     if word_list == []:
14         return
15     # 帰納的な場合、つまりリストに単語が入っている場合
16     else:
17         # リスト先頭の単語を処理する
18         word = word_list[0]
19         if word not in stopwords:
20             if word in wordfreqs:
21                 wordfreqs[word] += 1
22             else:
23                 wordfreqs[word] = 1
24         # 残りを処理する
25         count(word_list[1:], stopwords, wordfreqs)
```

```
26
27 def wf_print(wordfreq):
28     if wordfreq == []:
29         return
30     else:
31         (w, c) = wordfreq[0]
32         print(w, '-', c)
33         wf_print(wordfreq[1:])
34
35 stop_words = set(open('../stop_words.txt').read().split(','))
36 words = re.findall(r'[a-z]{2,}', open(sys.argv[1]).read().lower())
37 word_freqs = {}
38 # 理論的には、単純にcount(words, stop_words, word_freqs)を呼び出すだけ
39 # 単純に呼び出した場合、何が発生するかを確認しておくと良い
40 for i in range(0, len(words), RECURSION_LIMIT):
41     count(words[i:i+RECURSION_LIMIT], stop_words, word_freqs)
42
43 wf_print(sorted(word_freqs.items(), key=operator.itemgetter(1), reverse=True)[:25])
```

## 解説

　このスタイルでは、数学的帰納法を用いて問題を解決します。数学的帰納法では、一般的な目標が次の2つのステップで達成されます。(1) 1つまたは複数の基本ケースを解決する。(2) $N^{th}$ケースで成り立つならば、$N^{th}+1$ケースでも成り立つような解決策を提供する。コンピュータでは、数学的帰納法は一般的に**再帰 (recursion)** で表現されます。

　このプログラムでは、単語頻度のカウント（関数count (#11-#25)）と、単語の表示（関数wf_print (#27-#33)）の2ヶ所で帰納法を使用しています。どちらも最初に、基本ケースである空のリスト (#13-#14、#28-#29) を確認し、そこで再帰が停止します。一般化のケースでは、まずリストの先頭を処理し (#18-#23、#31-#32)、続いてリストの残りに対して自分自身を呼び出します (#25、#33)。

　このプログラムには、再帰に関するPython特有のコードが含まれます (#5-#9、#40)。count関数を再帰的に呼び出すと、新しい呼び出し用にスタックを使用し、その領域は呼び出しから戻る際にポップされます。しかし、スタックに使えるメモリは有限であるため、いつかプログラムはスタックオーバーフローに至ります。それを避けるために、まず再帰の上限を増やします (#9) [*1]。しかし、これだけでは『高慢と偏見』のような大きなテキストにはまだ不十分です。そこで、単語のリスト全体に対してcount関数を再帰させるのではなく、リストを$N$個に分割し、一度に1つの分割に対して関数を呼び出します (#40-#41)。関数wf_printは25回しか再帰しないので、同じ問題は発生しません。

　多くのプログラミング言語では、**末尾呼び出し最適化**と呼ばれる手法により、再帰呼び出しでスタックオーバーフローが発生する問題を解消しています。末尾呼び出しとは、関数の最後の動作[*2]として

---

[*1]　訳注：現在の上限は、sys.getrecursionlimit()で得られる。https://docs.python.org/ja/3/library/sys.html#sys.getrecursionlimitを参照。

[*2]　訳注：関数が内部で分岐している場合は、それぞれの分岐の最後。

関数が呼び出されることを指します。例えば、次の例では、aとbの呼び出しが、関数fの末尾に位置しています。

```
def f(data):
    if data == []:
        a()
    else:
        b(data)
```

**末尾再帰**とは、関数の末尾が再帰呼び出しのことです。このような場合、言語処理系はその関数呼び出し後に行うことがないため、スタックを消費せず安全にその関数を呼び出すことができます。これは**末尾再帰最適化**と呼ばれ、再帰関数を効果的にループに変換し、メモリと時間の両方を節約します。Haskellなどのプログラミング言語では、再帰を利用してループを実現しています。

残念ながら、Pythonは末尾再帰最適化を行わないため、この例では呼び出しスタックの深さを制限する必要があります。

## 歴史的背景

再帰は数学的帰納法に起源を持ちます。FORTRANを含む1950年代初期のプログラミング言語は、サブルーチンの再帰的な呼び出しをサポートしていませんでした[*1]。1960年代初頭には、Algol 60やLispを始めとするいくつかのプログラミング言語が再帰をサポートし、そのうちのいくつかは明示的な構文を使用していました。1970年代までには、再帰はプログラミングにおいて一般的なものとなりました。

## 参考文献

Daylight, E. (2011), Dijkstra's rallying cry for generalization: the advent of the recursive procedure, late 1950s-early 1960s. *The Computer Journal* 54(11), http://www.dijkstrascry.com/node/4

プログラミングにおけるコールスタックと再帰に関するアイデアについての回顧的考察。

Dijkstra, E. (1960), Recursive programming, *Numerische Mathematik*2(1): 312-318.

各サブルーチンに独自のメモリスペースを与えるのではなく、スタックを使用してサブルーチンを呼び出す方法を説明したダイクストラの原著論文。

## 用語集

スタックオーバーフロー

プログラムがスタックメモリを使い果たしたときに発生するエラー。

---

[*1] 訳注：1991年に制定されたFortran 90では関数の再帰呼び出しがサポートされたが、関数の属性としてrecursiveを付ける必要があった。2018年に制定されたFortran 2018では、関数のデフォルト動作として再帰実行を可能としたので、recursive属性は不要となった。

**末尾再帰**（tail recursion）

関数の最後の動作として発生する再帰的な呼び出し。

## 演習問題

**問題 8-1　別言語**

スタイルを維持したまま、課題を別のプログラミング言語で実装せよ。

ただし、選択した言語が末尾再帰最適化をサポートする場合は、サンプルのPythonプログラムを丸写しするのではなく、それを反映したプログラムを作成すること。

**問題 8-2　さらに再帰**

ストップワードの読み込みと識別（#35）の行を合わせ鏡スタイルの関数で置換せよ。どの部分がこのスタイルに向いており、どの部分が向いていないかを説明すること。

**問題 8-3　副作用の除去**

大域変数word_freqs（#37）がcountに渡され、関数の中でその内容が変更される。つまり、このコードは呼び出しの順序に依存する副作用を持つ。代わりにパイプラインスタイルを使用し、countから単語の頻度を返し、その値を再帰的な呼び出しに渡すように修正せよ。

**問題 8-4　別課題**

本書の序章で示した課題を、再帰スタイルを使用して実装せよ。

# 継　　続
### ───継続渡し[*1]

## 制約

- 各関数は追加のパラメータ（通常は最後）として別の関数を受け取る。
- パラメータで渡された関数を最後に呼び出す。
- 現在の関数の出力に相当するものを、呼び出す関数のパラメータとして渡す。
- 関数のパイプラインとして問題を解決するが、次に適用する関数は現在の関数のパラメータとして与えられる。

## プログラム

```python
#!/usr/bin/env python
import sys, re, operator, string

#
# The functions
#
def read_file(path_to_file, func):
    with open(path_to_file) as f:
        data = f.read()
    func(data, normalize)

def filter_chars(str_data, func):
    pattern = re.compile(r'[\W_]+')
    func(pattern.sub(' ', str_data), scan)

def normalize(str_data, func):
    func(str_data.lower(), remove_stop_words)

def scan(str_data, func):
```

---

[*1]　パイプラインスタイルの変形で、パイプラインスタイルよりも多くの制約がある。

```
20      func(str_data.split(), frequencies)
21
22  def remove_stop_words(word_list, func):
23      with open('../stop_words.txt') as f:
24          stop_words = f.read().split(',')
25      # add single-letter words
26      stop_words.extend(list(string.ascii_lowercase))
27      func([w for w in word_list if w not in stop_words], sort)
28
29  def frequencies(word_list, func):
30      wf = {}
31      for w in word_list:
32          if w in wf:
33              wf[w] += 1
34          else:
35              wf[w] = 1
36      func(wf, print_text)
37
38  def sort(wf, func):
39      func(sorted(wf.items(), key=operator.itemgetter(1), reverse=True), no_op)
40
41  def print_text(word_freqs, func):
42      for (w, c) in word_freqs[0:25]:
43          print(w, '-', c)
44      func(None)
45
46  def no_op(func):
47      return
48
49  #
50  # The main function
51  #
52  read_file(sys.argv[1], filter_chars)
```

## 解説

　このスタイルでは、関数は1つの追加パラメータ（別の関数）を受け取ります。これは最後に呼び出されることを意味し、通常は現在の関数の戻り値に相当するものをパラメータとしてその関数に渡します。これにより、関数が呼び出し元に戻らず、実行は別の関数に引き継がれます。

　このスタイルは、一部で**継続渡しスタイル**（CPS：Continuation-Passing Style）と呼ばれます。名前付き関数ではなく無名関数（Pythonではlambda）を継続の指定とすることが多いのですが、この例では、読みやすさのために名前付き関数を使用しています。

　このプログラムでは、これまでのスタイル、特にパイプラインスタイルと同じように問題を分解しているので、各関数の目的について説明を繰り返す必要はないでしょう。注目すべきは、これらすべての

関数に見られる追加のパラメータfuncと、そのfuncが現在の関数が終了した後に呼び出される次の関数である点です。このプログラムをパイプラインスタイルで書かれたプログラムと比較します。

　メインプログラム（#52）は、1つの関数read_fileだけを呼び出し、読み込むファイルの名前（コマンドライン引数）と、read_fileが処理を終えた後に呼び出す次の関数filter_charsを渡します。一方、パイプラインスタイルでは、すべての工程を定義した一連の関数呼び出し連鎖をメインプログラムに記述します。

　このスタイルのread_file関数（#7-#10）はファイルを読み込み、最後の動作として引数funcを呼び出します。この場合は、関数filter_chars（#52と同様）が呼び出されます。その際、次に呼ばれる関数normalizeと共に、通常はread_fileの戻り値（6章のプログラム（#14）を参照）となるdataを渡します。残りの関数も全く同じように設計されており、関数呼び出しの連鎖が途切れるのは、no_op関数が呼び出されたとき（#44）です（no_opは何も行いません）。

## システムデザインにおけるスタイルの影響

　このスタイルは、さまざまな目的に使用できます。その1つがコンパイラの最適化です。一部のコンパイラの中は、コンパイルしたプログラムをこのスタイルの中間表現に変換するため、末尾呼び出しの最適化を適用できます。（前章の説明を参照）。

　もう1つの目的は、正常な場合と失敗した場合への対応です。関数実行が成功した場合と失敗した場合の継続先を示す2つの関数を、通常のパラメータに加えて受け取れると、便利な場合があります。

　3つ目は、シングルスレッド言語における入出力（IO：Input/Output）ブロックへの対処です。こうした言語では、プログラムはIO操作（例えばネットワークやディスクの読み取り待ち）に到達するとプログラムの実行は中断されます。IO操作が完了すると、言語処理系は中断したところから実行を続けます。このために、関数に1つまたは複数の追加関数引数を渡して指示します。例えば、次のコードは、Node.jsのWebSocket用JavaScriptライブラリ、Socket.ioの一部です。

```
1 function handler (req, res) {
2   fs.readFile(__dirname + '/index.html',
3   function (err, data) {
4     if (err) {
5       res.writeHead(500);
6       return res.end('Error loading index.html');
7     }
8
9     res.writeHead(200);
10    res.end(data);
11  });
12 }
```

　この例の2行目で呼ばれたreadFile関数は、原則としてデータがディスクから読み込まれるまでスレッドをブロックします。これは、C、Java、Lisp、Pythonなどの言語でも予想される動作です。スレッドを使用しない場合、ディスク操作が完了するまであらゆる要求が処理されないことを意味しま

す。（ディスクアクセスには時間がかかるため）これは望ましい動作ではありません。JavaScriptの設計原理では、非同期性をアプリケーションではなく、基盤となる言語処理系の問題とします。つまり、ディスク操作はブロックされますが、アプリケーションプログラムは次の命令、つまりhandler関数からの戻り（#12）に進みます。しかし、ディスクからデータが読み込まれた後、それが成功したかどうかに関わらず、言語処理系に何をすべきかを指示する必要があります。それが無名関数として定義された内容（#3-#11）であり、readFile関数の追加パラメータとして指定されています。ディスクの読み込みによるブロックが解除され、メインスレッドが別のIO処理でブロックされると、言語処理系はこの無名関数を呼び出します。

　JavaScriptやスレッドをサポートしない他の言語では必然的にこのスタイルが使用されますが、乱用すると非常に読みにくいスパゲティコード（別名コールバック地獄）に陥ることがあります。

## 歴史的背景

　プログラミングの世界ではよくあることですが、このスタイルは長年にわたり多数の人々により、さまざまな目的のために「発明」されてきました。

　このスタイルの起源は、1960年代初頭におけるgoto、つまりブロックから外部へのジャンプです。このような継続についての最も古い発表は1964年のA.ワインガールデンによるものですが、さまざまな理由から当時はこのアイデアは受け入れられませんでした。1970年代初頭、gotoの代替案として、いくつかの論文や発表の中でこのアイデアが再び登場します。それ以来、この概念はプログラミング言語コミュニティでよく知られるようになりました。1970年代後半に登場したプログラミング言語Schemeでは継続が使われています。最近では、論理型プログラミング言語でも継続は頻繁に使用されています。

## 参考文献

Reynolds, J. (1993), The discoveries of continuations, *Lisp and Symbolic Computation*6: 233-247.
　継続の歴史の振り返り。

## 用語集

**継続**（continuation）

　継続は「プログラムの残り（the rest of the program）」を表す抽象概念。これはコンパイラの最適化から、非同期性を扱うための表記上の意味付けまで、さまざまな目的に役立つ。また、ネスト

した関数からnon-localリターン*1するための一般的なメカニズムを提供するため、goto*2や例外などの言語構成の代替手段でもある。

**コールバック地獄（callback hell）**

無名関数を引数として数レベル深く連鎖させた結果として生じる、スパゲティコードの形態の1つ。

## 演習問題

### 問題9-1　別言語

スタイルを維持したまま、課題を別のプログラミング言語で実装せよ。

### 問題9-2　別課題

本書の序章で示した課題を、継続渡しスタイルを使用して実装せよ。

---

*1　訳注：non-localリターンは大域リターンとも呼ばれ、ネストした複数の関数やブロックから一度にリターンできる機能を指す。

*2　訳注：goto（またはjump命令）は、指定した場所へ実行制御を移す命令。関数や手続きからのリターン（return）は必ず呼び出し元に戻るためgotoよりもずっと行儀が良く見えるが、リターンも関数や手続きが終了した際に指定された場所（関数や手続きを呼び出した次の命令）にジャンプすることに他ならない。この関数や手続きを呼び出す際に指定するジャンプ先は一種の継続と考えることができる。例えば例題のプログラムでは、関数read_fileを呼び出す際に、継続として関数filter_charsを渡している（#52）。継続渡しスタイル的にはread_fileを実行した後、read_fileの呼び出し元に戻らずにfilter_charsへジャンプすることを意味する。実際のところこの継続渡しはPythonの関数呼び出しを使用しているため、read_fileの処理が終了した際に継続として指定されたfilter_charsに制御が移るものの、最終的にはread_fileに制御は戻り、そこからread_fileの呼び出し元へリターンする。しかし、read_fileではその後に処理するコードは何もなくそのままの流れでプログラムは終了するため、filter_charsに行ったまま戻らない場合と動作としては等価である。

## 制約

- 値から変換できる抽象化の存在。
- この抽象化は次の操作を提供する。(1) 値をラップして抽象化する、(2) 関数の並びを作るために関数を結合（bind）する、(3) ラップを解いて最終的な値を調べる。
- 大きな問題は、関数を束ねたパイプラインで解決し、最後にラップを解く。
- 単子スタイルでは、結合操作は単に与えられた関数を呼び出すだけである。その際、抽象化が保持する値を与え、その戻り値を保持する。

## プログラム

```python
 1 #!/usr/bin/env python
 2 import sys, re, operator, string
 3
 4 #
 5 # モナド(the one)クラス
 6 #
 7 class TFTheOne:
 8     def __init__(self, v):
 9         self._value = v
10
11     def bind(self, func):
12         self._value = func(self._value)
13         return self
14
15     def printme(self):
16         print(self._value)
17
18 #
19 # 関数
20 #
```

```
21 def read_file(path_to_file):
22     with open(path_to_file) as f:
23         data = f.read()
24     return data
25
26 def filter_chars(str_data):
27     pattern = re.compile(r'[\W_]+')
28     return pattern.sub(' ', str_data)
29
30 def normalize(str_data):
31     return str_data.lower()
32
33 def scan(str_data):
34     return str_data.split()
35
36 def remove_stop_words(word_list):
37     with open('../stop_words.txt') as f:
38         stop_words = f.read().split(',')
39     # 1文字を単語として追加
40     stop_words.extend(list(string.ascii_lowercase))
41     return [w for w in word_list if w not in stop_words]
42
43 def frequencies(word_list):
44     word_freqs = {}
45     for w in word_list:
46         if w in word_freqs:
47             word_freqs[w] += 1
48         else:
49             word_freqs[w] = 1
50     return word_freqs
51
52 def sort(word_freq):
53     return sorted(word_freq.items(), key=operator.itemgetter(1), reverse=True)
54
55 def top25_freqs(word_freqs):
56     top25 = ""
57     for tf in word_freqs[0:25]:
58         top25 += str(tf[0]) + ' - ' + str(tf[1]) + '\n'
59     return top25
60
61 #
62 # メインプログラム
63 #
64 TFTheOne(sys.argv[1])\
65 .bind(read_file)\
66 .bind(filter_chars)\
67 .bind(normalize)\
```

```
68  .bind(scan)\
69  .bind(remove_stop_words)\
70  .bind(frequencies)\
71  .bind(sort)\
72  .bind(top25_freqs)\
73  .printme()
```

 Pythonに慣れていない読者は、序章の「Python主義 (Pythonisms)」でコンストラクタと selfについて説明しているので参考にしてください。

## 解説

　このスタイルは、多くのプログラミング言語で提供される伝統的な関数合成を超えて、一連の関数を関連させる方法の1つです。このスタイルでは、値と関数の間の接着剤として機能する抽象化（単子 (the one)）を確立します。この抽象化は2つの主要な操作、単純な値を受け取り抽象化インスタンスを返すwrap操作と、ラップされた値に関数を適用するbind操作を持ちます。

　このスタイルは、関数型プログラミング言語Haskellの恒等 (identity) モナド[*1]に由来します。関数型プログラミングには、関数がいかなる種類の副作用も持たないという強い制約があるため、Haskellの設計者は、ほとんどのプログラマが当然であると容認すること、例えば状態や例外など、に対して興味深いアプローチを考案し、それを**モナド (monad)**という優雅で統一的な手法により実現しました。

　モナドとは何かを説明する代わりに、プログラムのスタイルを分析します。初めに、このプログラムの接着剤であるTFTheOneを定義します (#7-#16)。これは、独立した関数の集合ではなく、クラスとしてモデル化されていることに注意してください（これについては、以下の演習で詳しく取り上げます）。TFTheOneはコンストラクタと2つのメソッド、bindとprintmeを持ちます。コンストラクタは値を受け取り、作成するインスタンスがその値を保持します (#9)。つまり、コンストラクタは与えられた値をTFTheOneのインスタンスで**ラップ (wrap)** します。bindメソッドは関数を受け取り、インスタンスが保持する値を関数に渡して呼び出します。そして関数の結果で内部値を更新し、同じTFTheOneのインスタンスを返します。printmeメソッドは保持する値を画面に表示します。

　その後に定義されている関数 (#21-#59) は、これまでのスタイル、特にパイプラインスタイルで見てきた関数と概ね同様なので、説明は省略します。

　このプログラムで興味深いのは、メインプログラム (#64-#73) です。このブロックでは、左から右へと関数が連鎖し[*2]、その戻り値を次に呼ばれる関数に結合 (bind) しています。そして、この連鎖の接着

---

＊1　訳注：恒等 (identity) モナドは、最も基本的なモナド。値をラップするreturn演算子と、関数を結合する>>= (bind) 演算子だけを持つ。returnは一般的な言語では関数から脱出する命令であるが、Haskellではモナドに値を入れる際にreturn演算子を使用する。TFTheOneクラスではコンストラクタがその役割を担う。>>=演算子はモナドのラップする値に関数を適用しモナドを返す。そのモナドにまた>>=演算子を適用すると、関数の連鎖（関数合成）が表現できる。TFTheOneクラスではbindメソッドでそれを行う。

＊2　訳注：bind呼び出しごとに改行しているので、テキスト的には上から下へと連鎖するように読めるが、行末はバックスラッシュでエスケープされているため、実質的にメインプログラムは1行である。その1行の中では関数が左から右へと連鎖している。

剤として TFTheOne 抽象化が使用されます。この行は、実用上細かい違いを無視すれば、パイプライン
スタイルで書かれた次のプログラムと同じ役割を担っていることに注意してください。

```
word_freqs = sort(frequencies(remove_stop_words(scan(
    filter_chars_and_normalize(read_file(sys.argv[1]))))))
```

多くのプログラミング言語では、関数を組み合わせる際の標準的な方法として、上の行のようなスタ
イルが主流となりました。しかし、モナドスタイルは、継続渡しスタイルと同様に独自の方法で関数の
合成を行います。継続渡しスタイルと異なり、関数列を右から左ではなく左から右に書けるという興味
深い性質を除いて、このスタイル自体に実用上の優れた特性はありません。実際、処理する関数に対
して特に興味深いことは何も行わず、単に呼び出すだけであるため、恒等モナドは役に立たないモナ
ドであると考えられています。しかし、すべてのモナドがそうであるとは限りません。

　すべてのモナドは基本的に TFTheOne と同じインターフェイス、つまり warp 操作（またはコンストラ
クタ）、bind 操作、そしてモナドの内部を示す何らかの操作を持ちます。しかし、これらの操作を用い
て TFTheOne とは異なることを行うことも可能です。それは結果として異なるモナド、つまり計算を連
鎖させる異なる方法をもたらします。「**25章　検疫：純粋関数と不純関数**」で別の例を紹介します。

## 歴史的背景

　モナドは数学の圏論（category theory）を起源とします。1990年代初頭、純粋関数型言語へ副作用
を組み込む手法をモデル化するために、プログラミング言語 Haskell に持ち込まれました。

## 参考文献

Moggi, E. (1989), An abstract view of programming languages, https://www.ics.uci.edu/~jajones/
INF102-S18/readings/09_Moggi.pdf、スタンフォード大学で作成された講義ノート

　　このメモにより、Moggi はプログラミング言語の領域に圏論を持ち込んだ。

Wadler, P. (1992), The essence of functional programming, *19th Symposium on Principles of
Programming Languages*, ACM Press.

　　Wadler は、純粋関数型プログラミング言語の文脈でモナドを紹介した。

## 用語集

モナド（monad）

　　一連の手順として定義された計算をカプセル化する構造（例えば、オブジェクト）。モナドは主に
　　2つの操作を持つ。(1) 値をモナドでラップするコンストラクタ、(2) 関数を引数に取り、何らかの
　　方法でモナドに適用し、モナド（おそらく自分自身）を返す結合操作。さらに、モナドのラップを
　　解除して値を取り出す第3の操作が加わる場合もある。これは値の表示や評価のために使用され
　　る。

# 演習問題

**問題 10-1　別言語**

スタイルを維持したまま、課題を別のプログラミング言語で実装せよ。

**問題 10-2　クラス対関数**

このプログラムでは TFTheOne クラスが恒等モナドを表現している。関数型プログラミング言語では、モナドの演算は単純な wrap と bind の 2 つの関数を持つ。ここで、値を受け取り、関数を返すものを wrap 関数、値をラップしたものと関数を受け取り、関数にその値を適用した結果を返すものを bind 関数とする。ただし warp 関数が返す関数は、呼び出すと warp に与えた値を返すものとする。この 2 つの関数を定義し、それらを次のように使用して単語頻度を解くプログラムを実装せよ。

```
printme(..wrap(bind(wrap(sys.argv[1]),read_file),filter_chars)..)
```

**問題 10-3　別課題**

本書の序章で示した課題を、単子スタイルを使用して実装せよ。

# 第IV部
## OBJECTS AND OBJECT INTERACTION
# オブジェクトとオブジェクト
# の相互作用

　問題、概念、観測可能な現象などを抽象化する方法はさまざまです。**モノリススタイル**は、問題を抽象化せず、具体的かつ詳細に解決する方法の基準となるものです。**コードゴルフスタイル**も問題を抽象化しません。しかし、プログラミング言語とそのライブラリが提供する強力な抽象化機能を使用しているため、そのプログラムのほぼすべての行で、たとえそれぞれの単位が明確な名前を持たなくても、概念的な思考単位を捉えています。**クックブックスタイル**では、手続き型の抽象化を使用します。より大きな問題は、共有データを操作する一連の手続き、またはそれぞれに名前が付いた手続きに分解されます。**パイプラインスタイル**では、関数による抽象化を使用します。大きな問題は、それぞれが名前を持つ関数の集まりとして分解され、入力を受け取り、出力を生成し、ある関数の出力を別の関数の入力とすることで結合します。

　この第IV部には、**オブジェクト（object）** 抽象化に関連するスタイルを集めています。プログラマに「オブジェクトとは何か」と尋ねたとしましょう。おそらくその答えの多くは4つか5つの主要な概念に収斂されるはずです。それらはすべて関連していますが、それぞれ少しずつ異なります。この多様性の一部として、オブジェクトを相互に作用させるさまざまなメカニズムを特定できます。ここで紹介するスタイルは、そのような多様性を反映しています。

# 11章
## モノのプログラム
### ―――――――――オブジェクト

## 制約

- より大きな問題は、問題領域に対して意味のある**モノ**（things）に分解される。
- 各モノはデータのカプセルであり、手続きを公開する。
- データは決して直接アクセスされず、これらの手続きを通してアクセスされる。
- カプセルは、他のカプセルで定義された手続きを再利用できる。

## プログラム

```python
1 #!/usr/bin/env python
2 import sys, re, operator, string
3 from abc import ABCMeta
4
5 #
6 # クラス
7 #
8 class TFExercise(metaclass=ABCMeta):
9     __metaclass__ = ABCMeta
10
11     def info(self):
12         return self.__class__.__name__
13
14 class DataStorageManager(TFExercise):
15     """ ファイル内容のモデル化 """
16
17     def __init__(self, path_to_file):
18         with open(path_to_file) as f:
19             self._data = f.read()
20         pattern = re.compile(r'[\W_]+')
21         self._data = pattern.sub(' ', self._data).lower()
22
```

```
23    def words(self):
24        """ ファイル内の単語リストを返す """
25        return self._data.split()
26
27    def info(self):
28        return super().info() + ": My major data structure is a "
              + self._data.__class__.__name__
29
30 class StopWordManager(TFExercise):
31    """ ストップワードフィルタのモデル化 """
32
33    def __init__(self):
34        with open('../stop_words.txt') as f:
35            self._stop_words = f.read().split(',')
36        # 1文字を単語として追加
37        self._stop_words.extend(list(string.ascii_lowercase))
38
39    def is_stop_word(self, word):
40        return word in self._stop_words
41
42    def info(self):
43        return super().info() + ": My major data structure is a "
              + self._stop_words.__class__.__name__
44
45 class WordFrequencyManager(TFExercise):
46    """ 単語頻度データの保持 """
47
48    def __init__(self):
49        self._word_freqs = {}
50
51    def increment_count(self, word):
52        if word in self._word_freqs:
53            self._word_freqs[word] += 1
54        else:
55            self._word_freqs[word] = 1
56
57    def sorted(self):
58        return sorted(self._word_freqs.items(), key=operator.itemgetter(1),
              reverse=True)
59
60    def info(self):
61        return super().info() + ": My major data structure is a "
              + self._word_freqs.__class__.__name__
62
63 class WordFrequencyController(TFExercise):
64    def __init__(self, path_to_file):
65        self._storage_manager = DataStorageManager(path_to_file)
```

```
66        self._stop_word_manager = StopWordManager()
67        self._word_freq_manager = WordFrequencyManager()
68
69    def run(self):
70        for w in self._storage_manager.words():
71            if not self._stop_word_manager.is_stop_word(w):
72                self._word_freq_manager.increment_count(w)
73
74        word_freqs = self._word_freq_manager.sorted()
75        for (w, c) in word_freqs[0:25]:
76            print(w, '-', c)
77
78 #
79 # メインプログラム
80 #
81 WordFrequencyController(sys.argv[1]).run()
```

 Pythonに慣れていない読者は、序章の「**Python主義 (Pythonisms)**」でselfとコンストラクタ(`__init__`)について説明しているので参考にしてください。

## 解説

　このスタイルでは、問題が一連の手続きに分割されます。手続きの集まりは、主要なデータ構造や制御を共有すると共に、外部に対してデータを隠蔽します。データと手続きのカプセルは、**モノ** (thing) または**オブジェクト** (object) と呼ばれます[*1]。データはこれら**モノ**の中に隠蔽されており、外部からデータが直接アクセスされるのではなく、**メソッド** (method) と呼ばれる公開された手続きを通してのみアクセスできます。手続きを呼び出す側の視点では、インターフェイスが同じである限り、異なる実装を持つ別の**モノ**に置き換えることが可能です。

　このプログラミングスタイルにはさまざまな種類があり、そのいくつかは別の章で説明します。Java、C#、C++などの主要なオブジェクト指向プログラミング（OOP：Object-Oriented Programming）言語は、モノ（オブジェクト）に期待されるいくつもの概念定義を、ひとまとめにして提供します。オブジェクト指向の本質を一言で言うなら、「データを共有し、そのデータを外部から隠蔽する手続き」です。このスタイルは、OOP言語だけでなく、命令型機能をサポートする他の言語でも実現できます。またこのスタイルは、しばしば**クラス** (class) や**継承** (inheritance) と関連付けられますが、厳密に言えば、

---

*1　訳注：本章の副題を「オブジェクト」としたが、本書のGitHubリポジトリのメモ https://github.com/crista/exercises-in-programming-style/tree/master/11-things/README.md によると、この章のタイトルとして「名詞の王国 (The Kingdom of Nouns)」も提案され、Steve Yeggeによるブログ記事「名詞の王国における実行 (Execution in the Kingdom of Nouns)」(http://steve-yegge.blogspot.com/2006/03/execution-in-kingdom-of-nouns.html) を参照している。このブログは、mainですらクラスのメソッドでなければ存在できないJavaにおける動詞つまり関数の扱いについて、名詞の王国であるJavaランドでは動詞が名詞の奴隷のように扱われているとの表現を用いて、極端に名詞を偏重するJava言語の設計を揶揄している。

これらの概念はモノのスタイルに必要でも十分でもありません。

　このプログラムはPythonのOOP言語としての特徴を生かしていますが、以降の説明では、スタイルの本質に焦点を当てます。この例では、WordFrequencyController、DataStorageManager、StopWordManager、WordFrequencyManagerという4つのオブジェクトで問題をモデル化しています。

- DataStorageManager（#12-#26）は、外部からテキストデータを読み込み、アプリケーションの後続部分で使用できるよう単語に分解する。パブリックメソッドwordsは、単語のリストを返す。そのために、コンストラクタではファイルの読み込み、英数字以外の文字削除、小文字への正規化を行う。DataStorageManagerオブジェクトはテキストデータを**隠蔽**し、単語を取得する手続きだけを提供する。これがオブジェクト指向プログラミングにおける**カプセル化（encapsulation）**の典型的な使用例である。DataStorageManagerは、単語頻度問題の入力テキストデータとその振る舞いを抽象化する。

- StopWordManager（#28-#41）は、与えられた単語がストップワードに該当するかを判断するサービスを提供する。内部にストップワードのリストを保持し、それを使用してis_stop_wordを提供する。ここでもカプセル化が機能していることがわかる。つまり、StopWordManagerの内部でどのようなデータが使用されるか、ストップワードか否かをどのように判断するかをサービスの利用者が知る必要はない。このオブジェクトが手続きis_stop_wordを公開していることだけを理解すれば良い。

- WordFrequencyManager（#43-#59）は単語の頻度を管理する。内部的には単語と頻度を対応付けたデータ構造である辞書を持ち、外部的には手続きincrement_countとsortedを提供する。increment_countは辞書を更新してオブジェクトの状態を変更する。sortedは頻度でソートした単語のコレクションを返す。

- WordFrequencyController（#61-#74）から、すべてが開始される。コンストラクタでその他のオブジェクトをすべてインスタンス化し、メインメソッドであるrunを提供する。runメソッドは、DataStorageManagerから単語を取り出し、単語がストップワードであるかをStopWordManagerへ問い合わせ、そうでなければWordFrequencyManagerを使用してその単語の頻度を増やす。DataStorageManagerから提供されるすべての単語を処理し終えると、WordFrequencyManagerから（頻度により）ソートされた単語のコレクションを取得し、最頻出の25単語を表示する。

- 最後にメインプログラムは、WordFrequencyControllerのインスタンスを作成し、単純にrunメソッドを呼び出す。

　Pythonを含む主要なOOP言語の慣習として、このプログラムでは**クラス（class）**を使用してデータと手続きのカプセルを定義します。クラス（#12、#28、#43、#61）は、オブジェクトを構築するためのテンプレートです。先に述べたように、最も一般的なOOP言語では、クラスがOOPの中心であると信じられていますが、実際にモノのスタイルにクラスは必要でも十分でもありません。クラスは単にオブジェクトを定義するためのメカニズムであり、アプリケーションが似たような種類のオブジェクト、言

い換えれば**インスタンス**（instances）を多数使用する場合には便利です。しかし、このスタイルを使用できる多くの言語、特にJavaScriptはクラスの概念を明示的にサポートしていないため、オブジェクトは他の手段、例えば関数や辞書などを使用して定義します。

　**継承**（inheritance）は、主要なすべてのOOP言語に導入されている概念です。このプログラムでは説明のために、継承を作為的に使用しています。まず、**抽象基底クラス**（abstract base class）TFExerciseを定義します（#8-#12）。このクラスは**抽象的**（abstract）である（#9）ため、このクラスからオブジェクトを直接作成できません[*1]。他のクラスによって拡張されることを意図しています。TFExerciseクラスには、各クラスに関する情報の出力を目的としたメソッドinfoだけが定義されます。プログラム中すべてのクラスはTFExerciseを継承し、Pythonではclass A(B)という構文でクラスAがクラスBを継承するという意味になります。TFExerciseを継承した4クラスのうち、3クラスはinfoメソッドを**オーバーライド**（override）します（#25-#26、#40-#41、#58-#59）。WordFrequencyControllerクラスだけは異なり、スーパークラスで定義されたメソッドを自分自身のメソッドであるかのように（再）利用します（これらのメソッドがプログラムの中では使用されていない点に注意してください。これらは演習問題で使用します）。

　本質的に継承はモデル化のためのツールであり、実世界をモデル化する概念の中心に位置付けられます。継承は、オブジェクト間およびクラス間の*is a*関係を表現します。例えば、自動車は乗り物の一種（自動車 is a 乗り物）であるため、乗り物が持つ一般的な状態や手続きは、自動車も持つはずです。プログラミングの観点では、継承はコードを（再）利用するためのメカニズムでもあります。乗り物と自動車の例では、自動車のオブジェクトが乗り物の振る舞いを**拡張**（extend）したり**オーバーライド**（override）していたとしても、乗り物のオブジェクトが持つ手続きと内部実装は自動車からでも利用可能です。

　このプログラムのように継承とクラスは関連付けられることがありますが、やはり両者の概念は互いに独立したものです。継承はオブジェクト間で直接確立することも可能であり、クラスをサポートしないOOP言語でも、オブジェクト間の継承をサポートしている場合があります（例えばJavaScript）。本質的にプログラミングにおける継承とは、既存オブジェクトの定義を新しいオブジェクト定義の一部として使用する機能です。

　モノのプログラムスタイルは、Simula 67が当初想定していたような現実世界オブジェクトのモデル化に適しています。グラフィカルユーザインターフェイス（GUI：Graphical User Interface）プログラミングは、特にこのスタイルに適した分野です。過去数十年にわたるC++やJavaの隆盛により、どの世代のプログラマもこのスタイルを使用して計算問題のモデル化を試みるようになりましたが、必ずしもすべてに対して最適なスタイルとは言い切れません。

---

[*1]　訳注：この章には元々抽象クラス（abstract class）を使用したJavaのプログラムが存在していた。それをそのままPythonに書き換えたため、説明としては多少不自然になっている。この解説は、本書のGitHubリポジトリのコード（https://github.com/crista/exercises-in-programming-style/tree/master/11-things/tf_10.java）も併せて読むとわかりやすい。

## システムデザインにおけるスタイルの影響

　1980年代から1990年代にかけてのOOPへの関心の高さを背景に、大規模な分散システムで同じ原理を使用する多数の試みがありました。このアプローチは一般に「分散オブジェクト（distributed objects）」と呼ばれ、1990年代、つまりWebの登場とほぼ同時期に産業界から強い注目を集めました。インターネット上のノードにあるソフトウェアが、別のノードに存在するリモートオブジェクトへの参照を取得し、リモートオブジェクトのメソッドを、あたかもローカルオブジェクトを呼び出すかのように呼び出せるというのが、システム設計レベルでの主要な考え方です。分散オブジェクトをサポートするプラットフォームやフレームワークは、スタブ（stub）[*1]やネットワークコードの生成を大幅に自動化し、下位レベルのコードをプログラマから事実上見えなくします。

　このようなプラットフォームやフレームワークの例には、Java RMI（Remote Method Invocation）や大規模な委員会[*2]によって制定された規格であるCORBA（Common Object Request Broker Architecture）などがあります。

　原理的には興味深いアイデアですが、実際にはこのアプローチの普及はやや遅れています。分散オブジェクトの主な問題の1つは、システムがすべての分散コンポーネントに対して共通のプログラミング言語または共通のインフラストラクチャーを採用する必要がある点です。分散システムはしばしば、異なる時期に異なるグループにより開発されたコンポーネントにアクセスする必要があるため、共通のインフラストラクチャーという前提が成り立たないことがあります。

　さらに、CORBAの大規模な標準化の取り組みは、大規模システム設計への異なるアプローチに基づくWebの出現および急激な普及と衝突してしまいます。とはいえ、分散オブジェクトはシステム設計の興味深いアプローチであり、モノのプログラムスタイルで書かれた小規模なプログラムとよく調和します。

## 歴史的背景

　オブジェクト指向プログラミングは、1960年代にSimula 67で初めて導入されました。Simula 67はすでに、上で説明した主要な概念、つまりオブジェクト、クラス、継承をすべて備えていました。直後の1970年代初頭、ゼロックスがワークステーションを作るための投資として、Smalltalkの設計と実装に取り組みました。この言語はSimulaから大きな影響を受け、「（当時）最新の」グラフィックディスプレイと新しい周辺機器をプログラミングするために設計されました。しかし、Smalltalkは次章のスタイルに近いため、詳しくはそこで説明します。

---

[*1]　訳注：スタブ（stub）は、切り株という意味のプログラム断片を表す。分散オブジェクトシステムではリモートの機能を呼び出すためのローカルコードをスタブと呼び、スタブを使用すると呼び出し側からはローカル機能と同じ方法でリモート機能を利用できる。

[*2]　訳注：CORBAを策定したOMG（Object Management Group）は、主要なソフトウェアメーカーやコンピュータ利用企業により1989年に設立された非営利標準化団体。

## 参考文献

Ole-Johan Dahl, Bjørn Myhrhaug and. Kristen Nygaard (1970), Common Base Language, Technical report, Norwegian Computing Center, https://cupdf.com/document/simula-common-base-language-eah-kleinehistorylanguagessimula-commonbaselanguagepdf.html

Simula の言語解説書

## 用語集

抽象クラス（abstract class）
直接インスタンス化されることを意図しておらず、他のクラスが継承できる動作の単位としてのみ使用されるクラス。

基底クラス（base class）
他のクラスが継承するクラス。スーパークラス（superclass）とも言う。

クラス（class）
オブジェクトを作成（または、インスタンス化）するためのデータおよび手続きのテンプレート。

派生クラス（derived class）
別のクラスから継承したクラス。サブクラス（subclass）とも言う。

拡張（extension）
別のオブジェクトまたはクラスをベースとして使用し、追加のデータおよび手続きを追加して、オブジェクトまたはオブジェクトのクラスを定義すること。

継承（inheritance）
既存のオブジェクトまたはクラスの定義を、新しいオブジェクトまたはクラス定義の一部として使用する機能。

インスタンス（instance）
オブジェクトを具体化したもの。通常はクラスから構築される。

メソッド（method）
オブジェクトまたはクラスの一部である手続き。

オブジェクト（object）
データと手続きをカプセル化したもの。

オーバーライド（override）
継承した手続きを派生クラスで新たに実装して変更すること。

**シングルトン（singleton）**

あるクラスの唯一のインスタンスであるオブジェクト[*1]。

**サブクラス（subclass）**

派生クラスと同じ。

**スーパークラス（superclass）**

基底クラスと同じ。

# 演習問題

### 問題 11-1　別言語

スタイルを維持したまま、課題を別のプログラミング言語で実装せよ。

### 問題 11-2　忘れられたメソッド

このプログラムでは、メソッドinfoは一度も呼び出されていない。これらのメソッドがすべて呼び出され、その結果が出力されるように、最小限の変更をプログラムに加えよ。このメソッドがDataStorageManagerオブジェクトとWordFrequencyControllerオブジェクトで呼び出されたとき、内部的に何が起こるのか、その結果も説明すること。

### 問題 11-3　別プログラム

同じ課題を、同じくモノのプログラムスタイルを使用し、別のプログラムとして実装せよ。つまり、このプログラムと全く同じことを、別の考え方で分割した別のクラスを使用して行う。作為的な継承関係や、infoメソッドを持つ必要はない。

### 問題 11-4　無クラス言語

Python のクラスを使用せず、単語頻度をモノのプログラムスタイルで実装せよ。infoメソッドを持つ必要はない。

### 問題 11-5　別課題

本書の序章で示した課題を、このスタイルを使用して実装せよ。

---

[*1]　訳注：シングルトンデザインパターンを適用し、インスタンスが1つしか生成できないようなクラス定義を行った上で生成したオブジェクト。

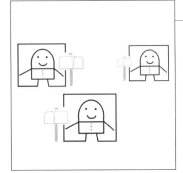

# 12章
## LETTER BOX
# レターボックス
### ──────メッセージパッシング

## 制約

- より大きな問題は、問題領域に対して意味のある**モノ**（things）に分解される。
- それぞれの**モノ**（things）は1つの手続きを公開するデータのカプセルである。カプセルに対して送られたメッセージをその手続きで受け取り、該当するメソッドを呼び出す（ディスパッチする）。
- メッセージのディスパッチは、別のカプセルへのメッセージ送信となる場合もある。

## プログラム

```python
1  #!/usr/bin/env python
2  import sys, re, operator, string
3
4  class DataStorageManager:
5      """ ファイル内容のモデル化 """
6      _data = ''
7
8      def dispatch(self, message):
9          if message[0] == 'init':
10             return self._init(message[1])
11         elif message[0] == 'words':
12             return self._words()
13         else:
14             raise Exception("Message not understood " + message[0])
15
16     def _init(self, path_to_file):
17         with open(path_to_file) as f:
18             self._data = f.read()
19         pattern = re.compile(r'[\W_]+')
20         self._data = pattern.sub(' ', self._data).lower()
21
```

```
22      def _words(self):
23          """ ファイル内の単語リストを返す """
24          data_str = ''.join(self._data)
25          return data_str.split()
26
27  class StopWordManager:
28      """ ストップワードフィルタのモデル化 """
29      _stop_words = []
30
31      def dispatch(self, message):
32          if message[0] == 'init':
33              return self._init()
34          elif message[0] == 'is_stop_word':
35              return self._is_stop_word(message[1])
36          else:
37              raise Exception("Message not understood " + message[0])
38
39      def _init(self):
40          with open('../stop_words.txt') as f:
41              self._stop_words = f.read().split(',')
42          self._stop_words.extend(list(string.ascii_lowercase))
43
44      def _is_stop_word(self, word):
45          return word in self._stop_words
46
47  class WordFrequencyManager:
48      """ 単語頻度データの保持 """
49      _word_freqs = {}
50
51      def dispatch(self, message):
52          if message[0] == 'increment_count':
53              return self._increment_count(message[1])
54          elif message[0] == 'sorted':
55              return self._sorted()
56          else:
57              raise Exception("Message not understood " + message[0])
58
59      def _increment_count(self, word):
60          if word in self._word_freqs:
61              self._word_freqs[word] += 1
62          else:
63              self._word_freqs[word] = 1
64
65      def _sorted(self):
66          return sorted(self._word_freqs.items(), key=operator.itemgetter(1),
                  reverse=True)
67
```

```
68 class WordFrequencyController:
69
70     def dispatch(self, message):
71         if message[0] == 'init':
72             return self._init(message[1])
73         elif message[0] == 'run':
74             return self._run()
75         else:
76             raise Exception("Message not understood " + message[0])
77
78     def _init(self, path_to_file):
79         self._storage_manager = DataStorageManager()
80         self._stop_word_manager = StopWordManager()
81         self._word_freq_manager = WordFrequencyManager()
82         self._storage_manager.dispatch(['init', path_to_file])
83         self._stop_word_manager.dispatch(['init'])
84
85     def _run(self):
86         for w in self._storage_manager.dispatch(['words']):
87             if not self._stop_word_manager.dispatch(['is_stop_word', w]):
88                 self._word_freq_manager.dispatch(['increment_count', w])
89
90         word_freqs = self._word_freq_manager.dispatch(['sorted'])
91         for (w, c) in word_freqs[0:25]:
92             print(w, '-', c)
93
94 #
95 # メインプログラム
96 #
97 wfcontroller = WordFrequencyController()
98 wfcontroller.dispatch(['init', sys.argv[1]])
99 wfcontroller.dispatch(['run'])
```

## 解説

このスタイルは、11章で説明した**モノのプログラム**の概念を別の角度から捉えたものです。アプリケーションも全く同じように分割されます。しかし、**モノ**（またはオブジェクト）は一連の手続きを外部に公開するのではなく、メッセージを受け取るための手続きを1つだけ公開します。データと手続きは隠されています。一部のメッセージはオブジェクトが理解し、手続きの実行により処理されます。オブジェクトが直接処理するのではなく、メッセージを受信したオブジェクトと何らかの関係を持つ別のオブジェクトによって処理される場合もあります。そして、理解されないメッセージは無視されるか、何らかのエラーを発生させます。

このプログラムでは、基本的に11章と同様のクラスを使用しますが、メソッドは公開しません。代わりに、すべてのクラスは、メッセージを受け取るdispatchメソッドだけを公開します（#8-#14、#31-

#37、#51-#57、#70-#76)。メッセージは、識別するためのタグと、内部手続きのデータとなる0個以上の引数で構成されます。メッセージのタグに応じて、内部メソッドが呼び出されるか、「Message not understood」例外が発生します。オブジェクトは、互いにメッセージを送信することで対話します。

　オブジェクト抽象化に基づくスタイルは必ずしも継承を必要としませんが、最近ではオブジェクト指向プログラミング（OOP）をサポートする多くのプログラミング環境で継承がサポートされています。これに代わる再利用の仕組みとして、特にメッセージディスパッチ方式に適したものが**委譲**（delegation）です。プログラムでは示していませんが、受信したメッセージに該当するメソッドを持っていない場合、別のオブジェクトにメッセージを送信できます。例えば、プログラミング言語Selfでは、プログラマが動的に設定できる*parent*スロットをオブジェクトに与えました。オブジェクトが何らかのアクションを実行するためのメッセージを受け取った際に、該当するアクションがオブジェクト内にない場合、メッセージはその親（複数）へ転送されます。

## システムデザインにおけるスタイルの影響

　分散システムでは、特に抽象化されていなくてもコンポーネントは互いにメッセージを送信して相互作用します。OOPのメッセージパッシングスタイルは、リモートプロシージャコールやリモートメソッドコールよりもはるかに分散システム設計に適しています。コンポーネント間インターフェイスの観点では、メッセージの方がオーバーヘッドは小さくなります。

## 歴史的背景

　**レターボックス**スタイルは、少なくとも概念的にすべてのOOP言語の根底にあるメッセージディスパッチメカニズムの良い例です。特に、歴史的に最も重要なOOP言語の1つである（1970年代の）Smalltalkのスタイルに類似しています。Smalltalkはオブジェクトを中心としたスタイルを、純粋さの原則に基づき設計しました。Smalltalkは他のプログラミング言語の有用な機能を集めるのではなく、すべてをオブジェクトとして扱い、それらをメッセージで相互作用させるという概念の一貫性に重点を置きました。Smalltalkでは、例えば数値も含めてすべてがオブジェクトであり、クラスもオブジェクトです。

　この種類のスタイルは、並行プログラミング、特にアクターモデルにも見られます。これについては29章で説明します。

## 参考文献

Kay, A. (1993), The Early History of Smalltalk, *HOPL-II,* ACM, pp. 69-95.
　Smalltalk作成者の1人であるアラン・ケイが語るSmalltalkの歴史。

## 用語集

委譲（delegation）

　オブジェクトが手続きの実行を要求された際に、他のオブジェクトのメソッドを使用できる能力のこと。

メッセージディスパッチ（message dispatch）

　メッセージを受信し、そのタグを解析し、メソッドの実行、エラーの戻り、または他のオブジェクトへのメッセージの転送など一連のアクションを決定するプロセスのこと。

## 演習問題

問題 12-1　別言語

　スタイルを維持したまま、課題を別のプログラミング言語で実装せよ。

問題 12-2　委譲

　前章のinfoメソッドを復活させる。コード再利用の意図は維持しつつ、Pythonの継承を使用しないプログラムを実装せよ。つまり、infoメソッドはinfoメッセージを受け取るすべてのクラスで利用できるものとするが、既存のどのクラスにも手続きを直接定義しない。ヒント：Selfプログラミング言語から着想を得て、*parent*フィールドを使用する。

問題 12-3　別課題

　本書の序章で示した課題を、このスタイルを使用して実装せよ。

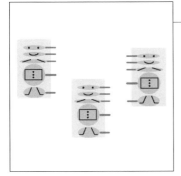

## 制約

- 大きな問題は、問題領域に対して意味のある**モノ**（things）に分解される。
- キーと値の辞書がモノを表現する。値は手続きや関数の場合もある。
- 手続きや関数は辞書に格納され、スロットを通して参照する。

## プログラム

```python
1 #!/usr/bin/env python
2 import sys, re, operator, string
3
4 # lambdaにできない補助関数
5 #
6 def extract_words(obj, path_to_file):
7     with open(path_to_file) as f:
8         obj['data'] = f.read()
9     pattern = re.compile(r'[\W_]+')
10    data_str = ''.join(pattern.sub(' ', obj['data']).lower())
11    obj['data'] = data_str.split()
12
13 def load_stop_words(obj):
14     with open('../stop_words.txt') as f:
15         obj['stop_words'] = f.read().split(',')
16     # 1文字を単語として追加
17     obj['stop_words'].extend(list(string.ascii_lowercase))
18
19 def increment_count(obj, w):
20     obj['freqs'][w] = 1 if w not in obj['freqs'] else obj['freqs'][w] + 1
21
22 data_storage_obj = {
23     'data' : [],
24     'init' : lambda path_to_file : extract_words(data_storage_obj, path_to_file),
```

```
25       'words' : lambda : data_storage_obj['data']
26 }
27
28 stop_words_obj = {
29       'stop_words' : [],
30       'init' : lambda : load_stop_words(stop_words_obj),
31       'is_stop_word' : lambda word : word in stop_words_obj['stop_words']
32 }
33
34 word_freqs_obj = {
35       'freqs' : {},
36       'increment_count' : lambda w : increment_count(word_freqs_obj, w),
37       'sorted' : lambda : sorted(word_freqs_obj['freqs'].items(),
              key=operator.itemgetter(1), reverse=True)
38 }
39
40 data_storage_obj['init'](sys.argv[1])
41 stop_words_obj['init']()
42
43 for w in data_storage_obj['words']():
44       if not stop_words_obj['is_stop_word'](w):
45           word_freqs_obj['increment_count'](w)
46
47 word_freqs = word_freqs_obj['sorted']()
48 for (w, c) in word_freqs[0:25]:
49       print(w, '-', c)
```

## 解説

　このスタイルは、11章で説明したモノのプログラミングスタイルとは異なる視点を持っています。アプリケーションは全く同じように分割されますが、これらの**モノ**（またはオブジェクト）は、キーと値からなる単純な辞書です。値は、単純なデータの場合もあれば、手続きや関数の場合もあります。

　プログラムを見てみましょう。このプログラムでは、前の2つのプログラムと基本的に同じモノを使用していますが、実装は非常に異なります。22行目から、**オブジェクト（objects）**の作成が行われます (#22)。

data_storage_obj (#22-#26)

　　前の章と同様にデータストレージ（ファイルの内容）をモデル化する。ここでは、キーワードから値への辞書（ハッシュマップ）を使用する。最初のエントリ**data** (#23) には、入力ファイル中の単語が格納される。2番目のエントリ**init** (#24) はコンストラクタ関数であり、このオブジェクトが持つ他の関数より前に呼び出されることを意図している。関数**init**は引数としてファイルのパスを受け取ることに注意。3番目のエントリ**words** (#25)には、前述の**data**を返す関数が格納される。

stop_words_obj (#28-#32)

    11章と12章にも登場したストップワードフィルタをモデル化する。その単純なデータフィールドである stop_words (#29) に、ストップワードのリストが格納される。init は、stop_words を埋めるためのコンストラクタで、is_stop_word は、引数として渡した単語がストップワードである場合に True を返す関数を持つ。

word_freqs_obj (#34-#38)

    以前と同じ単語頻度カウンターをモデル化する。freqs (#35) は単語頻度の辞書を保持する。increment_count は freqs のデータを更新する手続き、sorted は単語と頻度の組のリストをソートして返す関数である。

  これらの辞書をオブジェクトとして見るためには、多くの決まりに従う必要があります。まず、これらオブジェクトのフィールドは単純な値であり、メソッドは関数です。コンストラクタは、他に先立ち呼び出されることを意図したメソッドです。また、これらの単純なオブジェクトは、this や self のような自己参照キーワードを使用せず、自分自身を直接参照していることに注意してください（例：(#25)）。自己参照の概念を取り入れるための追加作業がなければ、これら辞書の表現力は他のオブジェクトの考え方と比較してずっと弱くなります。

  プログラムの残りの部分では、適宜必要なキーにアクセスします。まず data_storage_obj と stop_words_obj を初期化します (#40-#41)。このキー init は、値として手続きを保持しているため、行末のカッコが手続きの呼び出しを表します。これらの手続きはそれぞれ入力とストップワードのファイルを読み、両方を解析してメモリに保持します。次に data_storage_obj が持つ単語を繰り返し処理し、ストップワードに該当しない単語に対して word_freqs_obj を呼び出して頻度を増やします (#43-#45)。最後に、ソートされたリストを要求し (#47)、それを表示します (#48-#49)。

  **閉写像**スタイルは、**プロトタイプ**と呼ばれるオブジェクトプログラミングの特徴を持ちます。このオブジェクトはクラスを持たず (classless)、各オブジェクトはそれぞれ唯一のものです。例えば JavaScript のオブジェクトは、このスタイルを踏襲しています。このオブジェクトは興味深い可能性を持つ一方で、いくつかの欠点もあります。

  既存のオブジェクトに基づいてオブジェクトを簡単にインスタンス化できるのが良い点です。次に例を示します。

```
>>> data_storage_obj
{'init': <function <lambda> at 0x01E26A70>, 'data': [],
 'words': <function <lambda> at 0x01E26AB0>}
>>> ds2 = data_storage_obj.copy()
>>> ds2
{'init': <function <lambda> at 0x01E26A70>, 'data': [],
 'words': <function <lambda> at 0x01E26AB0>}
```

  ds2 は data_storage_obj のコピーです。この2つのオブジェクトは比較的独立していると言えますが、真に独立させるためには自己参照性に対処する必要があります。辞書にフィールドを追加して、

関連するオブジェクトとの関係リンクを持たせる方法は容易に思い付きます。

　オブジェクトの機能拡張は辞書にキーを追加するだけです。また、キーを削除するのも容易です。

　すべてのキーにアクセス可能であり、制御できないところが欠点です。キーを隠すことができません。そのため、プログラマには自制が要求されます。また、クラス、継承、委譲といったコード再利用のための概念を実装するには、プログラマ向けに追加の仕組みが必要になります。

　これは非常に単純なオブジェクトモデルであり、プログラミング言語が高度なオブジェクトの概念をサポートしていない場合には有効かもしれません。

## 歴史的背景

　プロトタイプというオブジェクトの考え方は、1980年代後半に設計されたプログラミング言語Selfで初めて登場しました。SelfはSmalltalkから大きな影響を受けましたが、クラスの代わりにプロトタイプを使用し、継承（inheritance）の代わりに委譲（delegation）を使う点がSmalltalkとは異なっています。また、Selfは、オブジェクトを**スロット（slot）**の集合体として考えることを提唱しました。スロットは値を返すアクセサーメソッドです。Selfはオブジェクトの表現方法として**閉写像**スタイルを使用しません。単純な値やメソッドなど、あらゆるスロットへのアクセスをメッセージで行う**レターボックス**スタイルを使用していました。しかし、キーによる辞書へのアクセスは、辞書に対するメッセージ送信と考えることもできます。

## 参考文献

Ungar, D. and Smith, R. (1987), Self: The power of simplicity. *OOPSLA '87.*, *Lisp and Symbolic Computation* 4(3)にも掲載された。

　　Selfは Smalltalkの流れを汲む、非常に優れたオブジェクト指向プログラミング言語だが、いくつか重要な相違がある。研究用言語の域を出ることはなかったが、コミュニティによるオブジェクトに対する理解を深め、JavaScriptやRubyといった言語に影響を与えた。

## 用語集

### プロトタイプ（prototype）

　クラスのない（classless）オブジェクト指向言語におけるオブジェクト。プロトタイプは独自のデータや関数を持ち、他に影響を与えることなくいつでも変更できる。新しいプロトタイプは、既存プロトタイプの複製により作成される。

## 演習問題

### 問題 13-1　別言語

　スタイルを維持したまま、課題を別のプログラミング言語で実装せよ。

## 問題 13-2　メソッド追加

このプログラムの最後の3行を削除し、結果の表示を次のように変更せよ。word_freqs_objに新しいメソッドtop25を追加する。メソッドはfreqsデータをソートして上位25項目を表示する。そして、そのメソッドを呼び出すようにする。ただし最後の3行より前は一切変更してはならない。追加する場合はそれ以降に行うこと。

## 問題 13-3　this

このプログラムでは、プロトタイプオブジェクトは**this**や**self**を使用せず、例えばdata_storage_objのようにオブジェクト名を使用して自分自身を参照する (#25)。自己参照として**this**を使用する閉写像スタイルの別の表現を提案せよ。つまりデータストレージオブジェクトのメソッドwordsは'words' : lambda : this['data']となる。

## 問題 13-4　コンストラクタ

このプログラムでは、コンストラクタに対する特別な配慮は行っていない。前の問題で提案したオブジェクト表現を使用して、オブジェクトが生成されるたびにコンストラクタのメソッドが実行されるようにせよ。

## 問題 13-5　オブジェクトの結合

11章のinfoメソッドを復活させる。**閉写像**スタイルでメソッドを再利用し、上書きするための辞書tf_exerciseを定義せよ。tf_exerciseは、このプログラム（または前の問題で提案したバージョン）のすべてのオブジェクトで再利用、上書きされる汎用的なinfoメソッドを持つ。

## 問題 13-6　別課題

本書の序章で示した課題を、このスタイルを使用して実装せよ。

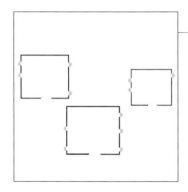

# 14章
## ABSTRUCT THINGS
# 抽象的なモノ
### ──────抽象データ型

## 制約

- より大きな問題は、問題領域に対して意味のある**抽象的なモノ**（abstract things）に分解される。
- それぞれの**抽象的なモノ**は、それが最終的にどのような操作を行えるのかで説明される。
- 具体的なモノと抽象的なモノとは、何らかの方法で結合される。
- アプリケーションは、モノが何であるかではなく、抽象的に何を行うかによりモノを使用する。

## プログラム

```python
1 #!/usr/bin/env python
2 import abc, sys, re, operator, string
3
4 #
5 # 抽象的なモノ
6 #
7 class IDataStorage(metaclass=abc.ABCMeta):
8     """ ファイルの中身のモデル化 """
9
10    @abc.abstractmethod
11    def words(self):
12        """ ファイル中の単語を返す """
13        pass
14
15 class IStopWordFilter(metaclass=abc.ABCMeta):
16     """ ストップワードフィルタのモデル化 """
17
18    @abc.abstractmethod
19    def is_stop_word(self, word):
20        """ 与えられた単語がストップワードに該当するか確認する """
```

```
21          pass
22
23  class IWordFrequencyCounter(metaclass=abc.ABCMeta):
24      """ 単語頻度データの保持 """
25
26      @abc.abstractmethod
27      def increment_count(self, word):
28          """ 与えられた単語の頻度を増やす """
29          pass
30
31      @abc.abstractmethod
32      def sorted(self):
33          """ 頻度でソートした単語と頻度を返す """
34          pass
35
36  #
37  # 具体的なモノ
38  #
39  class DataStorageManager:
40      _data = ''
41      def __init__(self, path_to_file):
42          with open(path_to_file) as f:
43              self._data = f.read()
44          pattern = re.compile(r'[\W_]+')
45          self._data = pattern.sub(' ', self._data).lower()
46          self._data = ''.join(self._data).split()
47
48      def words(self):
49          return self._data
50
51  class StopWordManager:
52      _stop_words = []
53      def __init__(self):
54          with open('../stop_words.txt') as f:
55              self._stop_words = f.read().split(',')
56          self._stop_words.extend(list(string.ascii_lowercase))
57
58      def is_stop_word(self, word):
59          return word in self._stop_words
60
61  class WordFrequencyManager:
62      _word_freqs = {}
63
64      def increment_count(self, word):
65          if word in self._word_freqs:
66              self._word_freqs[word] += 1
67          else:
```

```
68            self._word_freqs[word] = 1
69
70     def sorted(self):
71         return sorted(self._word_freqs.items(), key=operator.itemgetter(1),
                  reverse=True)
72
73
74 #
75 # 抽象的なモノと具体的なモノを結びつける
76 #
77 IDataStorage.register(subclass=DataStorageManager)
78 IStopWordFilter.register(subclass=StopWordManager)
79 IWordFrequencyCounter.register(subclass=WordFrequencyManager)
80
81 #
82 # アプリケーションオブジェクト
83 #
84 class WordFrequencyController:
85     def __init__(self, path_to_file):
86         self._storage = DataStorageManager(path_to_file)
87         self._stop_word_manager = StopWordManager()
88         self._word_freq_counter = WordFrequencyManager()
89
90     def run(self):
91         for w in self._storage.words():
92             if not self._stop_word_manager.is_stop_word(w):
93                 self._word_freq_counter.increment_count(w)
94
95         word_freqs = self._word_freq_counter.sorted()
96         for (w, c) in word_freqs[0:25]:
97             print(w, '-', c)
98
99 #
100 # メインプログラム
101 #
102 WordFrequencyController(sys.argv[1]).run()
```

## 解説

　このスタイルでは、問題を操作の集合に分割します。それらの操作は、問題にとって重要ないくつかの抽象データに対するものです。抽象的な操作は、名前、どのような引数を受け取るか、何を返すかによって定義されます。そして、モデル化するデータ構造へのアクセスを操作の集合として定義します。最初の段階では、**具体的なモノ**（concrete things）は存在せず、**抽象的なモノ**（abstruct things）だけが存在します。データを利用するアプリケーションはあらゆる部分で、操作を介してモノの抽象的な定義を知るだけで良いのです。第二段階では、**抽象的なモノ**に束縛された具体的な実装が

与えられます。呼び出し側の視点では、同じ抽象的な操作が提供される限り、別の具体的な実装に置き換えることが可能です。

　抽象的なモノ（abstract things）スタイルでは、モノのプログラミング（things）スタイルとさまざまな点で類似しており、いくつかの主要なプログラミング言語で両者は共存しています。

　このプログラムでは、モノのプログラミング（things）スタイルと同様の分割、つまりDataStorage、StopWord、WordFrequency、およびすべてを起動するWordFrequencyControllerが使用されています。しかし、3つの主要なデータ構造は、抽象的なモノ（abstract things）スタイルの観点でモデル化されています（#7-#34）。この抽象データを定義する仕組みとして、Pythonの抽象基底クラス（ABC：Abstract Base Class）機能を利用し、IDataStorage（#7-#13）、IStopWordFilter（#15-#21）、IWordFrequencyCounter（#23-#34）が定義されます。IDataStorageは抽象的なwords操作を提供し（#11-#13）、IStopWordFilterは抽象的なis_stop_word操作を提供します（#19-#21）。IWordFrequencyCounterは2つの抽象的な操作intrement_count（#27-#29）とsorted（#32-#34）を提供します。抽象データの実装は、これら操作の具体的な実装を提供しなければなりません。

　具体的な実装はその後に続きます（#39-#71）。手続きでアクセスする具体的データ構造を実装する仕組みとして、クラスを使用します。これらのクラスはモノのプログラミング（things）スタイルと同じものなので、説明は割愛します。重要なのは次の点です。クラスと定義済みABCは直接関連付けません。関連付けはABCのregisterメソッドを介して動的に行います（#77-#79）[1]。

　抽象的なモノのスタイルは、しばしば強い型と組み合わせて使われます。例えば、JavaとC#は**インターフェイス（interfaces）**を通じて、抽象的なモノのスタイルをサポートします。強い型付け言語[2]では、抽象的なモノの概念を使用して再利用される具体的なコードとis-a関係とを切り離したプログラム設計を促進します。インターフェイスにより、具体的な実装（クラス）を使用せずに、期待される引数や戻り値の型が強制されます。

　静的型付け言語とは異なりPythonは動的型付け言語なので、このプログラムでは特定の抽象型（または具象型）が強制されていません。しかし、次のようにデコレータを使用して特定のメソッドやコンストラクタの呼び出しで実行時の型チェックを追加できます。

```
1  #
2  # メソッド呼び出しで型チェックを行うためのデコレータ
3  #
4  class AcceptTypes:
5      def __init__(self, *args):
6          self._args = args
7
8      def __call__(self, f):
9          def wrapped_f(*args):
10             for i in range(len(self._args)):
```

---

[1]　Pythonの抽象基底クラスで利用可能なメソッドregisterは、抽象基底クラスと他のクラスとを動的に関連付ける。

[2]　訳注：型の互換性を厳密に確認する言語は、強い型付け言語と呼ばれる。ここでは、抽象データ型を用いて継承関係にないオブジェクト間に互換性を持たせた上で、言語の型システムによりそれを強制するスタイルを説明している。

```
11              if self._args[i] == 'primitive' and type(args[i + 1]) in (str, int,
                    float, bool):
12                  continue
13              if not isinstance(args[i + 1], globals()[self._args[i]]):
14                  raise TypeError("Wrong type")
15
16          f(*args)
17      return wrapped_f
18
19 #
20 # 使用例
21 #
22 class DataStorageManager:
23     # 型チェックのためのデコレータ
24     @AcceptTypes('primitive', 'IStopWordFilter')
25     def __init__(self, path_to_file, word_filter):
26         with open(path_to_file) as  f:
27             self._data = f.read()
28         self._stop_word_filter = word_filter
29         self.__filter_chars_normalize()
30         self.__scan()
31
32     def words(self):
33         return [w for w in self._data if not self._stop_word_filter.is_stop_word(w)]
34
35 ...
36
37 #
38 # オブジェクトを作成するメインプログラム
39 #
40 stop_word_manager = StopWordManager()
41 storage = DataStorageManager(sys.argv[1], stop_word_manager)
42 word_freq_counter = WordFrequencyManager()
43 WordFrequencyController(storage, word_freq_counter).run()
```

クラス AcceptTypes (#4-#17) は、**デコレータ (decorator)** として使用するためのものです。Python のデコレータはクラスの一種であり[*1]、デコレータの対象関数の宣言と呼び出しの際にコンストラクタ (__init__) とメソッド (__call__) が自動的に呼び出されます。デコレータの指定では記号@を使用します。

クラス DataStorageManager を見てみましょう。コンストラクタの定義の直前に AcceptTypes デコレータが配置されています。このデコレータ宣言 (#24) により、Python インタープリタはコンスト

---

[*1] 訳注：Pythonのデコレータは、別の関数を返す関数。AcceptTypesのようにクラスでも定義できるが、呼び出し可能 (callable) である必要があるため、メソッド__call__を用意している。https://docs.python.org/ja/3.12/glossary.html#term-decoratorを参照。

ラクタ定義（#25）にて、AcceptTypesクラスのインスタンスを作成し、その__init__コンストラクタを呼び出します。このコンストラクタ（#5-#6）は、引数の宣言（第1引数がprimitive、第2引数がIStopWordFilter）が単純に保存されるだけです。その後、DataStorageManagerのインスタンスが作成され（#41）、DataStorageManagerの__init__コンストラクタが呼び出される直前に、デコレータAcceptTypesの__call__メソッドが呼ばれます（#8-#17）。この場合、__call__メソッドはDataStorageManagerのコンストラクタに渡された引数が、宣言した通りの型であることを確認します。

## システムデザインにおけるスタイルの影響

　抽象的なモノの概念は、大規模なシステム設計において重要な役割を果たします。（サードパーティによって開発されるような）他のコンポーネントを利用するソフトウェアは、しばしば具体的な実装に対してではなく、コンポーネントの抽象的な定義に対して設計されます。このような抽象的なインターフェイスを実現する方法は、使用するプログラミング言語によって異なります。

　アダプター（Adapter）パターン[*1]は、システムレベル設計方法の一例であり、抽象的なモノと同じ目的を持ちます。例えば、Bluetoothデバイスを使用するアプリケーションでは、さまざまなBluetooth APIに影響されないように、Bluetooth機能への主要なインターフェイスとして独自のアダプターを使用するはずです。また、物理演算を使用する3Dゲームでは、異なる物理演算エンジンを使用できるように独自のアダプターを使用するはずです。こうしたアダプターは通常、インターフェイスまたは抽象クラスで作られ、特定のサードパーティライブラリを使用するよう調整されたさまざまな具象クラスがそれを実装します。アダプターは、小規模なプログラム設計において抽象的なモノが果たす役割と同じです。つまり、必要な機能の具体的な実装からアプリケーションの他の部分を切り離します。

## 歴史的背景

　抽象的なモノのスタイルは、OOP言語が設計されたのと同時期の1970年代前半に登場しました。バーバラ・リスコフによる設計[*2]では、パラメータ化された型、すなわち内部に型を変数として使用する抽象データ型（例えばlist<T>、ここでTは任意の型が使用できる）がすでに含まれていました。

　現代的な多くのプログラミング言語は、何らかの形で抽象的なモノの概念を持ちます。JavaやC#では、型をパラメータにできるインターフェイスという形式で、抽象的なモノの概念をサポートしています。強く型付けされた純粋関数型言語であるHaskellは型クラスを持ち、C++は抽象クラスとテンプレート（template）を持ちます。C++の標準テンプレートライブラリ（STL：Standard Template Library）は、パラメータ化された抽象的なモノを効果的にシミュレートしています。

---

[*1]　訳注：アダプターパターンは、GoFデザインパターンの1つで、継承や委譲を用いて既存クラスに影響を与えずインターフェイスを変更する設計パターン。
[*2]　訳注：バーバラ・リスコフの開発したプログラミング言語CLUでは、抽象データ型がサポートされていた。

## 参考文献

Cook, W. (2009), On understanding data abstraction, revisited, *Proceedings of the Twenty-Fourth ACM SIGPLAN Conference on Object Oriented Programming Systems Languages and Applications*(OOPSLA '09), ACM, pp. 557-572.

オブジェクト関連には非常に多くの概念があり、混乱しやすい。ウィリアム・クックによる、オブジェクトと抽象データ型の微妙かつ重要な違いを分析した論文。

Liskov, B. and Zilles, S. (1974), Programming with abstract data types, *Proceedings of the ACM SIGPLAN Symposium on Very High Level Languages,* ACM, pp. 50-59, https://dl.acm.org/doi/10.1145/800233.807045

JavaやC#のインターフェイスの祖となった抽象データ型の原型を解説した論文。

## 用語集

抽象データ型（abstruct data type）

提供する操作によって抽象的に定義されたデータ型。

デコレータ（decorator）

Pythonのデコレータは、デコレータパターンに対応するもので、個々のオブジェクトに振る舞いを追加できるよう設計されている。Pythonのデコレータは、ソースコードを変えることなく関数やメソッドを変更できる。

## 演習問題

問題 14-1　別言語

スタイルを維持したまま、課題を別のプログラミング言語で実装せよ。

問題 14-2　ミスマッチ

例えばWordFrequencyManagerのsortedメソッドをsorted_freqsに変更すると何が起きるか。その結果について詳しく説明せよ。

問題 14-3　型チェック

本章で紹介したデコレータを使用して、特定のコンストラクタやメソッドに渡される引数の型チェックを行う。型チェックをより実用的にするために元のプログラムを自由にリファクタリングして良い。そして、型チェックが成功するプログラムと型チェックに失敗するプログラムの2種類を作成し、提示せよ。

問題 14-4　関連付け

「クラスと定義済みABCは直接関連付けません。関連付けはABCのregisterメソッドを介して動的に行います。」解説ではこのように説明したが、ABCと具体的な実装の間の関連付けを行う別の方法を示せ。

**問題 14-5　別課題**

本書の序章で示した課題を、このスタイルを使用して実装せよ。

# 15章

**HOLLYWOOD**
# ハリウッド
## ──制御の反転

## 制約

- 大きな問題は、何らかの抽象化（オブジェクト、モジュールなど）を用いてモノに分解される。
- モノが、何らかの動作のために直接呼び出されることはない。
- モノは別のモノがコールバックを登録できるようなインターフェイスを提供する。
- 必要となった時点で、登録した他のモノをコールバックする。

## プログラム

```python
#!/usr/bin/env python
import sys, re, operator, string

#
# 単語頻度のための「必要になったらこちらから呼び出す」フレームワーク
#
class WordFrequencyFramework:
    _load_event_handlers = []
    _dowork_event_handlers = []
    _end_event_handlers = []

    def register_for_load_event(self, handler):
        self._load_event_handlers.append(handler)

    def register_for_dowork_event(self, handler):
        self._dowork_event_handlers.append(handler)

    def register_for_end_event(self, handler):
        self._end_event_handlers.append(handler)

    def run(self, path_to_file):
```

```
22        for h in self._load_event_handlers:
23            h(path_to_file)
24        for h in self._dowork_event_handlers:
25            h()
26        for h in self._end_event_handlers:
27            h()
28
29 #
30 # アプリケーションクラス
31 #
32 class DataStorage:
33     """ ファイル内容のモデル化 """
34     _data = ''
35     _stop_word_filter = None
36     _word_event_handlers = []
37
38     def __init__(self, wfapp, stop_word_filter):
39         self._stop_word_filter = stop_word_filter
40         wfapp.register_for_load_event(self.__load)
41         wfapp.register_for_dowork_event(self.__produce_words)
42
43     def __load(self, path_to_file):
44         with open(path_to_file) as f:
45             self._data = f.read()
46         pattern = re.compile(r'[\W_]+')
47         self._data = pattern.sub(' ', self._data).lower()
48
49     def __produce_words(self):
50         """ 単語のリストをコールバックを呼びながら
51             順に処理する """
52         data_str = ''.join(self._data)
53         for w in data_str.split():
54             if not self._stop_word_filter.is_stop_word(w):
55                 for h in self._word_event_handlers:
56                     h(w)
57
58     def register_for_word_event(self, handler):
59         self._word_event_handlers.append(handler)
60
61 class StopWordFilter:
62     """ ストップワードフィルタのモデル化 """
63     _stop_words = []
64     def __init__(self, wfapp):
65         wfapp.register_for_load_event(self.__load)
66
67     def __load(self, ignore):
68         with open('../stop_words.txt') as f:
```

```
69          self._stop_words = f.read().split(',')
70          # 1文字を単語として追加
71          self._stop_words.extend(list(string.ascii_lowercase))
72
73      def is_stop_word(self, word):
74          return word in self._stop_words
75
76 class WordFrequencyCounter:
77      """ 単語頻度データの保持 """
78      _word_freqs = {}
79      def __init__(self, wfapp, data_storage):
80          data_storage.register_for_word_event(self.__increment_count)
81          wfapp.register_for_end_event(self.__print_freqs)
82
83      def __increment_count(self, word):
84          if word in self._word_freqs:
85              self._word_freqs[word] += 1
86          else:
87              self._word_freqs[word] = 1
88
89      def __print_freqs(self):
90          word_freqs = sorted(self._word_freqs.items(), key=operator.itemgetter(1),
                  reverse=True)
91          for (w, c) in word_freqs[0:25]:
92              print(w, '-', c)
93
94 #
95 # メインプログラム
96 #
97 wfapp = WordFrequencyFramework()
98 stop_word_filter = StopWordFilter(wfapp)
99 data_storage = DataStorage(wfapp, stop_word_filter)
100 word_freq_counter = WordFrequencyCounter(wfapp, data_storage)
101 wfapp.run(sys.argv[1])
```

## 解説

　このスタイルは、制御が逆転している点がこれまでのスタイルと異なります。ある情報を得る目的で $e_1$ が $e_2$ を呼び出すのではなく、$e_1$ が $e_2$ にコールバック登録を行い、後で $e_2$ から $e_1$ を呼び出します。

　このプログラムでは、これまでと類似の分割を使用しています。データを保存する DataStorage (#32-#59)、ストップワードを処理する StopWordFilter (#61-#74)、単語と頻度の組を管理する WordFrequencyCounter (#76-#92) がそれぞれ存在します。さらに、プログラムの実行を調整する WordFrequencyFramework (#7-#27) を定義します。

　まず、WordFrequencyFramework から分析します。このクラスは3つの登録メソッドと、プログラムを実行する4番目のメソッド run を持ちます。run メソッド (#21-#27) はこのクラスが行う処理の流

れを示しています。アプリケーションの処理は3つの局面load、dowork、endに分けられます。アプリケーションのオブジェクトは、それぞれregister_for_load_event（#12-#13）、register_for_dowork_event（#15-#16）、register_for_end_event（#18-#19）を使用して各局面のコールバックを登録します。それにより、対応するハンドラがrunメソッドにより適切なタイミングで呼び出されます。例えるなら、WordFrequencyFrameworkは人形使いとして、オブジェクトが特定のタイミングで実際にすべきことを行うように、裏で糸を引きます。

　次に、3つのアプリケーションクラスと、それらがどのようにWordFrequencyFrameworkを使用してお互いに関連し合うのか見てみましょう。

　これまでと同様に、DataStorageが入力データをモデル化します。DataStorageはwordイベントを生成し、そのイベントに対して他のオブジェクトがハンドラを登録できるよう登録メソッドregister_for_word_event（#58-#59）を提供します。さらに、コンストラクタ（#38-#41）ではStopWordFilterオブジェクトへの参照を受け取り（これについては後で説明します）、WordFrequencyFrameworkの2つのイベントloadとdoworkに登録を行います。loadイベントでは、入力ファイルの内容をすべて読み込み、文字を小文字に正規化します（#43-#47）。doworkイベントではデータを単語に分割し（#53）、ストップワードに該当しない単語ごとにwordイベントに登録したハンドラを呼び出します（#53-#56）。

　StopWordFilterのコンストラクタ（#64-#65）はWordFrequencyFrameworkにloadイベントハンドラを登録します。このハンドラがコールバックされると、ストップワードファイルを読み込み、ストップワードのリストを生成します（#67-#71）。このStopWordFilterは、他のクラスから呼び出せるis_stop_wordメソッド（#73-#74）公開していますが、このプログラムではDataStorage（#54）が入力ファイルから単語の一覧を作成する際にのみ呼び出されます。

　WordFrequencyCounterは単語と頻度の組を記録します。そのコンストラクタ（#79-#81）はDataStorageオブジェクトの参照を受け取り、wordイベントのハンドラを登録します（#80）。DataStorageはこのハンドラを、__produce_wordsメソッドからコールバックするので（#55-#56）覚えておいてください。次に、WordFrequencyFrameworkにendイベントハンドラを登録します。このハンドラが呼ばれると、画面に結果が表示されます（#89-#92）。

　WordFrequencyFrameworkに戻りましょう。前に述べたように、このクラスは人形使いのように振る舞います。このクラスのrunメソッドは、単純にアプリケーションの3つの局面であるload、dowork、endに対して登録されたすべてのイベントハンドラを呼び出します。この例では、DataStorageとStopWordFilterはどちらもloadに登録されているので（#40、#65）、loadイベント実行（#22-#23）で両方のメソッドがハンドラとして呼び出されます。dowork局面に登録されているのは（#41）DataStorageのメソッド（#49-#56）だけなので、doworkイベントの実行（#24-#25）では、それだけが呼び出されます。同様にendイベントの実行（#26-#27）では、登録されている（#81）唯一のハンドラであるWordFrequencyCounterのメソッド（#89-#92）だけが呼び出されます。

　ハリウッドスタイルのプログラミングは、どちらかというと不自然に見えますが、興味深い性質が1つあります。プログラムの特定の時点で呼び出し側と呼び出される側を固定化する（言い換えると、関数呼び出しを関数の名前で行う）のではなく、その関係を見直し、呼び出される側の決めたタイミング

で複数の呼び出し側がアクションを起動します。これは、同じイベントに対して多くのモジュールがハンドラを登録できることから、これまでとは異なる種類のモジュール合成です。

このスタイルは、フレームワークが任意のアプリケーションコードを呼び出す強力な仕組みであるため、多くのオブジェクト指向フレームワークで使用されています。フレームワークが通常のライブラリと異なるのは、まさにこの制御の逆転です。ただし、ハリウッドスタイルは、非常に理解しにくいコードになる可能性があるため、注意して使用しなければなりません。このスタイルの異なる形式は、33章で説明します。

## システムデザインにおけるスタイルの影響

制御の逆転は、分散システムの設計における重要な概念です。あるコンポーネントが、ネットワーク上の別のノードのコンポーネントに対して定期的にポーリングするのではなく、特定の条件が発生したときにコールバックを依頼する方が有益な場合があります。極端に言えば、この考え方はイベント駆動型アーキテクチャに至ります（16章を参照）。

## 歴史的背景

ハリウッドスタイルの起源は、非同期ハードウェア割り込みです。オペレーティングシステムの設計では、割り込みハンドラは実行空間を分離する上で重要な役割を果たします。この例からわかるように、ハリウッドスタイルは非同期性を要求しませんが、コールバックを使用すると非同期的な実行が可能です。

このスタイルは、1980年代のSmalltalkやグラフィカルユーザインターフェイス関連のソフトウェアで注目されました。

## 参考文献

Johnson, R. and Foote, B. (1988), Designing reusable classes. *Journal of Object-Oriented Programming* 1(2): 22-35.

Smalltalkで用いられた制御の逆転について、初めて説明した論文。

Fowler, M. (2005), InversionOfControl, http://martinfowler.com/bliki/InversionOfControl.htmlで公開されたブログ[*1]

マーチン・ファウラーによる制御の逆転についての簡潔かつ非常に適切な説明。

---

[*1] 訳注：マーチン・ファウラーのブログ (bliki) の多くは日本語に翻訳されている。この記事の日本語訳は、https://bliki-ja.github.io/InversionOfControl/。この記事の中で、ハリウッド原則 (hollywood principle)「連絡してこないで、必要ならこちらから呼ぶから (Don't call us, we'll call you)」についても触れられている。本章のスタイル名はここから来ている。

# 用語集

**制御の逆転（inversion of control）**

　汎用的なライブラリやコンポーネントから独自に開発したコードを呼び出すための、さまざまな技術。

**フレームワーク（framework）**

　一般的アプリケーション機能を提供する、特殊な種類のライブラリまたは再利用可能なコンポーネント。ユーザ作成のコードを追加してカスタマイズ可能であるものが多い。

**ハンドラ（handler）**

　コールバックされる関数。

# 演習問題

**問題 15-1　別言語**

　スタイルを維持したまま、課題を別のプログラミング言語で実装せよ。

**問題 15-2　z を含む単語**

　上位25語のリストを出力した後、ストップワードに該当せず文字zを含む単語の数を出力するようにプログラムを修正せよ。追加の制約は以下の通り。(1) 既存のクラスには変更を加えてはならないが、新しいクラスの追加とメインプログラムにコードを追加するのは構わない。(2) 元の「単語頻度」と追加の「zを含む単語」の処理を行うために、ファイルを読み込むのは一度だけとする。

**問題 15-3　他スタイルで z を含む単語**

　これまでに登場したすべてのスタイルに対して、上記の制約を守りながら「zを含む単語」を実装せよ。実装できる場合はコードを示し、できない場合はその理由を説明すること。

**問題 15-4　別課題**

　本書の序章で示した課題を、このスタイルを使用して実装せよ。

# 16章
## BULLETIN BOARD
# 掲 示 板
### ——pub/sub

## 制約

- 大きな問題は、何らかの抽象化（オブジェクト、モジュールなど）を用いてモノに分解される。
- モノが、何らかの動作のために直接呼び出されることはない。
- イベント発行と購読のための基盤（別名 掲示板）を持つ。
- モノは、イベントの購読（募集）を掲示板に投稿し、イベントを掲示板に公開（提供）する。掲示板は、すべてのイベントを管理し配信を行う。

## プログラム

```python
1  #!/usr/bin/env python
2  import sys, re, operator, string
3
4  #
5  # イベント管理基盤
6  #
7  class EventManager:
8      def __init__(self):
9          self._subscriptions = {}
10
11     def subscribe(self, event_type, handler):
12         if event_type in self._subscriptions:
13             self._subscriptions[event_type].append(handler)
14         else:
15             self._subscriptions[event_type] = [handler]
16
17     def publish(self, event):
18         event_type = event[0]
19         if event_type in self._subscriptions:
20             for h in self._subscriptions[event_type]:
```

```
21                    h(event)
22
23  #
24  # アプリケーションクラス
25  #
26  class DataStorage:
27      """ ファイルの内容をモデル化 """
28      def __init__(self, event_manager):
29          self._event_manager = event_manager
30          self._event_manager.subscribe('load', self.load)
31          self._event_manager.subscribe('start', self.produce_words)
32
33      def load(self, event):
34          path_to_file = event[1]
35          with open(path_to_file) as f:
36              self._data = f.read()
37          pattern = re.compile(r'[\W_]+')
38          self._data = pattern.sub(' ', self._data).lower()
39
40      def produce_words(self, event):
41          data_str = ''.join(self._data)
42          for w in data_str.split():
43              self._event_manager.publish(('word', w))
44          self._event_manager.publish(('eof', None))
45
46  class StopWordFilter:
47      """ ストップワードフィルタのモデル化 """
48      def __init__(self, event_manager):
49          self._stop_words = []
50          self._event_manager = event_manager
51          self._event_manager.subscribe('load', self.load)
52          self._event_manager.subscribe('word', self.is_stop_word)
53
54      def load(self, event):
55          with open('../stop_words.txt') as f:
56              self._stop_words = f.read().split(',')
57          self._stop_words.extend(list(string.ascii_lowercase))
58
59      def is_stop_word(self, event):
60          word = event[1]
61          if word not in self._stop_words:
62              self._event_manager.publish(('valid_word', word))
63
64  class WordFrequencyCounter:
65      """ 単語頻度データの保持 """
66      def __init__(self, event_manager):
67          self._word_freqs = {}
```

```
68        self._event_manager = event_manager
69        self._event_manager.subscribe('valid_word', self.increment_count)
70        self._event_manager.subscribe('print', self.print_freqs)
71
72    def increment_count(self, event):
73        word = event[1]
74        if word in self._word_freqs:
75            self._word_freqs[word] += 1
76        else:
77            self._word_freqs[word] = 1
78
79    def print_freqs(self, event):
80        word_freqs = sorted(self._word_freqs.items(), key=operator.itemgetter(1),
                              reverse=True)
81        for (w, c) in word_freqs[0:25]:
82            print(w, '-', c)
83
84 class WordFrequencyApplication:
85    def __init__(self, event_manager):
86        self._event_manager = event_manager
87        self._event_manager.subscribe('run', self.run)
88        self._event_manager.subscribe('eof', self.stop)
89
90    def run(self, event):
91        path_to_file = event[1]
92        self._event_manager.publish(('load', path_to_file))
93        self._event_manager.publish(('start', None))
94
95    def stop(self, event):
96        self._event_manager.publish(('print', None))
97
98 #
99 # メインプログラム
100 #
101 em = EventManager()
102 DataStorage(em), StopWordFilter(em), WordFrequencyCounter(em)
103 WordFrequencyApplication(em)
104 em.publish(('run', sys.argv[1]))
```

## 解説

　このスタイルは、前章スタイルの論理的な終着点であり、コンポーネントがお互いを直接呼び出しません。さらに、オブジェクトを結合する仕組みは、イベントの発行 (publish) とイベントの購読 (subscribe) という2つの一般的な操作を採用し、アプリケーション固有となる部分を取り除くことで、より汎用的になります。

　このプログラムでは、一般的な掲示板の概念をEventManagerクラス (#7-#21) で実装します。このク

ラスは、購読情報の辞書を持ち (#9)、次の2つのメソッドを提供します。

- subscribe (#11-#15) はイベント種別とイベントハンドラを受け取り、イベント種別をキーとして、イベントハンドラを購読辞書（subscription dictionary）に追加する。
- publish (#17-#21) はイベントを受け取る。イベントのデータ構造は複雑であるかもしれないが、先頭にイベント種別を持つと想定される (#18)。そして、イベント種別に対するすべてのハンドラを呼び出す (#19-#21)。

このプログラムも、これまでと同様にファイルの内容 (#26-#44)、ストップワードフィルタ (#46-#62)、単語頻度データ (#64-#82) に分解されます。さらに、WordFrequencyApplicationクラス (#84-#96) は、単語頻度アプリケーションの起動と終了を行います。これらのクラスはEventManagerを用いて、イベント通知の要求と、独自イベントの発行を行い相互に対話します。これらのクラスは、以下のようなイベントの連鎖で組み立てられています。

- アプリケーションのメインプログラムが run イベントを発行する (#104) と、このイベントが WordFrequencyApplication (#87) により処理される。
- run イベント処理の一環で、WordFrequencyApplication が load イベントを発行する (#92)。このイベントは DataStorage (#30) と StopWordFilter (#51) の両方に作用し、ファイルが読み込まれる。
- 次に発行される start イベント (#93) をトリガーとして、DataStorage (#31) で単語が順次処理される。
- DataStorage は各単語に対して word イベント (#43) を発行し、ハンドラを持つ StopWordFilter (#52) の処理を起動する。
- ストップワードに該当しない単語を見つけると、StopWordFilter は valid_word イベント (#62) を発行し、WordFrequencyCounter (#69) のハンドラで頻度を増やす。
- 単語をすべて処理し終えると、DataStorage が発行する eof イベント (#44) により、WordFrequencyApplication (#88) のハンドラが呼び出され、最終的に結果が表示される。

このプログラムでは、最初の要素がイベント種別の文字列、次の要素を追加の引数とするタプルでイベントを実装します。例えば、メインプログラムが発行するrunイベントは('run', sys.argv[1]) (#104) であり、DataStorageが発行するwordイベントは('word', w) (#43) です。

掲示板スタイルは非同期コンポーネントでよく使用されますが、このプログラムのように非同期である必要はありません。イベントを処理するための仕組みは、この例のような単純なものでもよいし、イベントの配信のために複数のコンポーネントが相互作用するような、より高度な場合もあります。例えば、ここで示した単純なイベント種別の購読ではなく、イベント種別とコンテンツの組み合わせで購読することも考えられます。

前のスタイルと同様に、掲示板スタイルは制御の逆転を用いますが、システム内のコンポーネントにより発行されたイベントが、システム内の他のコンポーネントの操作を引き起こすという、極端かつ最

小の形式を取ります。購読は匿名的に行われるため、イベントを発行する側は、原則的としてそのイベントを処理するコンポーネントを認識しません。このスタイルは、（イベントを介した）非常に柔軟なオブジェクト合成の手段を提供しますが、前のスタイルと同様に、誤った動作の追跡が困難なシステムとなる可能性があります。

## システムデザインにおけるスタイルの影響

このスタイルは、発行/購読（publish/subscribe）と呼ばれ、分散システムに最適なアーキテクチャとして知られています。発行/購読アーキテクチャは、非常に拡張性が高く、予期せぬシステムの進化に対応できるため、大規模な計算機インフラストラクチャーを持つ企業で人気があります。コンポーネントの追加や削除は容易で、新しいイベント種別を配布するのも簡単です。

## 歴史的背景

歴史的にこのスタイルは、1970年代後半に開発された分散型ネットニュースシステム USENET が源流です。USENET はまさに最初の電子掲示板（bulletin board）でした。ユーザはニュースグループの**購読（subscription）**を通して記事を読み、**発行（publish）**できました[*1]。現代の多くの pub/sub システムとは異なり、USENET にはネットニュースを中央で管理するサーバは存在しません。代わりに、さまざま組織がホストする緩く接続された多数のニュースサーバで構成され、ユーザの投稿を互いに分配します。その意味で、真に分散的です。

USENET は、ユーザが作成した記事を共有するための分散システムの一種でした。Web の出現により USENET は次第に人気がなくなりましたが、その考え方は Web コンテンツの作成者がその更新を購読者に通知するためのプロトコルである RSS[*2] に受け継がれました。

掲示板の概念は、長年にわたり多くの分野で応用されました。1990年代には、この概念をさまざまな種類の分散システム基盤で一般化するために、かなりの量の作業が行われました。

## 参考文献

Oki, B., Pfluegl, M., Siegel, A. and Skeen, D. (1993), The Information Bus: An architecture for extensible systems, *ACM SIGOPS* 27(5): 58-68.

発行/購読（publish/subscribe）のアイデアに関する最も初期の論文の1つ。

Truscott, T. (1979), Invitation to a General Access UNIX* Network., http://www.newsdemon.com/first-official-announcement-usenet.php、ファックスで送られた最初の USENET 公式発表

Facebook や Hacker News が登場するずっと以前に、Usenet と多くのニュースグループが存在し、人々が購読したり投稿できる究極の電子掲示板として利用されていた。

---

[*1] 訳注：ネットニュースでは、ニュースグループに対して記事を出すことを投稿（post）と言う。

[*2] 訳注：RSS（rich site summary または really simple syndication）は、主にブログやニュースサイトの更新を配信するためのデータ形式。サイトの提供側は、記事の更新を RSS 形式で公開する。利用者は RSS リーダを用いて RSS データを購読し、更新を検知する。

# 用語集

**イベント（event）**

特定の時点でコンポーネントによって生成され、それを待つ他のコンポーネントに配布されることを意図したデータ構造。

**発行（publish）**

イベントの配信基盤が提供する操作の1つで、コンポーネントが他のコンポーネントにイベントを配信する。

**購読（subscribe）**

イベント配信基盤が提供する操作の1つで、コンポーネントが特定の種類のイベントへの関心を表明する。

# 演習問題

**問題 16-1　別言語**

スタイルを維持したまま、課題を別のプログラミング言語で実装せよ。

**問題 16-2　z を含む単語**

上位25語のリストを出力した後、ストップワードに該当せず文字 $z$ を含む単語の数を出力するようにプログラムを修正せよ。追加の制約は以下の通り。(1) 既存のクラスには変更を加えてはならないが、新しいクラスの追加とメインプログラムにコードを追加するのは構わない。(2) 元の「単語頻度」と追加の「$z$ を含む単語」を行うために、ファイルを読み込むのは一度だけとする。

**問題 16-3　購読解除（unsubscribe）**

通常 pub/sub アーキテクチャには、イベント種別を指定して購読を解除する概念も用意される。EventManager が unsubscribe 操作をサポートするように、プログラムを変更せよ。コンポーネントが適切なタイミングで購読解除できるようにする。この購読解除の仕組みが正しく動作することを示せ。

**問題 16-4　別課題**

本書の序章で示した課題を、このスタイルを使用して実装せよ。

# 第Ⅴ部
## REFLECTION AND METAPROGRAMMING
# リフレクションとメタプログラミング

　これまでに関数や手続き、オブジェクトを使用するスタイルを見てきました。関数やオブジェクトが通常のデータと同様に変数に格納できることも確認しました。しかし、これらのプログラムは盲目です。我々はプログラムを見ることができますし、入出力を介してプログラムと対話もできます。しかし、プログラム自身はプログラムを見ることができません。この第Ⅴ部では、リフレクションやメタプログラミングに関連するスタイルを取り上げます。リフレクションとはプログラムが何らかの形で自分自身を認識すること、メタプログラミングとはプログラムが実行中に自分自身にアクセスしたり、プログラム自体を変更するようなプログラミングです。メタプログラミングは、そのマニアックな魅力に加え、時間と共に進化するソフトウェアシステムでは非常に有効です。

　リフレクションは、それ自体が強力すぎるプログラミング概念に分類されるため、十分に注意して使用する必要があります。しかし、現代的な多くの構成技術は、この概念なしには成り立ちません。

# 17章
## INTROSPECTIVE
# 内 省 性
### ―イントロスペクション

## 制約

- 問題は、何らかの抽象化（手続き、関数、オブジェクトなど）を用いて分解される。
- 抽象化されたものは、自分自身および他者の情報にアクセスできるが、その情報を変更することはできない。

## プログラム

```python
1  #!/usr/bin/env python
2  import sys, re, operator, string, inspect
3
4  def read_stop_words():
5      """ この関数は、関数extract_wordsからのみ
6          呼び出すことができる """
7      # Meta-level data: inspect.stack()
8      if inspect.stack()[1][3] != 'extract_words':
9          return None
10
11     with open('../stop_words.txt') as f:
12         stop_words = f.read().split(',')
13     stop_words.extend(list(string.ascii_lowercase))
14     return stop_words
15
16 def extract_words(path_to_file):
17     # Meta-level data: locals()
18     with open(locals()['path_to_file']) as f:
19         str_data = f.read()
20     pattern = re.compile(r'[\W_]+')
21     word_list = pattern.sub(' ', str_data).lower().split()
22     stop_words = read_stop_words()
23     return [w for w in word_list if w not in stop_words]
24
```

```
25 def frequencies(word_list):
26     # Meta-level data: locals()
27     word_freqs = {}
28     for w in locals()['word_list']:
29         if w in word_freqs:
30             word_freqs[w] += 1
31         else:
32             word_freqs[w] = 1
33     return word_freqs
34
35 def sort(word_freq):
36     # Meta-level data: locals()
37     return sorted(locals()['word_freq'].items(), key=operator.itemgetter(1),
                     reverse=True)
38
39 def main():
40     word_freqs = sort(frequencies(extract_words(sys.argv[1])))
41     for (w, c) in word_freqs[0:25]:
42         print(w, '-', c)
43
44 if __name__ == "__main__":
45     main()
```

## 解説

　自己反映計算（computational reflection）の第1段階は、プログラムが自分自身の情報にアクセスできることです。この能力を、**イントロスペクション**（introspection）と呼びます。すべてのプログラミング言語がイントロスペクションをサポートしているわけではありません。Python、Java、C#、Ruby、JavaScript、PHPなどはイントロスペクションをサポートしますが、CとC++にはその機能がありません。

　このプログラムが使用するイントロスペクションはわずかですが、主要な概念を説明するには十分です。最初に使用するのは read_stop_words 関数の中（#8）です。この関数は呼び出し元の関数名を確認し、呼び出し元が extract_words でなければ値を返しません。やや強引な前提条件ではありますが、ある状況下では呼び出し元の確認に意味があるかもしれませんし、コールスタックをプログラムに公開する言語でなければ、この確認はできません。呼び出し元の確認は、コールスタックを検査（inspect.stack()）し、前のフレームである1番目の要素を調べます（0番目の要素は現在のフレーム[1][2]）。そのフレームの3番目の要素が関数名です

　その他にもイントロスペクションを使用しています。locals() を用いて関数に渡された引数を調査します（#18、#28、#37）。通常、引数は名前で直接参照します。例えば18行目のコード（#18）は、次のよ

---

[1]　訳注：inspect.stack()は名前付きタプルFrameInfoで表されるスタックフレームのリストを返す。名前付きタプルなので、inspect.stack()[0].functionでも良い。
[2]　訳注：より正確には、inspect.stack()を呼び出した際のフレーム。

うに記述するはずです。

```
def extract_words(path_to_file):
    with open(path_to_file) as f:
        ...
```

しかし、このコードでは locals()['path_to_file'] と書かれています。Pythonの locals() は現在のローカルシンボルテーブル辞書を返します。このシンボルテーブルを反復処理すれば、利用可能なすべてのローカル変数を見つけられます。この辞書をこうした用途で使用することは珍しくありません。

```
def f(a, b):
    print(f"a is {locals()['a']}, b is {locals()['b']}")
```

Pythonには強力なイントロスペクション機能があります。いくつかは組み込みの機能（例えば関数 callable() は、与えられた値が関数など呼び出し可能なオブジェクトであるかを確認します）として、いくつかは inspect のようなモジュールとして提供されます。イントロスペクションをサポートする他の言語にも、使用方法は異なりますが同様の機能が提供されます。こうした機能は、プログラム設計の全く新しい扉を開きます。つまり、プログラム自体をプログラムするという考え方です。

## システムデザインに対するスタイルの影響

正当な状況で注意深く使用するならば、追加のコンテキストを得るためにプログラムの内部構造にアクセスすると、プログラミングの複雑さを比較的低く保ったまま強力な動作が実現できます。しかし、イントロスペクションの使用は、多くの場合で望ましくない不明瞭さをプログラムに追加し、プログラムを理解しづらくする可能性があります。他に適切な方法がない場合を除き、イントロスペクションの使用は避けるべきでしょう。

## 用語集

イントロスペクション（introspection）

プログラムが自分自身の情報にアクセスする機能。

## 演習問題

問題 17-1　別言語

スタイルを維持したまま、課題を別のプログラミング言語で実装せよ。

問題 17-2　情報表示

このプログラムを変更して、各関数の最初で以下の情報を表示せよ。

```
My name is <関数名>
    my locals are <k1=v1, k2=v2, k3=v3, ...>
    and I'm being called from  <呼び出し元関数名>
```

追加の制約：この情報は、関数print_info()を引数なしで呼び出した結果として出力される。例を示す。

```
def read_stop_words():
    print_info()
    ...
```

## 問題 17-3　ブラウズ

11章と12章に戻り、Pythonもしくは他の言語で書かれた演習問題プログラムの最後に、その言語のイントロスペクション機能を使用してクラスを繰り返し処理するコードを追加せよ。各クラスに対して、クラスの名前と全メソッドの名前を出力すること。

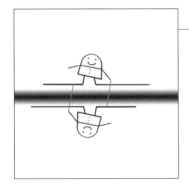

# 18章

## REFLECTIVE
# 自己反映性
### ―――リフレクション

## 制約

- プログラムは自分自身の情報、すなわちイントロスペクションにアクセスできる。
- プログラムは、実行時に抽象化や変数などを追加して、自分自身を変更できる。

## プログラム

```python
1  #!/usr/bin/env python
2  import sys, re, operator, string, os
3
4  #
5  # 2つの現実的(down-to-earth)機能
6  #
7  stops = set(open("../stop_words.txt").read().split(",") + list(string.ascii_lowercase))
8
9  def frequencies_imp(word_list):
10     word_freqs = {}
11     for w in word_list:
12         if w in word_freqs:
13             word_freqs[w] += 1
14         else:
15             word_freqs[w] = 1
16     return word_freqs
17
18  #
19  # 文字列として関数を定義
20  #
21  if len(sys.argv) > 1:
22      extract_words_func = "lambda name : [x.lower() for x in re.split(r'[^a-zA-Z]+',
           open(name).read()) if len(x) > 0 and x.lower() not in stops]"
23      frequencies_func = "lambda wl : frequencies_imp(wl)"
```

```
24    sort_func = "lambda word_freq: sorted(word_freq.items(),
          key=operator.itemgetter(1), reverse=True)"
25    filename = sys.argv[1]
26 else:
27    extract_words_func = "lambda x: []"
28    frequencies_func = "lambda x: []"
29    sort_func = "lambda x: []"
30    filename = os.path.basename(__file__)
31 #
32 # ここまで、このプログラムは単語頻度とは、あまり関係ない。
33 # 単語頻度の機能は関数のように見える文字列の中にある。
34 # 続いて、それらをプログラムに関数として動的に追加する。
35 #
36 exec('extract_words = ' + extract_words_func)
37 exec('frequencies = ' + frequencies_func)
38 exec('sort = ' + sort_func)
39
40 #
41 # メインプログラム。実際には次の式で良い。
42 #  word_freqs = sort(frequencies(extract_words(filename)))
43 #
44 word_freqs = locals()['sort'](locals()['frequencies']
                               (locals()['extract_words'](filename)))
45
46 for (w, c) in word_freqs[0:25]:
47    print(w, '-', c)
```

## 解説

　自己反映計算（computational reflection）の第2そして最終段階では、プログラムが自分自身を修正できる必要があります。プログラムが自分自身を検査し、修正する能力は**リフレクション (reflection)**と呼ばれます。これはイントロスペクションよりもさらに強力な機能であるため、イントロスペクションをサポートする言語の中でも、完全なリフレクションをサポートするものはごく一部です。例えばRubyは完全なリフレクションをサポートする言語の一例であり、PythonとJavaScriptは制限付きのリフレクションをサポートし、JavaとC#はリフレクションの小さなサブセットをサポートしています。

　このプログラムはPythonが持つリフレクション機能の一部を使用しています。リフレクションを用いて実装するのが厄介なストップワードファイルの読み込み (#7)と、単語の出現頻度を数える関数 (#7-#16)を通常の方法で定義します。

　次に、メインプログラムで使用する関数を定義します (#21-#30)。しかし通常の関数定義ではなく、メタレベルの定義を行い、無名関数を文字列で表現します。これらは後で評価されるプログラムの一部であり、評価しなければ、Pythonのコードと一致する単なる文字列です。

　さらに重要なことに、これらの文字列化された関数の内容は、ユーザがプログラムの引数として入力ファイルを与えたかどうかにより異なります。入力引数があれば、関数は何か役に立つことをします

が (#22-#25)、入力引数がなければ、関数は何もせず、単に空のリストを返します (#27-#30)。

それでは、22〜24行目で定義される3つの関数を見てみましょう (#22-#24)。

- 22行目は、ファイルから単語を抽出する関数のメタレベル定義。ファイル名は唯一の引数である name で与えられる (#22)。
- 23行目は、単語のリストが与えられると単語の出現回数を数える関数のメタレベル定義。ここでは、先に定義した基本関数 (#9-#16) を単に呼び出す (#23)。
- 24行目は、単語の頻度辞書をソートする関数のメタレベル定義 (#24)。

この時点でプログラムに存在するのは、(1) 7行目で定義したstops変数 (#7)、(2) 9〜16行目で定義したfrequencies_imp関数 (#9-#16)、(3) 上で説明したプログラム文字列を保持する3つの変数 extract_words_func、frequencies_func、sort_func (これらは入力引数の有無に応じて異なった文字列になります)だけです。

次の3行 (#36-#38) は、プログラム自身を効果的に変更可能とするプログラムの一部です。exec はPythonコードの動的実行をサポートするPython組み込み関数です[1]。渡された引数 (文字列) は、Pythonのコードであるとみなされます。このプログラムでは、$a=b$という形式の代入文を与えています。ここで、$a$は名前 (extract_words、frequencies、sort)、$b$は先に文字列で定義された関数 (#21-#30)を束縛した変数です。そのため例えば、37行目 (#37)の完全な表現は次のどちらかになります。

- exec('frequencies = lambda wl : frequencies_imp(wl)')
- exec('frequencies = lambda x : []')

どちらになるかは、プログラムに与えられた引数の有無により変わります。

execは引数を受け取り、コードを解析し実行します。シンタックスエラーがあれば、例外を発生させます。38行目 (#38) が実行された後、プログラムには引数の有無に依存した3つの関数変数が追加されます。

最後に、44行目 (#44)でそれらの関数を呼び出します。直前のコメント (#40-#43)にあるように、やや不自然な形式の関数呼び出しです。これは、前の章で説明した、ローカルシンボルテーブル辞書を使用したローカル変数の検索を説明するためのものです。

この時点で、文字列としての関数定義 (#21-#30) と、execによる実行時の読み込み (#36-#38) に読者は困惑しているはずです。結局のところ、次のコードでも良いのです。

```
if len(sys.argv) > 1:
    extract_words = lambda name : [x.lower() for x in re.split(r'[^a-zA-Z]+',
        open(name).read()) if len(x) > 0 and x.lower() not in stops]
    frequencies = lambda word_list : frequencies_imp(word_list)
    sort = lambda word_freq: sorted(word_freq.iteritems(),
        key=operator.itemgetter(1), reverse=True)
    filename = sys.argv[1]
```

---

*1　他の言語 (例：Scheme、JavaScript)ではevalで同様の機能を提供する。

```
else:
    extract_words = lambda x: []
    frequencies = lambda x: []
    sort = lambda x: []
    filename = os.path.basename(__file__)
```

　Pythonは高階関数を備えた動的言語であるため、すでに説明したように関数の動的定義をサポートしています。これにより、入力引数の有無により異なる関数定義を行うという目的を維持しつつ、リフレクション（execとその仲間）を完全に回避できます。

## システムデザインにおけるスタイルの影響

　実際、このプログラムは多少作為的であり、次の疑問を投げかけています。「リフレクションはいつ必要となるのか」

　一般に、プログラムがどのように変更されるかを設計時に予測できない場合に「リフレクション」は必要とされます。例えば、extract_words関数の具体的な実装が、ユーザの提供する外部ファイルにて与えられる場合を考えてみましょう。サンプルプログラムの設計者は、関数を事前に定義できません。そのような状況をサポートする唯一の解決策は、関数を文字列として扱い、リフレクションを使用して実行時に読み込むことです。ここではそうした状況を考慮していないので、このプログラムにおけるリフレクションの必要性には疑問の余地があります。19章と20章では、非常に適切な目的で使用されるリフレクションの用例を紹介します。それらはリフレクションを使用しなければ実装できません。

## 歴史的背景

　リフレクションは、プログラミングに持ち込まれるずっと以前から哲学の分野で研究され、論理学で形式化されていました。自己反映計算（computational reflection）は1970年代のLISPに登場しました。LISPコミュニティでは、初期の人工知能研究における当然の成果であり、最初の数年間はLISPでの研究と結合していました。当時は、知能を持つようになるシステムには自分自身を認識することが必要だと考えられており、そのため、プログラミングモデルの中でそのような認識を形式化する努力がなされていました。このアイデアは1980年代のSmalltalkの設計に影響を与え、Smalltalkは早い段階からリフレクションをサポートします。SmalltalkはすべてのOOP言語に影響を与えたので、リフレクションの概念は早くからOOP言語に持ち込まれました。1990年代、人工知能の研究がLISPから離れて新しい方向に向かう中、LISPコミュニティはリフレクションの研究を続けました。その成果の頂点が、CLOS（Common Lisp Object System）のMOP（MetaObject Protocol）です。ソフトウェア工学のコミュニティはこれに注目し、1990年代を通じてリフレクションとその実用的な利点を理解するためにかなりの量の作業が行われました。予測できない変化に対応する能力は非常に有用であることは明らかです。しかし同時に危険でもあるため、適切なAPIを定義して適切なバランスを取る必要がありました。これらのアイデアは、1990年代以降に設計されたすべての主要なプログラミング言語へと受け継がれています。

## 参考文献

Demers, F.-N. and Malenfant, J. (1995), Reflection in logic, functional and object-oriented programming: a short comparative study. *IJCAI'95 Workshop on Reflection and Metalevel Architectures and Their Applications in AI.*

さまざまなプログラミング言語が持つリフレクション機能についての、非常に優れた回想的概観。

Kiczales, G., des Riviere, J. and Bobrow, D. (1991), *The Art of the Metaobject Protocol*, MIT Press. pp.345

Common LISP Object Systemは、強力なリフレクション機能、メタプログラミング機能を持つ。本書は、CLOSでオブジェクトとそのメタオブジェクトを協調動作させる方法を説明する。

Maes, P. (1987), Concepts and Experiments in Computational Reflection, *Object-Oriented Programming Systems, Languages and Applications* (OOPSLA '87).

Patti Maesによりオブジェクト指向言語に持ち込まれたBrian Smithのアイデア。

Smith, B. (1984), Reflection and Semantics in LISP. *ACM SIGPLAN Symposium on Principles of Programming Languages* (POPL '84).

リフレクションはブライアン・スミスによりLISPで最初に定式化された。その原著論文。

## 用語集

自己反映計算（computational reflection）

プログラムが自分自身に関する情報にアクセスし、自分自身を修正する機能。

eval

いくつかのプログラミング言語で提供される関数または文で、プログラムの表現であると想定される引用符で囲まれた値（例えば文字列）を評価する。evalはapplyと共に多くのプログラミング言語の基礎となる超循環評価器（meta-circular interpreters）[*1]の基本部分を構成する。evalをプログラマに公開する言語は、リフレクションをサポートできる。しかし、evalは強力すぎて、しばしば有害だと考えられている。自己反映計算の研究は、evalをいかにして**飼い慣らす**かに焦点を当てる。

## 演習問題

問題18-1　別言語

スタイルを維持したまま、課題を別のプログラミング言語で実装せよ。

---

[*1]　訳注：超循環評価器（meta-circular interpreters）は、評価対象の言語を使用して実装した、言語の評価、解釈を行うプログラム。

**問題 18-2　ファイル読み込み**

extract_wordsの実装をファイルから読み込むように、プログラムを変更せよ。コマンドラインは次の形式となる。

```
$ python tf-16-1.py ../pride-and-prejudice.txt ext1.py
```

正しく動作するextract_wordsの実装を2つ（つまり2つのファイル）用意すること。

**問題 18-3　さらにリフレクション**

このプログラムでは、ストップワードの読み取り(#7)と単語の出現回数を数える関数(#9-#16)にはリフレクションを使用していない。これらの機能にもリフレクションを使うようにプログラムを修正せよ。できない場合は、何が障害になっているかを説明すること。

**問題 18-4　別課題**

本書の序章で示した課題を、このスタイルを使用して実装せよ。

## 制約

- 問題は何らかの抽象化（手続き、関数、オブジェクトなど）を使用して分解される。
- 問題のアスペクトは、抽象化のソースコードや抽象化を使用する場所を変更することなく、プログラムに追加される。
- 抽象化とアスペクトは外部結合機構を用いて結合される。

## プログラム

```python
1 #!/usr/bin/env python
2 import sys, re, operator, string, time
3
4 #
5 # 関数定義
6 #
7 def extract_words(path_to_file):
8     with open(path_to_file) as f:
9         str_data = f.read()
10    pattern = re.compile(r'[\W_]+')
11    word_list = pattern.sub(' ', str_data).lower().split()
12    with open('../stop_words.txt') as f:
13        stop_words = f.read().split(',')
14    stop_words.extend(list(string.ascii_lowercase))
15    return [w for w in word_list if w not in stop_words]
16
17 def frequencies(word_list):
18    word_freqs = {}
19    for w in word_list:
20        if w in word_freqs:
21            word_freqs[w] += 1
22        else:
```

```
23              word_freqs[w] = 1
24      return word_freqs
25
26  def sort(word_freq):
27      return sorted(word_freq.items(), key=operator.itemgetter(1), reverse=True)
28
29  # 副次的機能
30  def profile(f):
31      def profilewrapper(*arg, **kw):
32          start_time = time.time()
33          ret_value = f(*arg, **kw)
34          elapsed = time.time() - start_time
35          print("%s(...) took %s secs" % (f.__name__, elapsed))
36          return ret_value
37      return profilewrapper
38
39  # 間接点(join points)
40  tracked_functions = [extract_words, frequencies, sort]
41  # 織り込み(weaver)
42  for func in tracked_functions:
43      globals()[func.__name__] = profile(func)
44
45  word_freqs = sort(frequencies(extract_words(sys.argv[1])))
46
47  for (w, c) in word_freqs[0:25]:
48      print(w, '-', c)
```

## 解説

　このスタイルは、既存プログラムの指定された箇所の前後に任意のコードを挿入するという、限られた目的のための「制限されたリフレクション」です。これが必要となる理由の1つは、機能を追加するプログラムのソースコードにアクセスできない、あるいはコードを修正したくないからです。別の理由は、プログラム中に散在するコードを局所化すれば開発が簡略化できるからです。

　プログラムでは、まず3つの主要な関数を定義します。extract_words (#7-#15) は入力ファイルからストップワードに該当しない単語をリストに抽出し、frequencies (#17-#24) はリスト上の単語の出現回数を数え、sort (#26-#27) は単語頻度辞書をソートします。この定義により、プログラムの45～48行目 (#45-#48) を単純に実行できます。

　ここで各関数の実行にかかる時間を計算するための副次的機能 (side functionality) をプログラムに追加します。これは、**プロファイル (profile)** と呼ばれる診断機能の1つです。この副次的機能を実装する方法はいくつもありますが、各関数の最初と最後に数行のコードを追加するのが最も簡単です。また、関数の外側、つまり呼び出し側で行うことも可能です。しかし、これらは横断的関心スタイルの制約に違反してしまいます。

　副次的機能のために対象となる関数やその呼び出しを変更しないのが、このスタイルの制約です。

このため、副次的機能を実装するには、ある種のリフレクション、すなわちプログラムを事後的に変更するしか方法がありません。このプログラムでは、それを次のように行います。

まずラッパー関数profile (#30-#37) を定義します。これは関数引数 (f) を受け取り、f (#33) をラップする別の関数profilewrapper (#37) を返します。profilewrapperは、プロファイルコードを関数fの前 (#32) と後 (#34-#35) で実行し、関数fが返した値 (#36) を返します。

プロファイルのための仕組みは整いましたが、まだ十分ではありません。欠けている最後のピースは、関数をプロファイルするという意図の表現です。繰り返しになりますが、これにもさまざまな方法があります。ここでは、外部結合機構が必要です。関数をプロファイル対象としてタグ付け(例えばデコレータを使う)して情報を関数に直接付与するのではなく、プログラムの別の場所に局在化させます。

そのために、どの関数をプロファイル対象とするかを示します (#40)。これらは、プログラムの関数と副次的機能の間の**間接点 (join point)** と呼ばれます。次に、リフレクションを使用してプロファイル対象の各関数に対して関数名の束縛をラッパー関数に置き換えます。例えば、関数名extract_wordsと、それに対応する7〜15行で定義された関数 (#7-#15) との結合は壊され、extract_wordsという名前は、関数extract_wordsをパラメータとして受け取るprofile関数の返すインスタンスに束縛されます。このようにプログラムの元の仕様を変更しました。extract_wordsを呼び出すと、代わりにprofile(extract_words)が呼び出されます。

このスタイルのプログラミングを実現するための実装手法は、言語によりさまざまです。Pythonの場合、デコレータを使うのが一般的ですが、3番目の制約に違反することになります。

## 歴史的背景

関数に外部から追加の動作を「アドバイス」するという考え方は、1966年にウォーレン・タイテルマンの博士論文で初めて紹介されました。この研究はLISPで行われ、**アドバイス (advice)** は1970年代にいくつかのLISPに導入されました。この研究は、かつて筆者も所属していたグレゴール・キザレスが率いるグループにより、1990年代にXerox PARCで開発されたアスペクト指向プログラミング(AOP: Aspect-Oriented Programming)スタイルに強い影響を与えました。

AOPは、プログラムの**アスペクト**をプログラマが定義できるようにするための制限されたリフレクションの一形態です。アスペクトとは、アプリケーションの横断的関心であり、その名の通り多くの構成要素に横断的に影響するため、コード全体に分散する傾向があります。典型的なアスペクトは、トレースとプロファイルです。プログラマは長年にわたりこの概念を使用して、他の方法では散在するような機能を、プログラムの特定の場所に局在化させました。

## 参考文献

Baldi, P., Lopes, C., Linstead, E. and Bajracharya, S. (2008), A theory of aspects as latent topics, *ACM Conference on Object-Oriented Programming, Systems, Languages and Applications (OOPSLA'08)*
アスペクトに対するより新しい情報理論的な視点。

Kiczales, G., Lamping, J., Mendhekar, A., Maeda, C., Lopes, C., Loingtier, J.-M. and Irwin, J. (1997), Aspect-oriented programming, *European Conference on Object-Oriented Programming (ECOOP'97)*
　　筆者も所属していたグレゴール・キザレス率いるXerox PARCのグループが共同執筆した、AOPの原著論文。

Teitelman, W. (1966), PILOT: A step towards man-computer symbiosis, PhD Thesis, MIT, ftp://publications.ai.mit.edu/ai-publications/pdf/AITR-221.pdf
　　「アドバイス」の原案。本論文の3章で、概念が説明されている。

## 用語集

アスペクト（aspect）

　　(1) すでに分解されている問題に対して、リフレクションを使用しないと実装を局所化できない、プログラム内の関心事。(2) ソースコードの中に広く分散しがちなトピック。

## 演習問題

問題 19-1　別言語

　　スタイルを維持したまま、課題を別のプログラミング言語で実装せよ。

問題 19-2　デコレータ

　　デコレータを使用してプロファイルのアスペクトを実装せよ。その方法の長所と短所が何か説明すること。

問題 19-3　定量化

　　このプログラムでは、プロファイル対象を関数のリストで指定する (#40)。名前を指定するだけでなく、「スコープ内のすべての関数」も指定できるように拡張せよ。構文は自由に選択して構わない。

問題 19-4　トレース

　　関数をトレースするために、プログラムに別のアスペクトを追加する。つまり、関数の先頭で次のように出力し、

```
Entering <関数名>
```

末尾で次のように出力すること。

```
Exiting <関数名>
```

このアスペクトは、既存のプロファイルアスペクトに追加する必要がある。各関数のプロファイルとトレース両方を有効にしなければならない。

**問題 19-5　モノのプログラム**

モノのプログラム（things）スタイル（11章）のプログラムにて、WordFrequencyControllerの
runメソッドとDataStorageManagerのコンストラクタに対してプロファイルのアスペクトを適用
せよ。

**問題 19-6　別課題**

本書の序章で示した課題を、このスタイルを使用して実装せよ。

# 20章
### PLUGINS
# プラグイン
## ──依存性注入

## 制約

- 問題は、何らかの抽象化（手続き、関数、オブジェクトなど）を使用して分解される。
- これら抽象化の一部またはすべては、通常は事前にコンパイルされた独自のパッケージに物理的にカプセル化される。メインプログラムと各パッケージは独立にコンパイルされる。これらのパッケージはメインプログラムによって動的に読み込まれる。読み込みは通常は最初に行われるが、必須ではない。
- メインプログラムは動的に読み込んだパッケージの関数やオブジェクトを利用できるが、どの実装が使用されるかを事前に知る必要はない。メインプログラムの変更や再コンパイルを行うことなく、別の実装に切り替えが可能。
- 読み込むパッケージの指定は、プログラムの外で行われる。これは、設定ファイル、パス規則、ユーザ入力、その他実行時に読み込むコードを外部から指定するための仕組みを使用する。

## プログラム

tf-20.py

```python
1  #!/usr/bin/env python
2  import sys, configparser, importlib.machinery
3
4  def load_plugins():
5      config = configparser.ConfigParser()
6      config.read("config.ini")
7      words_plugin = config.get("Plugins", "words")
8      frequencies_plugin = config.get("Plugins", "frequencies")
9      global tfwords, tffreqs
10     tfwords = importlib.machinery.SourcelessFileLoader(
           'tfwords', words_plugin).load_module()
11     tffreqs = importlib.machinery.SourcelessFileLoader(
```

```
            'tffreqs', frequencies_plugin).load_module()
12
13 load_plugins()
14 word_freqs = tffreqs.top25(tfwords.extract_words(sys.argv[1]))
15
16 for (w, c) in word_freqs:
17     print(w, '-', c)
```

config.ini

```
1 [Plugins]
2 ;; 選択肢: plugins/words1.pyc, plugins/words2.pyc
3 words = plugins/words1.pyc
4 ;; 選択肢: plugins/frequencies1.pyc, plugins/frequencies2.pyc
5 frequencies = plugins/frequencies1.pyc
```

words1.py

```
1 import sys, re, string
2
3 def extract_words(path_to_file):
4     with open(path_to_file) as f:
5         str_data = f.read()
6     pattern = re.compile(r'[\W_]+')
7     word_list = pattern.sub(' ', str_data).lower().split()
8
9     with open('../stop_words.txt') as f:
10        stop_words = f.read().split(',')
11    stop_words.extend(list(string.ascii_lowercase))
12
13    return [w for w in word_list if w not in stop_words]
```

words2.py

```
1 import sys, re, string
2
3 def extract_words(path_to_file):
4     words = re.findall(r'[a-z]{2,}', open(path_to_file).read().lower())
5     stopwords = set(open('../stop_words.txt').read().split(','))
6     return [w for w in words if w not in stopwords]
```

frequencies1.py

```
1 import operator
2
3 def top25(word_list):
4     word_freqs = {}
5     for w in word_list:
6         if w in word_freqs:
7             word_freqs[w] += 1
8         else:
```

```
 9              word_freqs[w] = 1
10      return sorted(word_freqs.items(), key=operator.itemgetter(1), reverse=True)[:25]
```

frequencies2.py

```
1 import operator, collections
2
3 def top25(word_list):
4     counts = collections.Counter(word_list)
5     return counts.most_common(25)
```

## 解説

　このスタイルは、ソフトウェアを進化させカスタマイズを行うための主要な手段です。後から行う拡張を前提としたソフトウェアの開発には、閉鎖的なソフトウェアでは顕在化しない一連の課題が伴います。

　プログラムを見てみましょう。中心となるアイデアは、メインプログラムから重要な実装の詳細を取り除き、2つの関数を実行する「シェル」とすることです。ここでは、単語頻度アプリケーションを2つのステップに分割します。最初のステップextract_wordsは、入力ファイルを読み込み、ストップワードに該当しない単語のリストを生成します。2番目のステップtop25は、単語のリストを受け取り、単語の出現回数を数え、上位25の単語とその回数を返します。これら2つのステップはtf-20.pyの14行目 (#14) で実行されます。メインプログラムであるtf-20.pyは、関数tfwords.extract_wordsとtffreqs.top25がおそらく存在するであろうこと以外は、何も知らないことに注意してください。我々は、これらの関数の実装を後で選択できるようにしますし、このプログラムのユーザも独自の実装を提供したいと考えるかもしれません。

　プログラムの実行までには、どの関数を使うかが明らかになっている必要があります。これは設定ファイルにより外部から供給されます。そのため、使用する関数を呼び出す前にプログラムが最初に行うのは、対応するプラグインの読み込みです (#13)。load_plugins (#4-#11) は設定ファイルconfig.iniを読み込み (#5-#6)、2つの関数の設定を抽出 (#7-#8) します。設定ファイルはPluginsセクションに設定用の変数words (#7)とfrequencies (#8)を持ち、その値は事前にコンパイルされたPythonコードへのパスであることが想定されます。

　続く3行のコードを説明する前に、設定ファイルconfig.iniを見てみましょう。我々はINIファイルとして知られるプログラミングの世界で広くサポートされるフォーマットを使用します。Pythonでは標準ライブラリconfigparserモジュールで操作できます。INIファイルは非常にシンプルで、[セクション名]で示される1つ以上のセクションを持ち、その下に設定変数とその値がキーと値の組 (name=value)として、1行に1つずつ並びます[*1]。この例では、[Plugins]セクション (#1)に、設定変数words (#3)とfrequencies (#5) が設定されます。どちらの変数もファイルシステム上のパスを意味する値を持ちます。例えば、wordsにはplugins/words1.pycが設定されており、カレントディレク

---

[*1]　訳注：INIファイルフォーマットでは、一般的にセミコロンから行末までがコメントとして扱われる。

トリのサブディレクトリにあるファイルを使用することを意味しています。これらの変数の値を変更すれば、使用するプラグインが変更できます。

　tf-20.pyに戻りましょう。5〜8行目でこの設定ファイルを読み込むと (#5-#8)、続く3行 (#9-#11) で指定したファイルから動的にコードを読み込みます。このために、Pythonのimportlibモジュールを使用します。このモジュールは、import文内部へのリフレクションインターフェイスを提供します。9行目では、モジュールを意味する2つのグローバル変数tfwordsとtffreqsを宣言し (#9)、10行目と11行目で指定されたパスにあるコードを読み込み、これらの変数に束縛します (#10、#11)。importlib.machinery.SourcelessFileLoaderクラスはモジュール名とコンパイル済みのPythonファイルへのパスを受け取り、load_moduleメソッドでコードをメモリに展開し、コンパイル済みモジュールオブジェクトを返します。そのオブジェクトをモジュール名に束縛して、プログラムの残りの部分で使用できるようにします（具体的には14行目で使用される (#14)）。

　その他のプログラムソースは、単語頻度で使用される関数の異なる実装です。words1.pyとwords2.pyはextract_words関数の、frequencies1.pyとfrequencies2.pyはtop25関数を提供します[1][2]。

## システムデザインにおけるスタイルの影響

　ある関数の異なる実装を使用するためには、このスタイル以外にどのような手段が存在するのかを理解することが重要です。また、その手段の限界と、このスタイルの利点を理解することも、同様に重要です。

　ある関数の異なる実装を使用したい場合、ファクトリーメソッド（Factory Method）パターン等のよく知られたデザインパターンを使用して関数の呼び出し側を保護できます。呼び出し側は特定の実装を要求し、ファクトリーメソッドは適切なオブジェクトを返します。最も単純な形では、ファクトリーとはあらかじめ定義されたいくつかの選択肢に対する何らかの条件分岐です。実際、異なる実装を切り替える最も簡単な方法は、条件文です。

　条件文やそれに類する仕組みは、プログラム設計時に一連の選択肢が既知であることを前提とします。その場合、プラグインスタイルは過剰であり、単純なファクトリーメソッドパターンで十分です。しかし、選択肢が無限に存在する場合、条件分岐はすぐに破綻します。新しい選択肢が増えるたびに、ファクトリーコードを編集し、再コンパイルが必要となります。さらに、プログラムのソースコードにアクセスできない第三者にも選択を提供する場合には、ハードコードされた選択肢によりこの目標を達成することは不可能であり、動的なコードの読み込みが必要となります。最近のフレームワークでは、用途に応じたカスタマイズを可能とするために、このスタイルを採用しています。

　最近のオペレーティングシステムは、動的にリンクされる共有ライブラリ（Lunixの.soやWindows

---

[1]　このプログラムを動作させるには、これらのファイルを事前にコンパイルして.pycファイルを作る必要があることに注意。
[2]　訳注：.pycファイルは、Pythonソースである.pyをバイトコンパイルしたもの。python -m compileall .コマンドでカレントディレクトリの.pyファイルをすべてバイトコンパイルする。Python 2では、例えばa.pyをバイトコンパイルすると同じディレクトリにa.pycができたが、PEP 3147によりPython 3ではpycacheサブディレクトリの下に、a.\<tag\>.pycファイルができる。\<tag\>の部分はコンパイルを行ったPythonバージョンなどを含む文字列となる。

の.DLLなど)を介してこのスタイルをサポートしています。

　しかし、このスタイルで書かれたソフトウェアは、何十もの変更可能箇所を持ち、それぞれに多くの異なる選択肢があるため、乱用すると理解しにくい「設定地獄 (configuration hell)」に陥ります。さらに、異なる変更可能箇所の選択肢に依存関係がある場合、ソフトウェアが不可解なエラーを出力する可能性があります。これは、設定ファイルの記述が単純で、外部モジュール間の依存関係をうまく表現できていない可能性があります。

## 歴史的背景

　このスタイルの起源はよくわかっていません。スタンドアロンのアプリケーションをサードパーティのコードで拡張する必要性と、分散システムアーキテクチャという、2つの別々の作業から生じたものと思われます。

　1970年代にXerox PARCで設計され、Xerox社のStarワークステーション等で使用されたプログラミング言語Mesaには、一連のモジュールを完全なシステムに結合する方法を、リンカに知らせるための構成言語が提供されていました。C/Mesa (Mesa configuration language) と呼ばれるこの言語は (抽象的なモノのスタイルと同様に) インターフェイスモジュールと実装モジュールを分離しており、実装モジュールのエクスポートとインポートを結びつけることができたため、この仕組みをオペレーティングシステムのさまざまなバリエーションを組み立てるために使用しました。

　1980年代半ばになると、いくつかの高度なネットワーク制御システムが構築されました。システムは独立したコンポーネントが接続された集合体であり、コンポーネントは他のコンポーネントに置き換わる可能性があるため、システムを慎重に扱う必要がありました。そこで、そのための構成言語が提案されました。構成言語は、機能的な構成要素とその相互接続を分離するという概念を具現化し、「構成プログラミング」を別の関心事として提案したものです。この流れは1990年代まで続き、現在ソフトウェアアーキテクチャ (software architecture) と呼ばれ、構成言語はアーキテクチャ記述言語 (ADL：Architecture Description Languages) となりました。1990年代に提案された多くのADLは、強力ではあるものの、単にシステムを分析するための言語であり、実行可能なものではありませんでした。これは、当時主流であったC言語ベースのプログラミング言語技術では、実行時にコンポーネントをリンクすることが困難であったことが一因でした。実行可能なADLは、主流ではないニッチな言語を使用していました。

　1990年代には、すでにいくつかのデスクトップアプリケーションがプラグインをサポートしていました。例えば、Photoshopは非常に早い段階からその概念を持っていました。これにより、エンドユーザが追加するような画像フィルタとアプリケーションの主要機能がきれいに分離されています。またPCの持つハードウェアの有無により、画像処理機能をカスタマイズすることもできました。

　リフレクション機能を備えたプログラミング言語が主流となり、実行時にコンポーネントをリンクすることが自明であるかのように容易になったため、様相は一変しました。SpringなどのJavaフレームワークは、リフレクションによってもたらされる新しい機能を採用し始めます。そして、より多くの言語がリフレクション機能を備えると、このスタイルのシステムは「依存性注入 (dependency injection)」

や「プラグイン（plugin）」という名前で一般的になりました。この過程で、ADLはINIやXMLのような単純な宣言型構成言語に戻ります。

## 参考文献

Fowler, M. (2004), Inversion of control containers and the dependency injection pattern, http://www.martinfowler.com/articles/injection.html で公開されたブログ[1]

> マーチン・ファウラーによる、OOPフレームワークにおける制御の逆転（IoC：Inversion of Control）と依存性注入（DI：Dependency Injection）に関する解説。

Kramer, J., Magee, J., Sloman, M. and Lister, A. (1983), CONIC: An integrated approach to distributed computer control systems. *IEEE Proceedings* 130(1): 1-10.

> 初めてアーキテクチャ記述言語（ADL）と呼ばれたものについて書かれた論文

Mitchell, J., Maybury, W. and Sweet, R. (1979), Mesa Language Manual, Xerox PARC Technical Report CSL-79-3., http://bitsavers.trailing-edge.com/pdf/xerox/mesa/5.0_1979/documentation/CSL_79-3_Mesa_Language_Manual_Version_5.0_Apr79.pdf

> MesaはModulaに似た言語で、モジュール性の問題に重点を置いた非常に興味深い言語である。Mesaのプログラムは、インターフェイスを指定する定義ファイルと、インターフェイスの手続きを実装する1つ以上のプログラムファイルから構成されていた。MesaはModula-2やJavaなど、他の言語の設計に大きな影響を与えた[2]。

## 用語集

**サードパーティ開発（third-party development）**

> そのソフトウェアを開発している開発者とは異なるグループであるサードパーティにより行われるソフトウェア開発。通常サードパーティは、ソフトウェアのソースコードにはアクセスできない。

**依存性注入（dependency injection）**

> 関数やオブジェクト実装の動的インポートを可能とする一連の技術。

**プラグイン（plugin）**

> アドオン（addon）とも呼ばれる。再コンパイルを必要とせずに、実行中のアプリケーションに特定の動作を追加するソフトウェアコンポーネント。

---

[1] 訳注：マーチン・ファウラーのブログ（bliki）の1つ。この記事の日本語訳はhttps://kakutani.com/trans/fowler/injection.htmlで公開されている。

[2] 訳注：C/Mesaは、この言語マニュアルの「7.6. The Mesa configuration language, an introductory exampl」で解説されている。

# 演習問題

### 問題 20-1　別言語

スタイルを維持したまま、課題を別のプログラミング言語で実装せよ。

### 問題 20-2　別実装

extract_wordsの3つ目の実装を作成せよ。

### 問題 20-3　有限の選択肢

words1.py、words2.py、frequencies1.py、frequencies2.pyが、このプログラムで考えられる唯一の選択肢であるとした場合、プラグインスタイルを使用しない実装を示せ。

### 問題 20-4　出力の別実装

単語頻度の結果出力は、プログラムの最後にハードコードしている (#16-#17)。これをプラグインスタイルに変換せよ。結果を出力する2つの実装を提供すること。

### 問題 20-5　ソースコードのリンク

Pythonのソースコードも読み込めるようにload_plugins関数を修正せよ。

### 問題 20-6　別課題

本書の序章で示した課題を、このスタイルを使用して実装せよ。

# 第VI部
## ADVERSITY
# 異 常 事 態

　プログラムが実行される際、意図的（悪意ある攻撃）か非意図的（プログラマの見落としやハードウェアの予期せぬ故障）に関わらず、異常が発生することがあります。このような異常事態への対処は、プログラム設計の中でも最も複雑な作業の1つです。異常に対処するアプローチの1つは、異常に対する**見て見ぬふり**です。これは、(1) エラーは発生しないものとする、(2) エラーが発生しても気にしない、のどちらかです。この部を除き、本書では特定の制約に集中するために「見て見ぬふり」を方針としています。次の21章から25章、**構成主義、癇癪持ち、受動的攻撃、意図の宣言、検疫**は、プログラムが異常事態に対処するための5つの異なるアプローチを反映しています。これらはすべて**防御的プログラミング** (defensive programming) と呼ばれる、より一般的なプログラミングスタイルの一例であり、「見て見ぬふりスタイル」とは全く逆のものです。23章の最後で、最初の3つの防御的プログラミングを比較分析します。

## 21章

### CONSTRUCTIVIST
# 構 成 主 義
#### ―防御的プログラミング

## 制約

- すべての関数は引数の正当性を確認し、引数が妥当でない場合でも戻り値として妥当なものを返すか、引数に妥当な値を割り当てる。
- すべてのコードブロックは、エラーの可能性を確認し、問題が発生した場合にはブロックを抜け出し、適切な状態に設定した後に関数の残りの部分を実行し続ける。

## プログラム

```python
1  #!/usr/bin/env python
2  import sys, re, operator, string, inspect
3
4  #
5  # 関数定義
6  #
7  def extract_words(path_to_file):
8      if type(path_to_file) is not str or not path_to_file:
9          return []
10
11     try:
12         with open(path_to_file) as f:
13             str_data = f.read()
14     except IOError as e:
15         print(
16             f"I/O error({e.errno}) when opening {path_to_file}: {e.strerror}")
17         return []
18
19     pattern = re.compile(r'[\W_]+')
20     word_list = pattern.sub(' ', str_data).lower().split()
21     return word_list
```

```
22 def remove_stop_words(word_list):
23     if type(word_list) is not list:
24         return []
25
26     try:
27         with open('../stop_words.txt') as f:
28             stop_words = f.read().split(',')
29     except IOError as e:
30         print(f"I/O error({e.errno}) when opening {path_to_file}:
                 {e.strerror}")
31         return word_list
32
33     stop_words.extend(list(string.ascii_lowercase))
34     return [w for w in word_list if w not in stop_words]
35
36 def frequencies(word_list):
37     if type(word_list) is not list or word_list == []:
38         return {}
39
40     word_freqs = {}
41     for w in word_list:
42         if w in word_freqs:
43             word_freqs[w] += 1
44         else:
45             word_freqs[w] = 1
46     return word_freqs
47
48 def sort(word_freq):
49     if type(word_freq) is not dict or word_freq == {}:
50         return []
51
52     return sorted(word_freq.items(), key=operator.itemgetter(1), reverse=True)
53
54 #
55 # メインプログラム
56 #
57 filename = sys.argv[1] if len(sys.argv) > 1 else "../input.txt"
58 word_freqs = sort(frequencies(remove_stop_words(extract_words(filename))))
59
60 for tf in word_freqs[0:25]:
61     print(tf[0], '-', tf[1])
```

# 解説

このスタイルのプログラムは、起こり得る異常に対して注意を払い、異常を無視するのではなく構成主義的[*1]な対応を行い、サービスを完了できるように問題を修正するための実用的なヒューリスティックを使用します。また、サービスの呼び出し側と提供側で起こり得るエラーに対して、可能な限り合理的な動作に切り替わることでコードを保護し、プログラムを継続します。

プログラムを下から見ていきます。これまでの例では、ユーザがコマンドラインでファイル名を与えたかどうかを確認しませんでした。このような見て見ぬふりスタイルは、ファイル名の引数が与えられることを前提としているため、それがない場合にはプログラムがクラッシュします。一方、このプログラムはファイル名が指定されたかを確認し (#57)、指定されない場合には、既存のテスト用ファイルinput.txtの単語頻度を計算する代替動作に切り替わります。

同様のアプローチは、他の部分にも見られます。例えば、関数extract_wordsでは、与えられたファイルを開いて読み込む際にエラー[*2]が発生すると、それを認識して空の単語のリストを返します (#11-#16)。プログラムはその空の単語のリストを使用して動作を継続します。また、関数remove_stop_wordsでは、ストップワードを保持するファイルの操作でエラーが発生すると、受け取った単語リストを単にリターンして (#26-#31)、事実上ストップワードに対するフィルタリングを行いません。

エラーのもたらす不都合に対処する**構成主義**スタイルは、ユーザエクスペリエンスに非常に良い効果をもたらす可能性があります。しかし、慎重に考慮すべきいくつかの危険が伴います。

まず、プログラムがユーザに知らせることなく何らかの代替動作を行った場合、不可解な結果に見える可能性があります。例えば、入力ファイルを指定せずにプログラムを実行します。

```
$ python tf-21.py
mostly  -  2
live  -  2
africa  -  1
tigers  -  1
india  -  1
lions  -  1
wild  -  1
white  -  1
```

ユーザは、この結果をおそらく理解できません。これらの単語はどこから得られたのでしょうか。代替動作を行う場合、何が起きているのかをユーザに知らせる必要があります。

ファイルが存在しない場合、次のように動作するのが適切です。

```
$ python tf-21.py
I/O error(2) when opening foo: No such file or directory
```

---

[*1]  訳注：数学における構成主義 (constructivism) とは、ある数学的対象が存在することを証明するためには、具体的に見つけることを要求する考え方。このプログラムでは、例えばファイル名があるべきところに正しく存在するかを確認する。

[*2]  訳注：このプログラムではIOErrorをキャッチしているが、Python 3.3よりPEP 3151に従いEnvironmentError, IOError, WindowsError, VMSError, socket.error, select.error, mmap.errorがすべてOSErrorに統合された。

プログラムは空のリストで引き続き実行されますが、ユーザは何かが期待通りに機能していないことに気づくことができます。

第二の危険は、代替動作で使用されるヒューリスティックに関係するものです。場合により、明示的なエラーよりも混乱させたり、誤解させる可能性があります。例えば、（ユーザの指定した）ファイルが実際には存在しなかった場合、代わりにinput.txtを処理すると（#11-#16）、ユーザは、自分の指定したファイルの単語頻度が得られたと誤解します。これは明らかに誤りです。少なくとも、この代替戦略を取るのであれば、「そのファイルは存在しませんが、別のファイルの結果を示します」のようなメッセージでユーザに警告する必要があります。

## システムデザインにおけるスタイルの影響

一般的なコンピュータ言語やシステムの多くは、異常事態に対してここで紹介した手法を採用します。例えば、WebブラウザのHTMLページのレンダリングは構成主義的であることで有名です。たとえページに構文エラーや矛盾があったとしても、ブラウザは可能な限り最適なレンダリングを試みます。Pythonも、リストの長さを超える範囲を取得する場合など、多くの状況でこのアプローチを採用しています（序章の「**境界 (Bounds)**」を参照）。

最新のユーザ向けソフトウェアもこのアプローチをとる傾向があり、時にはその下にヒューリスティックな仕組みを備えていることもあります。検索エンジンにキーワードを入力する際、検索エンジンはユーザの入力を文字通りに解釈するのではなく、スペルミスを修正して正しい単語の結果を表示することがあります。

システムがほとんどの場合に対して正しく推測できるなら、入力エラーの背後にある意図を推測することは望ましい振る舞いです。人は、誤った推測をするシステムを信頼しません。

## 演習問題

**問題 21-1　別言語**

スタイルを維持したまま、課題を別のプログラミング言語で実装せよ。

**問題 21-2　別課題**

本書の序章で示した課題を、このスタイルを使用して実装せよ。

## 制約

- すべての手続きと関数は、引数の正当性を確認し、不当な場合は停止する。
- すべてのコードブロックは、考え得るすべてのエラーを確認し、エラーが発生した場合には固有のメッセージをログに記録し、エラーを呼び出し元に返す。

## プログラム

```python
1  #!/usr/bin/env python
2
3  import sys, re, operator, string, traceback
4
5  #
6  # 関数定義
7  #
8  def extract_words(path_to_file):
9      assert(type(path_to_file) is str), "I need a string!"
10     assert(path_to_file), "I need a non-empty string!"
11
12     try:
13         with open(path_to_file) as f:
14             str_data = f.read()
15     except IOError as e:
16         print(f"I/O error({e.errno}) when opening {path_to_file}:
               {e.strerror}! I quit!")
17         raise e
18
19     pattern = re.compile(r'[\W_]+')
20     word_list = pattern.sub(' ', str_data).lower().split()
21     return word_list
22
23 def remove_stop_words(word_list):
```

```
24      assert(type(word_list) is list), "I need a list!"
25
26      try:
27          with open('../stop_words.txt') as f:
28              stop_words = f.read().split(',')
29      except IOError as e:
30          print(f"I/O error({e.errno}) when opening ../stops_words.txt:
                {e.strerror}! I quit!")
31          raise e
32
33      stop_words.extend(list(string.ascii_lowercase))
34      return [w for w in word_list if w not in stop_words]
35
36 def frequencies(word_list):
37      assert(type(word_list) is list), "I need a list!"
38      assert(word_list != []), "I need a non-empty list!"
39
40      word_freqs = {}
41      for w in word_list:
42          if w in word_freqs:
43              word_freqs[w] += 1
44          else:
45              word_freqs[w] = 1
46      return word_freqs
47
48 def sort(word_freq):
49      assert(type(word_freq) is dict), "I need a dictionary!"
50      assert(word_freq != {}), "I need a non-empty dictionary!"
51
52      try:
53          return sorted(word_freq.items(), key=operator.itemgetter(1), reverse=True)
54      except Exception as e:
55          print(f"Sorted threw {e}")
56          raise e
57
58 #
59 # メインプログラム
60 #
61 try:
62      assert(len(sys.argv) > 1), "You idiot! I need an input file!"
63      word_freqs = sort(frequencies(remove_stop_words(extract_words(sys.argv[1]))))
64
65      assert(type(word_freqs) is list), "OMG! This is not a list!"
66      assert(len(word_freqs) > 25), "SRSLY? Less than 25 words!"
67      for (w, c) in word_freqs[0:25]:
68          print(w, '-', c)
69 except Exception as e:
```

```
70      print(f"Something wrong: {e}")
71      traceback.print_exc()
```

## 解説

　このスタイルは、前章と同様に防御的であり、可能性のあるエラーを確認します。しかし、異常を見つけた際の対応は全く異なります。

　このプログラムも下から見てみましょう。62行目では、コマンドラインでファイル名が指定されているかを確認するだけでなく、アサーションでファイル名が指定されなければならないことを示しています（#62）。assert文[*1]は、指定した条件が満たされないとAssertionError例外を投げます。

　同様のアプローチは、他の部分でも見られます。関数extract_wordsでは、引数が特定の条件を満たしていなければ例外を投げます（#9-#10）。その後、ファイルを開いて読み込む際に例外が発生した場合には、その場でキャッチします（#12-#17）。エラー内容のメッセージを表示し、外側に伝播するよう例外を投げます。同様のコード、すなわちアサーションとローカルな例外処理は、他の関数でも行われます。

　異常が発生した際にプログラムの実行を停止するのは、その異常による被害を避ける方法の1つです。多くの場合、代替戦略が常に適切でも望ましいとも限らないので、これが唯一の選択肢となる場合もあります。

　このスタイルは、前章の**構成主義 (constructivist)** スタイルとの共通点があります。それは、エラーを確認し、エラーの処理をエラーの発生した箇所で行う点です。異なるのは、**構成主義**スタイルの代替戦略は、それ自体がプログラムの興味深い特徴であるのに対し、**癇癪持ち (tantrum)** スタイルの後片付けと終了コードは、一般的な振る舞いであるところです。

　その場で行うエラー処理は、C言語をはじめとする例外を持たない言語で書かれたプログラムでは特に顕著です。Cのプログラムでは、問題を未然に防ぐためにエラーの発生を局所的に確認し、エラーが発生した場合には、妥当な代替手段を使用するか（**構成主義**スタイルの場合）、ここで説明したスタイルにより関数から脱出します。Cのように例外処理のない言語では、関数からの戻り値として、負の整数、NULLポインタ、グローバル変数（例：errno）などを用いてエラーの発生を示し、呼び出し側でそれを確認します。

　この方法で異常に対処すると、冗長な定型的なコードになりがちで、関数本来の目的をわかりにくくします。このスタイルで書かれたプログラムでは、1行の関数呼び出しの後にさまざまなエラーを確認する一連の条件分岐ブロックが長く続き、それぞれのブロックでそれぞれのエラーを返します。

　この冗長性を回避するために、経験を積んだCプログラマはgoto文を利用することがあります。gotoの主な利点の1つは、非局所的な脱出を可能にすることです。関数からの出口を1つにできる代わりに、関数本来の目的を覆い隠してしまうようなエラー対処のための定型コードを避けられます。goto

---

[*1] 訳注：Pythonのassertは文 (statement) であり関数ではない。原文ではassert functionとなっていたが、assert文とした。assertの構文は、assert 式1[, 式2] であり、このプログラムでは式1を () で囲っているため、関数呼び出しのように見える。なお、Python起動時にコマンドラインオプション -O をつけて実行すると、assert文が実行されない。https://docs.python.org/ja/3/reference/simple_stmts.html#the-assert-statement を参照。

を使用すると、エラー処理を抑制された簡潔な形式で表現できます。しかし、gotoはいくつもの正当な理由により、主流のプログラミング言語では長い間推奨されておらず、完全に禁止されてきました。

## システムデザインにおけるスタイルの影響

コンピュータは賢い機械ではないため、何をすべきか正確かつ明確に指示する必要があります。コンピュータのソフトウェアもその特徴を持ちます。多くのソフトウェアシステムは、（ユーザや他のコンポーネントからの）間違った入力の背後にある意図を推測する努力をしません。単に実行を止めてしまう方がずっと簡単でリスクもないからです。そのため、このようなスタイルは多くのソフトウェアに広く見られる傾向です。さらに悪いことに、多くの場合エラーは理解しがたいエラーメッセージを伴い、対処方法に関する情報を提供しません。

異常事態に対して悲観的に対処するのであれば、少なくとも利用者に対して何を期待するのか、その関数またはコンポーネントがなぜ実行を中止するのかを知らせる必要があります。

## 参考文献

IBM (1957), The FORTRAN automatic coding system for the IBM 704 EDPM., http://www.softwarepreservation.org/projects/FORTRAN/manual/Prelim_Oper_Man-1957_04_07.pdf

FORTRANのマニュアル。考えられるエラーコードとその対処法の長い表を含む。この表には、マシン（ハードウェア）エラーと人為的（ソフトウェア）エラーが混在している。人為的エラーは構文的なものもあれば、もう少し興味深いものもある。例えば、430エラーは「Program too complex. Simplify or do in 2 parts (too many basic blocks)」（プログラムが複雑すぎる。単純化するか2つに分ける必要がある（基本ブロックが多すぎる））を意味する。

## 用語集

エラーコード（error code）

特定のコンポーネントの障害を示す列挙されたメッセージ。

## 演習問題

問題 22-1　別言語

スタイルを維持したまま、課題を別のプログラミング言語で実装せよ。

問題 22-2　別課題

本書の序章で示した課題を、このスタイルを使用して実装せよ。

## 制約

- すべての手続きや関数は引数の正当性を確認し、引数が不都合な場合は処理を継続せずに関数から抜け出す。
- 他の関数を呼び出す際、意味のある対応ができる立場にある場合にのみエラーを確認する。
- 例外処理は、関数呼び出し連鎖の上位かつ意味のある場所であればどこででも行う。

## プログラム

```python
1  #!/usr/bin/env python
2  import sys, re, operator, string
3
4  #
5  # 関数定義
6  #
7  def extract_words(path_to_file):
8      assert(type(path_to_file) is str), "I need a string! I quit!"
9      assert(path_to_file), "I need a non-empty string! I quit!"
10
11     with open(path_to_file) as f:
12         data = f.read()
13     pattern = re.compile(r'[\W_]+')
14     word_list = pattern.sub(' ', data).lower().split()
15     return word_list
16
17 def remove_stop_words(word_list):
18     assert(type(word_list) is list), "I need a list! I quit!"
19
20     with open('../stop_words.txt') as f:
21         stop_words = f.read().split(',')
22     # 1文字を単語として追加
```

```
23    stop_words.extend(list(string.ascii_lowercase))
24    return [w for w in word_list if w not in stop_words]
25
26 def frequencies(word_list):
27    assert(type(word_list) is list), "I need a list! I quit!"
28    assert(word_list != []), "I need a non-empty list! I quit!"
29
30    word_freqs = {}
31    for w in word_list:
32        if w in word_freqs:
33            word_freqs[w] += 1
34        else:
35            word_freqs[w] = 1
36    return word_freqs
37
38 def sort(word_freqs):
39    assert(type(word_freqs) is dict), "I need a dictionary! I quit!"
40    assert(word_freqs != {}), "I need a non-empty dictionary! I quit!"
41
42    return sorted(word_freqs.items(), key=operator.itemgetter(1), reverse=True)
43
44 #
45 # メインプログラム
46 #
47 try:
48    assert(len(sys.argv) > 1), "You idiot! I need an input file! I quit!"
49    word_freqs = sort(frequencies(remove_stop_words(extract_words(sys.argv[1]))))
50
51    assert(len(word_freqs) > 25), "OMG! Less than 25 words! I QUIT!"
52    for tf in word_freqs[0:25]:
53        print(tf[0], '-', tf[1])
54 except Exception as e:
55        print(f"Something wrong: {e}")
```

## 解説

　このスタイルは前のスタイルと同様に、呼び出し元の誤り（事前条件）や一般的な実行時エラーを、後続の実行をスキップすることで対処します。しかし、**癇癪持ち**スタイルとは方法が異なります。声高に癇癪を撒き散らすかのように、エラー処理コードをプログラム中に分散させるのではなく、エラー処理は1ヶ所にまとめられます。それでも、後続の関数を実行しないという結果は同じです。これが、異常事態に立ち向かう受動的攻撃（passive aggressive）[*1]行動です。

　プログラムを見てみましょう。癇癪持ちスタイルのように、関数は入力引数の妥当性を確認し、妥当でない場合は直ちにエラーを返します（#8-#9、#18、#27-#28、#39-#40、#48、#51）。癇癪持ちスタイルとは異

---

[*1]　訳注：受動的攻撃とは、怒りを直接表現するのではなく、消極的、間接的な行動や態度でそれを表現すること。

なり、ライブラリ関数など他の関数を呼び出すことで発生する可能性のあるエラーは、呼び出した時点では明示的に処理されません。例えば、入力ファイルのオープンと読み込みはtry-except節で守られていません (#11-#12)。そこで例外が発生した場合は単にその関数の実行が中断され、例外ハンドラに到達するまで例外を呼び出し連鎖 (call chain) の上に渡すだけです。このプログラムでは、呼び出し連鎖の最上位であるメインプログラムに、そのハンドラがあります (#54-#55)。

　ある種のプログラミング言語は、設計上受動的攻撃スタイルのサポートに否定的であり、構成主義スタイルや癇癪持ちスタイルを推奨しています。C言語はその良い例です。しかし、例外をサポートしない言語として知られる主流のプログラミング言語であっても、このスタイルの使用は技術的に可能です。2つ例を挙げましょう。(1) HaskellはExceptionモナドによりこのスタイルをサポートしており、例外に対する特別な言語サポートはありません。(2) 経験を積んだCプログラマの多くは、エラー処理コードをより適切にモジュール化するためにgotoを受け入れるようになり、その結果、エラー処理はより受動的攻撃スタイルになりました。

## 歴史的背景

　例外 (exception) は1960年代半ばにPL/Iで初めて導入されましたが、多少物議をかもしました。例えば、ファイルの終端に到達することは例外とみなされていました。1970年代初めには、LISPにも例外処理が導入されました。

## 参考文献

Abrahams, P. (1978), The PL/I Programming Language, Courant Mathematics and Computing Laboratory, New York University, http://www.iron-spring.com/abrahams.pdf
　PL/Iの仕様。PL/Iは、いくつかの例外をサポートした最初の言語。

## 用語集

例外 (exception)
　プログラムの実行において、通常の期待値から外れた状況のこと。

## 演習問題

問題 23-1　別言語
　スタイルを維持したまま、課題を別のプログラミング言語で実装せよ。

問題 23-2　異常
　このプログラムで異常を発生させ、その異常に直面した際にプログラムがどのような挙動を示すかを説明せよ。個々の関数の異常とプログラム全体の異常の両方を対象とする。ヒント：プログラムの実行が失敗するようなテストケースを作成する。

**問題 23-3　マスター例外オブジェクト**

10章で紹介したような「マスターオブジェクト」を使用して、例外を模倣する単語頻度プログラム作成せよ。そのために、メインプログラムはtry-catchブロックを持たないことが望ましい。代わりにマスターオブジェクトに例外をキャッチさせる。マスターオブジェクトは、計算を行い、各ステップでエラーが発生したかを確認し、エラーが発生した場合はそれ以降の関数を呼び出さない。例えば、ストップワードファイルに誤ったファイル名を付けてテストしてみる。この章のコードから始めてもよいし、10章のコード（あるいは他の言語で作成したもの）から始めてもよい。出来上がったプログラムのメインプログラムは、bindを用いて関数やオブジェクトを連結する必要がある。

**問題 23-4　別課題**

本書の序章で示した課題を、このスタイルを使用して実装せよ。

---

## 構成主義 vs. 癇癪持ち vs. 受動的攻撃

3つのスタイル、「構成主義」「癇癪持ち」「受動的攻撃」は、異常事態に対処するための3つの異なる手法を反映しています。

異常事態に対処するという特定の目的のために、gotoに代わる構造化された、行儀の良い、抑制されたものとして例外は導入されました。例外は、プログラムの任意の場所にジャンプすることはできませんが、呼び出し連鎖内の任意の関数に戻ることができ、不必要な定型コードを排除できます。例外は、行く手を阻む障害に対する、より抑制された抗議の形です。ある意味で受動的攻撃（「今は抗議しないが、これは正しくない。いずれ抗議する」）と言えます。

しかし、例外をサポートする言語で書かれたすべてのプログラムが、ここで示したような異常に対する受動的攻撃スタイルであるとは限りません。これには2つの要因が考えられます。

例外について学び始めた比較的経験の浅いプログラマは、まず直感的に癇癪持ちスタイルを使用します。なぜなら、エラーの発生する場所で局所的な確認を行わずにエラーを放っておくことに抵抗があるからです。例外の仕組みに自信を持てるようになるには、それなりの時間が必要です。また、プログラミング言語が癇癪持ちスタイルを助長しているケースもあります。例えばJavaは、例外を静的に確認します。このため、プログラマは、単に例外を無視したいときには、メソッドのシグネチャで例外を宣言しなければなりません[*1]。例外をメソッドシグネチャで宣言するのは時間のかかる負担となるため、例外が発生する可能性のある場所で局所的に例外をキャッチする方が簡単な場合が多く、結果として例外を撒き散らすコードになります。局所的に例外をキャッチして、例外ではなくエラーコードを関数から返すことで、C言語的な癇癪持ちスタイルを使用するJavaプログラムは珍しくありません。

---

*1　訳注：Javaの例外は、Checked ExceptionとUnchecked Exceptionに大別される。静的に確認され、メソッドシグネチャに宣言が必要なのは、Checked Exception。一方、RuntimeExceptionから派生するUnchecked Exceptionは、メソッドシグネチャへの宣言は要求されない。

　一般的に、異常事態に対処する場合「癇癪持ち」よりも「受動的攻撃」の方が好まれます。例外から回復する方法が明確でない場合、早すぎるタイミングで例外をキャッチ（言い換えると「抗議」）するべきではありません。また、例外が発生したことを記録するためだけに例外を発生させるべきでもありません。コールスタックはキャッチされた場所に関係なく例外情報の一部となります。多くの場合、問題に対処するための適切な場所は、関数の呼び出し元か、さらにその上です。したがって、異常が発生した際にその場で行うべき有意義な処理がない限り、例外は呼び出し連鎖の上に送るのが望ましいのです。

　ただし多くのアプリケーションでは、構成主義スタイルは他の2つのスタイルに比べていくつかの利点を持ちます。関数の引数に誤りがあった場合には妥当な代替値を想定し、関数内で問題が発生した場合には妥当な代替動作を行うことで、プログラムを続行させ、本来やるべき作業に最善を尽くせるからです。

# 24章

DECLARED INTENTIONS
# 意図の宣言
―――――型注釈

## 制約

- 型を強制する仕組みが存在する。
- 手続きや関数は、期待する引数の型を宣言する。
- 呼び出し側が期待しない型の引数を渡した場合、型エラーが発生し、手続きや関数は実行されない。

## プログラム

```python
1  #!/usr/bin/env python
2  import sys, re, operator, string, inspect
3
4  #
5  # メソッド呼び出しで引数の型を強制するためのデコレータ
6  #
7  class AcceptTypes:
8      def __init__(self, *args):
9          self._args = args
10
11     def __call__(self, f):
12         def wrapped_f(*args):
13             for i in range(len(self._args)):
14                 if type(args[i]) != self._args[i]:
15                     raise TypeError(
                            f"Expecting {self._args[i]} got {type(args[i])}")
16             return f(*args)
17         return wrapped_f
18 #
19 # 関数定義
20 #
21 @AcceptTypes(str)
```

```
22 def extract_words(path_to_file):
23     with open(path_to_file) as f:
24         str_data = f.read()
25     pattern = re.compile(r'[\W_]+')
26     word_list = pattern.sub(' ', str_data).lower().split()
27     with open('../stop_words.txt') as f:
28         stop_words = f.read().split(',')
29     stop_words.extend(list(string.ascii_lowercase))
30     return [w for w in word_list if w not in stop_words]
31
32 @AcceptTypes(list)
33 def frequencies(word_list):
34     word_freqs = {}
35     for w in word_list:
36         if w in word_freqs:
37             word_freqs[w] += 1
38         else:
39             word_freqs[w] = 1
40     return word_freqs
41
42 @AcceptTypes(dict)
43 def sort(word_freq):
44     return sorted(word_freq.items(), key=operator.itemgetter(1), reverse=True)
45
46 word_freqs = sort(frequencies(extract_words(sys.argv[1])))
47 for (w, c) in word_freqs[0:25]:
48     print(w, '-', c)
```

## 解説

　プログラミングの異常には、「型の不一致」というカテゴリがあります。これはコンピュータの歴史の中で非常に早い時期から問題視されてきました。関数が引数として期待した型と実際に渡された型が異なっていたり、関数が返した型と呼び出し元が扱う型が異なる場合などです。異なる型の値は通常異なるメモリサイズを持つため、型の不一致が発生すると意図しないメモリの上書きが発生し、一貫性が失われる可能性があります。

　少なくともプログラム実行中に起こり得るあらゆる異常と比較すれば、幸いにもこの異常は比較的容易に対処可能です。この問題は、主流のプログラミング言語では長い間、**型システム** (type systems) により解決されてきました。現代的なすべての高級プログラミング言語は型システムを持ち[1]、データ型はプログラム開発および実行のさまざまなタイミングで検査されます。

　Pythonも非常に強力な型システムを持ちます。例えば、以下のような値に対してインデックスでアクセス可能です。

---

[1]　型を強制する強さは、型システムにより異なる。

```
>>> ['F', 'a', 'l', 's', 'e'][3]
's'
>>> "False"[3]
's'
```

しかし、別の値では型エラーが発生します。

```
>>> False[3]
Traceback (most recent call last):
  File "<stdin>", line 1, in <module>
TypeError: 'bool' object has no attribute '__getitem__'
```

ブール値Falseの4文字目「s」をインデックスで指定した我々の試みに惑わされず、Pythonインタープリタは要求を拒否して例外を発生させました。

　Pythonは動的に型の検査を行います。つまり、型検査はプログラムの実行時にのみ行われます。事前に型検査を行う他の言語は、静的型付け言語と呼ばれます。JavaやHaskellは静的型検査を行うプログラミング言語の代表格です。JavaとHaskellは、静的型検査を行いますがそのアプローチは正反対です。Javaは変数の型を明示的に宣言する必要がありますが、Haskellは型推論機能により暗黙の型宣言をサポートしています。

　実験的に証明されたものではありませんが、ランタイムエラーを待つのではなく事前に値の型を知ることは、特に大規模で複数人が参加するプロジェクトの開発において優れたソフトウェアエンジニアリングの実践であると、多くの人が信じています。この確信が、本章で紹介するスタイル、**意図の宣言**(declared intentions)スタイルの基礎になっています。

　プログラムを見てみましょう。これまでのスタイルと同様に関数の抽象化を使用して、主要な3つの関数extract_words (#22-#30)、frequencies (#33-#40)、sort (#43-#44) を定義しています。これらの関数は、渡される引数が特定の型である場合にのみ適切に動作することがわかっています。例えば、関数extract_wordsは呼び出し元がリストを渡すと動作しません。その事実を隠蔽するのではなく、呼び出し元に公開できます。

　このプログラムでは、各関数定義の直前に配置した@AcceptTypes(...)でこれを実現しています (#21、#32、#42)。これは、Pythonの**デコレータ**(decorator)で実装されています。デコレータはソースコードを変更せずに関数、メソッド、クラスを変更できるようにするPythonのリフレクション機能の一種です。デコレータは、使用されるたびに新しいデコレータインスタンスを生成します[*1]。このデコレータをもう少し詳しく見てみましょう。

　AcceptTypesデコレータのコンストラクタ (#8-#9) は、使用される場所それぞれで実行されます。このコンストラクタは、引数としてstr (#21)、list (#32)、dict (#42) を受け取り、単にそれを保存するだけです。デコレータの対象関数が呼び出されると、まずデコレータの__call__メソッド (#11-#17) が

---

[*1]　この言語機能は、「19章　横断的関心：アスペクト指向」の演習で取り上げた。実際、型宣言はプログラムのアスペクトの1種と考えられる。

呼び出され、関数に渡された引数の型が、関数の宣言時に指定された型と同じかを調べます（#13-#14）。もし異なっていれば、型エラー（TypeError）が発生します。このようにして、引数が期待値と一致しない場合には関数が実行されないことを保証します。しかし、より重要なのは、関数の呼び出し側に対して意図を表明している点です。

　ここで一旦立ち止まり、このスタイル自身と、スタイルがプログラムでどのように使用されるかに関して、3つの関連する質問を考えてみる必要があります。

### この型注釈と Python 組み込みの型システムとの違いは何か

この型注釈は、既存の型システムよりも受け入れ可能な型を細かく絞り込める。例えば、frequencies関数（#33-#40）を見てみよう。35行目で引数word_listを反復可能（iterable）な値として使用する（#35）。Pythonはさまざまな反復可能な型を持つ。リスト、辞書、タプル、そして文字列が反復可能な組み込み型の例である。32行目の型注釈は、リストだけを想定しており（#32）、それ以外は対象ではないことを示す。Pythonの型に対するアプローチは主に**ダックタイピング**（duck typing）である。つまり値は、それが何をするかで識別される（もしそれがアヒルのように歩き、アヒルのように泳ぎ、アヒルのように鳴くなら、それはアヒルである）。この型注釈は**公称型**（nominal typing）であり、型の名前が型検査の基礎となる。

### この型宣言は静的型付けと同じか

異なる。このデコレータの型検査は、実行前ではなく実行時に行われる。その点で、このデコレータが行うのはPythonの型検査のアプローチとあまり変わらない。型に対するPythonの考え方により静的な型検査を実装するのは非常に困難であるが、Python 3.xでは新しい機能、関数注釈によりそれに近いものを提供する。しかし、型注釈は、引数の型に関する期待値を**暗黙的**ではなく**明示的**にするのであり、関数の呼び出し側に対する文書化および警告として機能する。それがこのスタイルの核心である。

### 意図の宣言（Declared Intentions）スタイルと、前の 2 つのスタイルとの違いは何か

意図の宣言スタイルは、異常の1カテゴリである型の不一致のみに適用される。先の2つのスタイルのプログラムは型だけでなく、与えられた引数が空か、特定のサイズを持つかなどを確認した。このような条件を型のみで表現するのは不可能ではないが、厄介である。

## 歴史的背景

　プログラミング言語の型は長い進化を遂げており、現在もなお発展し続けています。コンピュータの初期には、データ値は数値型しかなく、その値に対する演算が意味をなすかどうかは、すべてプログラマに委ねられていました。1954年、FORTRANの設計者は整数と浮動小数点数の区別を行いましたが、その区別は変数名の最初の文字で行いました[*1]。この一見単純な決定が、プログラミング言語の進化に大きな影響を与えることになります。

---

[*1]　訳注：型宣言を行わない場合、暗黙の型宣言により変数名が$i$～$n$で始まる変数は整数型、それ以外の変数は実数型（浮動小数点数）と解釈された。

数年後、Algol 60は整数、実数、ブール値に対する変数宣言を導入し、この区別をさらに進めました。FORTRANにおける単純な整数と浮動小数点数の区別を超えて、Algol 60は主要な言語として初めてコンパイル時の型検査をサポートしました。1960年代には、多くの言語がAlgol 60の型概念を発展させ、PL/I、Pascal、Simulaなどの言語がプログラミング言語における型の進化に大きく貢献しました。

1960年代末には、静的型システムがプログラミング言語において確固たる地位を得ていることは明らかでした。Algol 68は、第一級の値としての手続き、多種多様なプリミティブ型、型コンストラクタ、型の等価性規則、型強制規則を含む、多くの人が使い物にならないと思うほど非常に複雑な型システムを持っていました。Algolは、その後の主要なプログラミング言語のほぼすべての設計に影響を与えることになりますが、静的型検査はその影響と共に多くの言語に持ち込まれました。

同時期にはこの研究と並行して、リストといくつかの原始的なデータ型のみからなる非常にシンプルな型システムを伴いLISPが生まれました。この単純さは、LISPのベースとなったラムダ計算の理論的研究に由来するものです。その後何年にもわたり、型システムはより複雑になりましたが、基本は変わりません。値には型がありますが変数は型を持ちません。これが動的型付けの基礎です。

1960年代後半、最初のオブジェクト指向言語であるSimulaは型の概念をクラスにまで拡張しました。クラスのインスタンスは、クラス型の変数に代入できます。このクラス型が提供するインターフェイスは、宣言された手続きとデータで構成されていました。その後のすべてのオブジェクト指向言語は、このコンセプトに基づいて作られています。

1970年代、**型付き**ラムダ計算に影響を受けた関数型プログラミング言語MLの研究により、明示的な型注釈を必要とせずに式の型を静的に推論できる型システムの一群が誕生しました。Haskellはこのカテゴリに分類されます。

20章で説明したように、物理的なモジュール化を念頭に設計されたMesaは、モジュールの実装と型付きインターフェイスを分離しました。現在、その考え方はJavaやC#などに見ることができます。

型システムに関する研究はまだ発展途上です。研究者の中には、プログラミングにおけるあらゆる異常事態は、高度な静的型システムで対処できると考えている人もいます。この考え方は、型の新しい使い方を考案し続ける強い動機となっています。最近の研究では、静的型検査を任意にオン・オフできるようにしたものもあります。

## 参考文献

Cardelli, L. (2004), Type systems, *CRC Handbook of Computer Science and Engineering* 2nd ed. Ch 97. CRC Press, Boca Raton, FL.

プログラミング言語の型と型システムの概要を説明した、最も優れた書籍の1つ。

Hanenberg, S. (2010), An experiment about static and dynamic type systems. *ACM Conference on Object-Oriented Programming, Systems, Languages and Applications* (OOPSLA '10).

静的型検査と動的型検査の論争では、長年にわたって多くのことが語られてきた。現在までに、一方が他方より優れているという強力な経験的証拠は見出されていない。この議論では、伝聞や個人の好みを中心に繰り広げられる傾向があるが、これは何らかの方法で科学的な証拠を見つけ

ようとする数少ない研究の1つ。

## 用語集

**動的型検査（dynamic type checking）**

プログラムの実行中に行われる型の強制。

**明示型（explicit types）**

言語構文の一部である型宣言。

**暗黙型（implicit types）**

言語構文に存在しない型。

**静的型検査（static type checking）**

プログラムの実行前に行われる型の強制。

**型強制（type coercion）**

データ値をある型から別の型に変換すること[*1]。

**型推論（type inference）**

式の文脈などから自動的に式の型を求める処理。

**型安全性（type safety）**

型の不一致を検出できないまま命令を実行しないことを、プログラムが保証すること。

## 演習問題

**問題 24-1　別言語**

スタイルを維持したまま、課題を別のプログラミング言語で実装せよ。

**問題 24-2　戻り値**

この AcceptTypes デコレータは、関数の入力引数に対してのみ動作する。関数の戻り値に対しても、同じような働きをする ReturnTypes デコレータを作成せよ。次のように使用する[*2]。

```
@ReturnTypes(list)
@AcceptTypes(str)
def extract_words(path_to_file):
    ...
```

---

[*1]　訳注：型強制による変換は暗黙的に行われる。一方、型変換（type conversion）は、明示的に指定される場合もあれば暗黙的に行われる場合もあり、型キャスト（typecasting）とも呼ばれる。

[*2]　訳注：Python 3.5で導入された型ヒントを使用すると、変数の型や関数の戻り型を指定できる。例えば例題の関数は def extract_words(path_to_file: str) -> list: と書ける。ただし、型ヒントは注釈的な扱いであるため、誤っていても何も影響はない。Patrick Viafore、*Robust Python*、O'Reilly、2021（鈴木駿監訳、長尾高弘訳『ロバストPython』、オライリー・ジャパン、2022）には、型ヒントを用いるエディタのコード入力自動補完や、静的解析ツールによる型検査を行う例が紹介されている。

## 問題24-3 　静的型検査

Python 3.xを使用して、静的型検査を行う仕組みを提案せよ。その仕組みをいくつかの課題プログラムで使用する。ヒント：関数注釈を使用する。

## 問題24-4 　別課題

本書の序章で示した課題を、このスタイルを使用して実装せよ。

# 25章

QUARANTINE
# 検　　疫
## ——純粋関数と不純関数

## 制約

- プログラムの中核となる関数は、IO を含めて、いかなる種類の副作用も持たない。
- すべての IO アクションは、純粋関数から明確に分離された計算シーケンスに保持される必要がある。
- IO を持つすべてのシーケンスは、メインプログラムから呼び出されなければならない。

## プログラム

```python
1  #!/usr/bin/env python
2  import sys, re, operator, string
3
4  #
5  # 検疫(quarantine)クラス
6  #
7  class TFQuarantine:
8      def __init__(self, func):
9          self._funcs = [func]
10
11     def bind(self, func):
12         self._funcs.append(func)
13         return self
14
15     def execute(self):
16         def guard_callable(v):
17             return v() if callable(v) else v
18
19         value = lambda : None
20         for func in self._funcs:
21             value = func(guard_callable(value))
22         print(guard_callable(value))
```

```
23
24  #
25  # 関数定義
26  #
27  def get_input(arg):
28      def _f():
29          return sys.argv[1]
30      return _f
31
32  def extract_words(path_to_file):
33      def _f():
34          with open(path_to_file) as f:
35              data = f.read()
36          pattern = re.compile(r'[\W_]+')
37          word_list = pattern.sub(' ', data).lower().split()
38          return word_list
39      return _f
40
41  def remove_stop_words(word_list):
42      def _f():
43          with open('../stop_words.txt') as f:
44              stop_words = f.read().split(',')
45          # 1文字を単語として追加
46          stop_words.extend(list(string.ascii_lowercase))
47          return [w for w in word_list if w not in stop_words]
48      return _f
49
50  def frequencies(word_list):
51      word_freqs = {}
52      for w in word_list:
53          if w in word_freqs:
54              word_freqs[w] += 1
55          else:
56              word_freqs[w] = 1
57      return word_freqs
58
59  def sort(word_freq):
60      return sorted(word_freq.items(), key=operator.itemgetter(1), reverse=True)
61
62  def top25_freqs(word_freqs):
63      top25 = ""
64      for tf in word_freqs[0:25]:
65          top25 += str(tf[0]) + ' - ' + str(tf[1]) + '\n'
66      return top25
67
68  #
69  # メインプログラム
```

```
70 #
71 TFQuarantine(get_input)\
72  .bind(extract_words)\
73  .bind(remove_stop_words)\
74  .bind(frequencies)\
75  .bind(sort)\
76  .bind(top25_freqs)\
77  .execute()
```

## 解説

　このスタイルでは、これまでと異なる関数合成を使用していますが、その制約は非常に興味深く、最初の制約は「中核となるプログラムはIOが行えない（プログラムの外界とやり取りできない）」です。ファイルを読み込み、結果を画面に出力するという単語頻度プログラムにとって、この制約は不可解な問題を引き起こします。つまり、『高慢と偏見』のテキストファイルを読み込めず、画面に出力できないとしたら、プログラムは何を行えば良いのでしょう。実際、ユーザやファイルシステム、ネットワークと何らかのやり取りをしないプログラムは何を行うのでしょうか。

　その方法を説明する前に、**なぜ**このような一見不合理な制約の下でプログラムしなければならないのかを考えます。プログラムの関数が外の世界と相互作用する必要がある際には、常に数学的関数の「純粋さ」を失います。単なる入力と出力の関係ではなくなり、別の方法でデータを取得し外部に漏らします。このような「不純な (impure)」関数は、ソフトウェア工学の観点からは扱いが難しくなります。例えば、受動的攻撃スタイルの関数extract_words (#34) を振り返ってみましょう。この関数を全く同じpath_to_file引数で2回呼び出したときに、全く同じ単語リストが得られるという保証はありません。例えば、2回呼び出す間に誰かがファイルを置き換えるかもしれません。外界が予測不能であるため、「不純な」関数は「純粋な」関数よりも（例えば、テストするための）前提を置くことが困難です。そのため、プログラム設計のある種の哲学では、IOを避けるか、少なくとも最小限にすることを求めています[*1][*2]。この章のスタイルは、この設計思想とHaskellのIOモナドから影響を受けています。つまり、すべてのIOを次のように全面的に隔離します。

　ここではプログラムの中核となる関数、すなわち一階関数はIOを行いません。それらは、同じ引数で複数回呼び出しても常に同じ結果が得られるという意味で「純粋」である必要があります。しかし、高階関数の返す関数ではIOを行えることにします。そこで、全体的なアプローチとして、「IOに感染した」すべてのコードを高階関数でラップします。それらをシーケンスとして保存し、IOを行えるメインプログラムの中でのみ、そのシーケンスを実行します。

　プログラムを見てみましょう。まず、関数定義を確認します (#27-#66)。関数には、IO（外界とやり取り）を行うものと行わないものがあります。IOを行う関数は3つ存在し、(1) get_input (#27-#30) がコ

---

[*1] 「I/Oは有害 (I/O Considered Harmful)」というタイトルのエッセイが書かれても良さそうだが、実際コンピュータサイエンス教育に関する論文として、すでに存在している。

[*2] 訳注：プログラミングの学習では、データを入力したり結果を表示するためにIOを学ぶ必要があるが、複雑なIOについて初期段階で学ぶ必要が生じるのは有害であるとの論文がある。https://dl.acm.org/doi/10.1145/299359.299390

マンドラインからファイル名を受け取り、(2) extract_words (#32-#39) がファイルを開いて読み込み、(3) remove_stop_words (#41-#48) はストップワードのファイルを開いて読み込みます。他の3つの関数、frequencies、sort、top25_freqsは、これまでと同じ意味で「純粋」であり、入力が同じであれば、外界と相互作用せずに常に同じ出力を生成します。IOを行う関数を特定し、他の関数から分離するために、これらの関数本体を高階関数に抽象化します[*1]。

```
def func(arg):
    def _f():
        ...body...
    return _f
```

こうすることで、一階関数が「純粋」な関数になります。つまり関数呼び出しは、副作用なしに常に同じ値（ここでは内部関数）を返します。Pythonインタープリタからget_inputを呼び出した際の挙動を見てみましょう[*2]。

```
>>> get_input(1)
<function _f at 0x01E4FC70>

>>> get_input([1, 2, 3])
<function _f at 0x01E4FC30>

>>> get_input(1)
<function _f at 0x01E4FC70>

>>> get_input([1, 2, 3])
<function _f at 0x01E4FC30>
```

get_input, extract_words, remove_stop_wordsは、IOのコードがプログラムのトップレベルで実行されないように隔離します。トップレベルでは、これらの関数は何もせず単に関数を返すだけなので、扱いは簡単です。関数呼び出しは完全に安全です。関数の返す（内部）関数は、まだ実行されていないので、外の世界には何の影響も及ぼしません。他の3つの「純粋な」関数は、通常の直接的な方法で記述されています。

しかし、IOに感染した関数の実行を遅らせるのであれば、実際に関数を実行して、ファイルを読み、単語を数え、文字を表示するにはどうしたらよいでしょうか。まず最初に気づくように、これは機能し

---

[*1] 訳注：Haskellでは、IOを行う関数はIOを行った結果を返すのではなく、アクションを返す。関数が実行された時点ではアクションは評価されず、外界とのやり取りも生じない。つまり、アクションは評価するとIOが行われるものでありIOそのものではない。そのため、IOを行う関数でも純粋性つまり、「同じ引数を与えたら同じ結果を返す」「関数は副作用を持たない」を満たす。このプログラムでは高階関数から返す関数で、それをシミュレートしている。例えばget_inputは役割としてコマンドライン引数を受け取る（IOを行う）が、関数の実行により返されるのはその動作を行う関数であり、コマンドライン引数の値のやり取りはそこでは生じない。従って、get_input関数は、同じ引数で何度実行しても同じ結果（コマンドライン引数を受け取る関数）を返し、コマンドライン引数の値のやり取りが発生しないため副作用も持たない、つまり純粋関数と言える。

[*2] 訳注：ここでPythonインタープリタが何を返しているかではなく、値が何であるかを見ると良い。get_input(1)は常に0x01E4FC70を返し、get_input([1, 2, 3])は常に0x01E4FC30を返している。

ません。

```
top25_freqs(sort(frequencies(remove_stop_words(extract_words(get_input(None))))))
```

　関数のシーケンスを定義する別の方法が必要なのです。さらに、外の世界とやり取りを行うときが来るまで、そのシーケンスを保持しておく必要があります。このスタイルの制約として、そのタイミングはメインプログラムの中でなければなりません[*1]。プログラムの任意の場所でIOを行うことはできません。

　このシーケンスはメインプログラムで作られ (#71-#77)、Quarantineクラス (#7-#22) のインスタンスを使用します。このようなシーケンスは以前にも10章モナドスタイルに登場しました。しかし、今回は少し異なっています。TFQuarantineクラスについて詳しく見てみましょう。

　以前のスタイルと同様に、このクラスもコンストラクタ、bindメソッド、それらに加えて今回はexecuteという名前を持つ内容を表示するためのメソッドから構成されています。このクラスでは、executeが呼ばれるまで、一連の関数を呼び出すことなく保持するだけです。そのため、bindは単に与えられた関数をリストに追加し (#12)、後続のbindやexecute呼び出しのために自分自身を返します (#13)。関数を実行するのはexecuteであり、リスト内の関数を順に呼び出します (#20)。各呼び出しの引数は、直前の呼び出しの戻り値です。リストの処理が終わると、最後の戻り値を表示します (#22)。

　TFQuarantineが行うのは、一連の関数の**遅延評価 (lazy evaluation)** です。最初に関数を呼び出さずに保存だけ行い、メインプログラムでexecuteが呼ばれたときに関数の呼び出しを行います。

　executeの実装には注意が必要です。なぜなら、シーケンスが保持する関数は、高階関数 (IOに感染した関数を返す関数) と通常の本体を持つ関数のどちらも任意に選択できるからです。両方の関数が出てくる可能性があるため、executeメソッドは直前の関数呼び出しが返した値を適用 (apply) する必要があるのか、単に参照すれば良いのか (#21) を判断する必要があります。ここではその値が呼び出し可能 (callable) か否かを内部メソッドのguard_callable (#16-#17) で判断します (関数はcallableであるが文字列や辞書のような単純なデータ型はcallableではありません)[*2]。

　この章のスタイルと、その実例として示したプログラムは、重要な点でHaskellのIOモナドの再現ではないことに注意が必要です。忠実な再現がここでの目標ではなく、各スタイルの最も重要な制約に焦点を当てているのです。しかし、それらの違いは何かを理解するのは重要です。

　まず、Haskellは強く型付けされた言語であり、その実装やモナドの使用は型と密接に結びついています。IOを実行する関数は言語の一部である特定のIO型ですが、Pythonやここで紹介する検疫スタイルの実装とは異なります。Haskellはdo記法を使用して関数を連鎖させるための糖衣構文 (syntactic

---

[*1] 訳注：この不可解な制約は、Haskellの仕様から来ている。Haskellでは、mainに束縛されたアクションだけが実行時に評価される。ここでは、高階関数の返す関数 (Haskellにおけるアクション) をTFQuarantineクラスが保持しメインプログラムでexecuteメソッドを呼び出し、それらを評価することで、Haskellの動作を模倣している。

[*2] 訳注：executeメソッドは、シーケンス (この実装ではfuncsリストとして保持している) 中の関数を順に呼び出す。その際、直前の関数呼び出しの戻り値を引数として使用する。直前に呼び出した関数がIOに感染した、つまり高階関数であるなら、その戻り値は関数 (callable) であるはず。戻り値が関数であるなら、次の関数呼び出しの引数として使用する前に、その関数を実行 (apply) しなければならないし、関数でないならその値をそのまま使用すれば良い。

sugar) を提供します[1]。この連鎖は命令文のシーケンスに見えますが、ここではそれも使用していません。さらに重要なのは、Haskellにおいてこのスタイルはプログラマが任意に選択できるものではなく、言語設計の一部であり、型推論によって強く強制されている点です。つまり、IOはこの方法で実行されなければなりません[2]。例えば、任意の関数でIOモナドを実行することはできません。ここでは、すべての選択（例えば、IO関数は関数を返す高階関数とするなど）は任意であり、スタイルの制約をコードで可視化することだけを目的としています。制約を守れるのであれば、これとは異なる実装であっても構いません。

このスタイルが本当にIOの影響を最小化するという究極の目的を達成できているのかについて、最後にコメントしましょう。明らかに、達成できてはいません。単語頻度プログラムを他のスタイルと同程度にIOを行うプログラムとしても実装可能です。しかし、このスタイルは最終的な目標に向かって1つの重要な働きを持ちます。それは、プログラマに、どの関数がIOを行いどの関数がIOを行わないかを注意深く考えさせることです。これにより、プログラマはIOコードを他のコードから分離する責任を持つべきとなり、それは明らかに優れた考え方です。

## システムデザインにおけるスタイルの影響

IOが問題となるのは、小規模なプログラム設計にとどまりません。実際、ディスクアクセス、ネットワーク遅延、サーバ負荷がユーザ体験に多大な影響を与える大規模な分散システムにおいて、その問題はより顕著に現れます。

例えば、マルチユーザゲームの一部としてURL：http://example.com/images/fractal?minx=-2&maxx=1&miny=-1&maxy=1を呼び出すとフラクタル画像を返すWebサーバを考えてみましょう。このサービスは少なくとも2つの異なる方法で実装できます。(1) フラクタル画像が保存されているデータベースから画像を取得するか、データベースになければ新たに生成した画像を返した後、データベースに保存する。(2) ディスクにアクセスせず、要求されるたびに画像を生成して返す。最初のアプローチは、計算機システムで広く使われている古典的な「計算とキャッシュ」アプローチで、前述の「不純な」関数に相当します。2番目のアプローチは、「純粋」な関数に相当しますが、同じパラメータを持つリクエストに対しても画像を再計算するため、より多くのCPUサイクルを必要とし、一見すると適切な実装には見えません。

Webは明示的なキャッシュを念頭に置いて設計されています。画像サーバはこれらの画像を非常に長い時間キャッシュ可能であるとタグ付けすることで、インターネット上のWebキャッシュは元のサーバの負荷を軽減できます。このことは、2番目のアプローチが劣っているとの主張を弱めます。

考慮すべき2つ目の視点として、ディスクアクセス時間と、画像の計算時間について考えてみましょう。最近のCPUは非常に高速であるため、多くのアプリケーションでディスクアクセスがボトルネックになっています。多くの場合、あらかじめ生成されたデータをディスクから取得するよりもデータを

生成する方が、大幅な性能の向上が見込めます。この画像サーバでそれが当てはまるかどうかは別として、応答性が重要であるなら、このトレードオフを確認する必要があります。

　提供する画像の種類と、それを保存するためのディスク量についても考慮が必要です。この画像サービスは、パラメータ minx、maxx、miny、maxy すべての組み合わせ対して、無限の異なるフラクタル画像を生成できるとします。画像は通常、かなりのサイズを占めます。したがって、もし何千ものクライアントが何十万もの異なるフラクタル画像を要求すると予想されるなら、それを保存するのは良いアイデアとは言えません。

　最後に、このサービス仕様が変更された場合の影響も考慮する必要があります。このサービスの最初の実装では赤スペクトルの画像を生成していましたが、ある時点で青スペクトルの画像を生成するように変更したいとします（例えば、グラフィックデザイナーが配色について考えを改めた場合など）。このような場合、1つ目のアプローチ（データベースの方法）では、データベースから画像を一旦削除する必要がありますが、画像がどのように保存されているか、同じテーブルに他の画像が保存されているかにより、削除自体が問題となる可能性があります。一方、2つ目のアプローチでは、画像が常にその場で生成されるため、この変更への対応は容易です。どちらの場合でも、これら画像のWebキャッシュの有効期限を将来の日付に設定していた場合、一部のクライアントは長期間にわたりその変更を認識できません。これは、キャッシュ使用の一般的な問題点を示しています[1]。

　その場で画像の生成、つまり「純粋な」関数が画像サービスに有益だと信じるのなら、さらに過激な3つ目のアプローチがあります。サーバ側のフラクタル画像生成関数をクライアントに送り、クライアントに計算をさせることで、その計算からサーバを解放することです。この方法は、その関数がIOを行わない場合にのみ可能です。

　これらの分析から、大規模な分散システムにおいてIOは重要な問題であることを示しています。この問題に焦点を当てたプログラミング手法やスタイルを小規模な環境で検討するのは、システム設計レベルでのトレードオフを理解するために重要です。

## 歴史的背景

　1990年初頭、モナドはプログラミング言語Haskellに初めて導入されました。IOモナドが導入された主な理由は、純粋関数型言語ではIOが常に論争の的となっていたためです。

## 参考文献

Peyton-Jones, S. and Wadler, P. (1993), Imperative functional programming, *20th Symposium on Principles of Programming Languages* ACM Press.

　モナドに関するもう1つの考え方。

---

[1]　「コンピュータサイエンスで本当に難しいことは、ネーミングとキャッシュ無効化の2つしかない。」- Phil Karlton の発言とされている。

Wadler, P. (1997), How to declare an imperative, *ACM Computing Surveys* 29(3): 240-263.

さらなるモナド論。Philip Wadlerは、常に楽しく興味深い論文を執筆している。

## 用語集

### 純粋関数（pure function）

同じ入力に対する結果が常に同じであり、明示的なパラメータ以外のデータには依存せず、外の世界に観測可能な影響を与えない関数。

### 不純関数（impure function）

入力から出力を対応させるだけでなく、明示的なパラメータ以外のデータへの依存や、外の世界の観測可能な状態変化を起こす関数。

### 遅延評価（lazy evaluation）

式の値が本当に必要になるまで、式の評価を遅らせるプログラム実行戦略。

## 演習問題

### 問題 25-1　別言語

スタイルを維持したまま、課題を別のプログラミング言語で実装せよ。

### 問題 25-2　結合と実行

メインプログラムで定義した関数シーケンス（#71-#77）は、関数を実行せずに関数の連鎖を作成しているだけであることを実証する方法を作成せよ。

### 問題 25-3　Top 25

結果を文字列に蓄積する代わりに、一度に1つの単語と頻度の組を直接画面に表示するように top25_freqs関数を修正せよ。ただし、このスタイルの制約に従うこと。

### 問題 25-4　スタイルに忠実

このスタイルは、IOコードを他の部分から分離するようプログラマに強制する。IOに感染した3関数のうち2つ、すなわちextract_wordsとremove_stop_wordsは、単なるIO以上の作業を行う。プログラムをリファクタリングし、より適切にIOコードを他の部分から分離せよ。

### 問題 25-5　別課題

本書の序章で示した課題を、このスタイルを使用して実装せよ。

# 第VII部
## DATA CENTRIC
# データ中心

　プログラミングを行う際の「何を行う必要があるのか」との問いは、関数や手続き、オブジェクトへの注目を促します。コンピュータサイエンスではアルゴリズムに重点を置くため、「動作第一（behavior-first)」のアプローチに偏りがちです。しかし、多くの場合、最初にデータを考える方が有益です。つまり、アプリケーションのデータに注目し、必要に応じて動作を追加します。これは全く異なるプログラミングアプローチであり、結果として異なるプログラミングスタイルに至ります。この後の3つの章では、データを先に、計算を後に考えるスタイルを3つ紹介します。最初の**永続テーブル**（persistent tables）は、よく知られた関係モデルで、続く2つのスタイルは**データフロー**（dataflow）プログラミングと呼ばれるカテゴリに属します。

# 26章

# データベース
—————————SQL

## 制約

- データは、それを使用するプログラムの実行を超えて存在し、多くの異なるプログラムによって使用されることを意図する。
- データは、例えば次のように検索が容易かつ高速な実行を可能とする方法で保存される。
  - 入力データは、一連のドメイン、またはデータの種類としてモデル化される。
  - 具体的なデータは、複数ドメインの要素を持つものとしてモデル化され、識別されたドメインとデータ間の関係を確立する。
- 問題は、データに対して問い合わせを行うことで解決される。

## プログラム

```python
#!/usr/bin/env python
import sys, re, string, sqlite3, os.path

#
# この問題の関係データベースは、次の3つの表から構成されている
# documents, words, characters
#
def create_db_schema(connection):
    c = connection.cursor()
    c.execute('''CREATE TABLE documents (id INTEGER PRIMARY KEY AUTOINCREMENT,
        name)''')
    c.execute('''CREATE TABLE words (id, doc_id, value)''')
    c.execute('''CREATE TABLE characters (id, word_id, value)''')
    connection.commit()
    c.close()

def load_file_into_database(path_to_file, connection):
    """ 入力ファイルのパスを受け取り、そのデータをデータベースに保存する"""
```

```
18    def _extract_words(path_to_file):
19        with open(path_to_file) as f:
20            str_data = f.read()
21        pattern = re.compile(r'[\W_]+')
22        word_list = pattern.sub(' ', str_data).lower().split()
23        with open('../stop_words.txt') as f:
24            stop_words = f.read().split(',')
25        stop_words.extend(list(string.ascii_lowercase))
26        return [w for w in word_list if w not in stop_words]
27
28    words = _extract_words(path_to_file)
29
30    # ここからデータベースにデータを保存する
31    # 入力ファイル自身のデータを格納
32    c = connection.cursor()
33    c.execute("INSERT INTO documents (name) VALUES (?)", (path_to_file,))
34    c.execute("SELECT id from documents WHERE name=?", (path_to_file,))
35    doc_id = c.fetchone()[0]
36
37    # 単語のデータをデータベースに格納
38    c.execute("SELECT MAX(id) FROM words")
39    row = c.fetchone()
40    word_id = row[0]
41    if word_id is None:
42        word_id = 0
43    for w in words:
44        c.execute("INSERT INTO words VALUES (?, ?, ?)", (word_id, doc_id, w))
45        # 文字のデータをデータベースに格納
46        char_id = 0
47        for char in w:
48            c.execute("INSERT INTO characters VALUES (?, ?, ?)", (char_id, word_id,
                  char))
49            char_id += 1
50        word_id += 1
51    connection.commit()
52    c.close()
53
54 #
55 # データベースファイルが存在しなければ、新たに作成する
56 #
57 if not os.path.isfile('tf.db'):
58     with sqlite3.connect('tf.db') as connection:
59         create_db_schema(connection)
60         load_file_into_database(sys.argv[1], connection)
61
62 # ここから問い合わせを行う
63 with sqlite3.connect('tf.db') as connection:
```

```
64    c = connection.cursor()
65    c.execute("SELECT value, COUNT(*) as C FROM words GROUP BY value ORDER BY C DESC")
66    for i in range(25):
67        row = c.fetchone()
68        if row != None:
69            print(row[0], '-', str(row[1]))
```

## 解説

　このスタイルでは、データをモデル化して保存し、将来さまざまな方法で検索できるようにします。単語頻度を何度か実行する際、実行の都度ファイルを読み込みパースする必要があるとは限りません。また単語の頻度だけでなく、その書籍に関するより多くの事実を抽出したい場合もあります。そこでこのスタイルでは、データを生のまま使い捨てるのではなく、現在および将来の検索を容易にするために、入力データの代わりとなるデータの使用を推奨しています。そのための手法として、格納する必要のあるデータの種類（ドメイン）を特定し、具体的なデータの断片をそのドメインに関連付け、表を作ります。明確な実体関連モデル（entity-relationship model）があれば、表にデータを格納し、宣言的な問い合わせ（query）を使用してその一部を取り出せます。

　プログラムを下から見てみましょう。57〜60行目では、データベースファイルがすでに存在するかを確認します。存在しない場合はファイルを作成し、入力ファイルのデータをデータベースに格納します（#57-#60）。

　メインプログラムの残りでは、別のプログラムを使用してデータベースへの問い合わせを行います（#63-#69）。この問い合わせに使用するのは、プログラミングの世界で広く使用されている構造化クエリ言語（SQL：Structured Query Language）です。まず最初にデータベースのレコード走査を可能にするオブジェクトであるカーソル（プログラミング言語のイテレータに似ています）を取得します（#64）。このカーソルでSQL文を実行し、単語（words）表内の各単語を出現回数の降順に並べ替えます（#65）。最後に、取得したデータの最初の25行を順に処理し、最初の列（単語）と2番目の列（頻度）を出力します。次にプログラムの関数について見てみましょう。

　create_database_schemaはデータベースへの接続を受け取り、関係スキーマ（relational schema）を作成します（#8-#14）。データは文書（documents）、単語（words）、文字（characters）に分け、それぞれを表にします。文書表に格納されるのは整数値の文書idと名前のタプル。単語表には単語idとそれが出現する文書idへの相互参照と値のタプル。文字表には文字idとそれが出現する単語idへの相互参照と値のタプルです[*1]。

　load_file_into_databaseは、入力ファイルのパスとデータベースへの接続を受け取り、表にデータを格納します（#16-#52）。まず、ファイル名を値として文書表に行を挿入します（#33）。34-35行目では、次に単語表で使用するために、挿入した行から自動的に生成された文書idを取得します（#34-#35）。単語表に最新の単語idを照会し（#38）、それを使用して、単語表と文字表を埋めます（#43-#50）。最後に、

---

[*1] 実体関係モデルの設計はコンピュータサイエンスで広く研究されている分野だが、その方法を説明するのは本章の範囲を超えるため、ここでは取り上げない。

データをコミットして（#51）、カーソルをクローズします（#52）。

## システムデザインにおけるスタイルの影響

　データベースはコンピュータの世界に広く浸透しています。その中でも最も人気があるのは、関係データベースです。その目的はデータを保存して後で検索することであり、1955年当時から変わっていません。

　たいていのアプリケーションはデータの保存と検索を必要としますが、**永続テーブル**スタイルを使用しない実装も可能です。しかしその場合に採用される方法の多くは十分に効果的ではなく、一時しのぎの方法でデータを保存します。データの単純な一括保存と一括取り出しで良いのならば、それが適切かもしれません。例えば、カンマ区切り（CSV：Comma-Separated Value）ファイルにデータを保存するアプリケーションはよく見かけます。しかし、データを一括してではなく選択的に取得する必要があるなら、より優れたデータ構造を使用する必要があり、必ず何らかのデータベース技術にたどり着きます。なぜなら、データベースは堅実で成熟したソフトウェアであり、しかも高速だからです。

　使用するデータベース技術の種類は、アプリケーションにより異なります。関係データベースは、多くのデータを扱う複雑な問い合わせに適しています。全体をコミットできないならば部分的な変更を中止するなど、異常事態に対して保守的な（**癇癪持ち的**）アプローチをとります。ACID特性（不可分性：Atomicity、一貫性：Consistency、独立性：Isolation、永続性：Durability）[1]により、関係データベースは一貫性が保証されます。このような機能を必要とするアプリケーションもありますが、そうでないものも多く存在します。その場合には、NoSQL[2]のような、より軽量な技術を使用できます。

　後で分析するためにデータを保存する必要のないアプリケーションでは、このスタイルのプログラミングは明らかにやり過ぎです。

## 歴史的背景

　1960年代初頭には、すでにいくつかの企業や政府の研究所は比較的大量のデータを保存・処理し、コンピュータを主にデータ処理装置として使用していました。**データベース**という言葉は1960年代半ばに登場し、テープよりも優れたダイレクトアクセスストレージ（別名ディスク）[3]が利用可能になったのと時を同じくして登場しました。エンジニアは早くから、データを何らかの構造化された方法で保存すれば、新しいストレージ技術でより高速な検索が可能になることに気づいていました。1960年代には、主にナビゲーショナルデータベース（navigational database）というモデルが使われました。ナビゲーショナルデータベースとは、あるレコードから別のレコードへの参照を辿ることでレコードやオブジェ

---

[1] 訳注：信頼性のあるトランザクションシステムが持つべき4つの特性のこと。不可分性は、対象となる変更の一部だけが実行される状況を排除し、すべて行われるか全く行われないかどちらかを保証すること。一貫性は、変更を行う前後であらかじめ定義された整合性が維持されること。独立性は、複数の変更を同時に行っても別々に行っても結果が同じとなること。永続性は、一度受け付けた変更が失われないこと。多くのデータベースシステムは、このACID特性を持つ。

[2] 訳注：Not only SQLの略とされる。関係データベース以外のデータベースを指すが、特に最近の分散データストアソフトウェアに対して使われることが多い。

[3] 訳注：HDDとして知られる磁気ディスクドライブ装置はIBMで開発されたが、IBMではDASD（direct access storage device）と呼んでいた。

クトを見つけるデータベースです。そのモデルでは階層型データベースとネットワーク型データベースの2つのアプローチが使用されていました。階層型データベースはデータを木構造に分解し、親は多くの子を持てますが、子は親を1つしか持てません（1対多）。このモデルをグラフに拡張したものが、ネットワーク型データベースです[*1]。

　関係データベースモデルは、1960年代後半にIBMのコンピュータ科学者エドガー・コッドにより策定されました。このモデルと共に生まれたアイデアは、当時の技術よりもはるかに優れていたため、関係データベースはすぐにデータ保存のための**事実上の標準**となりました。

　1980年代、オブジェクト指向の登場により、オブジェクト指向プログラムのオブジェクトモデルと、長期保存のための関係データモデルが何らかの形で対立するという「オブジェクト・リレーショナル間のインピーダンスミスマッチ」の存在が明らかになりました[*2]。OOPのデータはグラフに近いので、1960年代のネットワークデータモデルの概念が復活します。このミスマッチが「オブジェクトデータベース」や「オブジェクト関係データベース」を生み出し、一定の成功を収めたものの、最終的に期待されるほどのものではありませんでした。最近では、OOP言語が使われている場合でも、関係データベースが選ばれています。

　より最近では、NoSQLデータベースが注目されています。NoSQLデータベースは、高度に最適化されたキーと値（key-value）の組をストレージの基盤として使用するデータストレージシステムの一種で[*3]、その性質は表形式に分類されます。NoSQLデータベースは複雑なデータ関係の検索ではなく、単純な検索と追加操作を主な目的としています。

## 参考文献

Codd, E. F. (1970), Relational model of data for large shared data banks. *Communications of the ACM* 13(6): 377-387.

　データベース分野の始まりとなる、関係モデルについて書かれた原著論文。

## 用語集

実体（entity）

　$N$個のドメインのデータを持つ、関係データベース内の$N$個のタプル。

関連（relationship）

　データやドメイン（表）の間の関連付け。

---

[*1] 訳注：階層型データベースは、アポロ計画で使用されたIMS（Information Management System）が商用データベースとして1966年にIBMからリリースされた。IMSは現在でも金融機関などで広く使用されている。ネットワーク型データベースは、1964年にGeneral ElectricがIDS（Integrated Data Store）をリリースした。

[*2] 訳注：ミスマッチの一因として例えば映画監督とその作品の関係を表す場合、オブジェクト指向的には監督オブジェクトが作品オブジェクトのリストを持つような関係が考えられる。一方で関係データモデルは監督表と作品表を監督で関連付けて結合することで監督の情報と作品の情報を持つデータが得られる。こうしたそれぞれのモデルでのデータの扱い方の違いをミスマッチと呼んでいる。この解決のためにO/Rマッピングソフトウェアが開発された。

[*3] 訳注：key-value型以外にも、例えばXMLやJSONを直接格納できるドキュメント型のデータベースもNoSQLに分類される。

## 演習問題

### 問題26-1　別言語

スタイルを維持したまま、課題を別のプログラミング言語で実装せよ。

### 問題26-2　書き手と読み手の分離

入力ファイルのデータをデータベースに追加するプログラムと、データベースのデータを検索するプログラムに分割せよ。データをメモリに格納するのではなく、ファイルシステムに格納する。

### 問題26-3　書籍の追加

Gutenbergコレクションから別の書籍、例えばhttp://www.gutenberg.org/files/44534/44534-0.txtをダウンロードし、データベースに『高慢と偏見』と、その2冊目のデータを両方登録せよ[1]。

### 問題26-4　追加の検索

次の質問に対する答えを見つけるためにデータベースに問い合わせを行い、その答えと問い合わせを示せ（ストップワードは無視すること）。

  a. 各書籍の頻出上位25単語

  b. 各書籍の総単語数

  c. 各書籍の総文字数

  d. 各書籍の最も長い単語

  e. 単語あたりの平均文字数

  f. 書籍の上位25語の文字長合計

### 問題26-5　別課題

本書の序章で示した課題を、このスタイルを使用して実装せよ。

---

[1]　訳注：関数load_file_into_databaseには潜在的な問題がある。words表にすでにデータがある場合、別のファイルのデータを読み込むと、最初のidは前回登録した書籍データの最後のidと重複する。単語頻度を数えるだけならば問題はないが、それ以外にDBを利用する場合にはidの重複が障害となる可能性がある。69行目でDBから読み込んだidの最大値がNoneでなかった場合、インクリメントする必要がある点に注意。

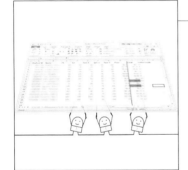

# 27章

SPREADSHEET
# スプレッドシート
## ——リアクティブプログラミング

## 制約

- 表計算のように、データの列と数式[*1]で問題をモデル化する。
- いくつかのデータは、数式に従って他のデータに依存する。データが変更されると、依存する
  データも自動的に変更される。

## プログラム

```python
1  #!/usr/bin/env python
2  import sys, re, itertools, operator
3
4  #
5  # 列の定義。各列はデータと数式で構成される。
6  # 最初の2列は入力データなので、数式を持たない。
7  #
8  all_words = [(), None]
9  stop_words = [(), None]
10 non_stop_words = [(), lambda : \
11                       list(map(lambda w : \
12                        w if w not in stop_words[0] else '',\
13                         all_words[0]))]
14 unique_words = [(),lambda : \
15                     set([w for w in non_stop_words[0] if w!=''])]
16 counts = [(), lambda : \
17                 list(map(lambda w, word_list : word_list.count(w), \
18                     unique_words[0], \
19                     itertools.repeat(non_stop_words[0], \
20                         len(unique_words[0]))))]
21 sorted_data = [(), lambda : sorted(zip(list(unique_words[0]), \
22                                     list(counts[0])), \
```

---

[*1] 訳注：広く普及している Excel 用語に合わせて formula を数式と訳すが、もちろん数字しか扱えないわけではない。

```
23                                          key=operator.itemgetter(1),
24                                          reverse=True)]
25
26 # スプレッドシート全体
27 all_columns = [all_words, stop_words, non_stop_words,\
28                unique_words, counts, sorted_data]
29
30 #
31 # データ列に対する更新手続き
32 # 入力データが変更された際、もしくは定期的に実行する
33 #
34 def update():
35     global all_columns
36     # 各列に数式を適用する
37     for c in all_columns:
38         if c[1] != None:
39             c[0] = c[1]()
40
41
42 # 最初の2列に、データを読み込む
43 all_words[0] = re.findall(r'[a-z]{2,}', open(sys.argv[1]).read().lower())
44 stop_words[0] = set(open('../stop_words.txt').read().split(','))
45 # 数式を使用して列を更新する
46 update()
47
48 for (w, c) in sorted_data[0][:25]:
49     print(w, '-', c)
```

## 解説

　このスタイルも前のスタイルと同様に表形式のデータを使用しますが、その目的は異なります。データを保存して後で照会するのではなく、何百年も前から会計で使用されている古き良き表計算（spreadsheets）を模倣することが目的です。会計では、データは表にレイアウトされ、ある列には生のデータが、他の列には他の列の組み合わせによる複合データ（合計、平均など）が配置されます。表計算ソフトは広く普及していますが、その根底にあるプログラミングモデルが非常に強力であり、データフロー系のプログラミングスタイルの好例であることに気づいている人は多くありません。

　プログラムを見てみましょう。Excel（または他のプログラム）のシートを想像すると理解が容易です[1]。概念的には、書籍の全単語を1列目の各行に1つずつ、ストップワードを2列目に1つずつ「配置」します。それ以降は、この2つの列と、各列の「左側」の列を操作した結果の列が追加されます。最終

---

[1]　訳注：このスタイルは、関連するデータが同じ行に配置されている表を想像すると理解が難しい。例えば、3列目のデータは1列目と2列目のデータから生成されるが、同じ行の1列目（all_words）と3列目（non_stop_words）のデータは関連がない。ここでは、Excelのあるセルのデータが変更されると、それに関連するセルの値が即時に変更されるモデルを想像すると良い。これをリアクティブプログラミングと呼ぶ。

的に以下の列がシート上に配置されます。

- 1列目：all_words（#8）入力ファイル中の単語すべて
- 2列目：stop_words（#9）ストップワードファイル中の単語すべて
- 3列目：non_stop_words（#10-#13）1列目の単語の中で2列目で与えられるストップワードに該当しない単語すべて
- 4列目：unique_words（#14-#15）3列目の non_stop_words 列から重複を取り除いた一意の単語すべて
- 5列目：counts（#16-#20）4列目の一意の単語それぞれに対する、3列目の出現回数
- 6列目：sorted_data（#21-#24）4列目の単語と5列目の出現回数をタプルにして、出現回数で降順に並べたもの

　これらの**列**が実際に何であるかを詳しく見てみましょう。列は、値のリストと数式（関数）の2つの要素でモデル化されます。数式はあってもなくても構いません[*1]。数式が設定されている場合は、値のリストを生成するために数式を実行します。update関数（#34-#39）は1列ずつ処理を行い、各列の2番目の要素である数式を適用した結果を、1番目の要素である値として設定します。これは長時間稼働する表計算アプリケーションにおいて、定期的あるいはデータの変更時に呼び出される中核的な更新作業に相当します。このプログラムでは、入力ファイルの単語を1列目に（#43）、ストップワードを2列目に（#44）読み込んだ直後に、一度だけupdate関数を実行します（#46）。

## システムデザインにおけるスタイルの影響

　これまで、**スプレッドシート**スタイルは、表計算アプリケーション以外ではあまり使用されていません。少なくとも表計算以外の用途は認識されてきませんでした。しかし、このスタイルは、より多くのデータ集約的な課題に適用が可能です。

　このスタイルは、本質的に宣言的かつリアクティブ（reactive）であり、変化するデータに対する即時更新ループを必要とするデータ集約的なアプリケーションに適しています。このスタイルはデータフロープログラミングの良い例で、データ空間のある地点での変化がその空間の別の地点に「流れ込み」ます。

## 歴史的背景

　表計算は、コンピュータで実現しようとした初期の目的の1つであり、他の多くのプログラミング概念と同様に、何人かが独立して発明したものです。最初の表計算プログラムは、ユーザがデータを入力し、ボタンを押して、残りのデータが更新されるのを待つというメインフレーム上のバッチプログラムでした。対話的なスプレッドシート、つまり依存するデータが自動的に更新されるというアイデアは、1960年代後半にLANPAR（LANguage for Programming Arrays at Random）と呼ばれるメインフレーム上のシステムで実現されました。1970年代後半のパソコン時代の幕開けと同時に、Apple製のコン

---

[*1]　訳注：数式を使用しない場合にはNoneが設定されている。それ以外の場合は、lambdaによる無名関数が設定される。

ピュータとPCの両方で動作するVisiCalc（Visible Calculator）というGUIを使った対話型のアプリケーションとして、表計算が再発明されました。表計算ソフトの製品は、機能こそ年々充実していますが、本質は当時とあまり変わりません。

## 参考文献

Power, D. J. (2002), A Brief History of Spreadsheets, DSSResources.com.

　　スプレッドシートの概要的歴史。http://dssresources.com/history/sshistory.htmlで公開されている。

## 用語集

数式（formula）

　　データ空間の中で、他の値に基づいて値を更新する関数。

## 演習問題

問題27-1　別言語

　　スタイルを維持したまま、課題を別のプログラミング言語で実装せよ。

問題27-2　対話プログラム

　　ユーザが新しいファイル名を入力できるようにして、プログラムを対話型にせよ。新しく指定されたファイルの内容をデータとして読み込み、データとして追加および列の値を更新し、新しい上位25単語を表示すること。

問題27-3　列とセル

　　このプログラムが表現するスプレッドシートでは、1列につき1つの数式を指定できるが、すべてのセルが独自の数式を持てるように、プログラムを変更せよ。

問題27-4　別課題

　　本書の序章で示した課題を、このスタイルを使用して実装せよ。

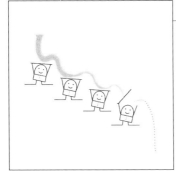

# 28章

## LAZY RIVERS
# データストリーム
### ──────ジェネレータ

## 制約

- データは、全体ではなく、必要な分だけ利用できる。
- 関数は、データの流れの間に位置するフィルタまたは変換器である。
- データは必要に応じて上流から下流へ渡され、処理される。

## プログラム

```python
1  #!/usr/bin/env python
2  import sys, operator, string
3
4  def characters(filename):
5      for line in open(filename):
6          for c in line:
7              yield c
8
9  def all_words(filename):
10     start_char = True
11     for c in characters(filename):
12         if start_char == True:
13             word = ""
14             if c.isalnum():
15                 # 単語の先頭を発見
16                 word = c.lower()
17                 start_char = False
18             else: pass
19         else:
20             if c.isalnum():
21                 word += c.lower()
22             else:
23                 # 単語の末尾を発見したので送出する
24                 start_char = True
```

```
25              yield word
26
27 def non_stop_words(filename):
28     stopwords = set(open('../stop_words.txt').read().split(',') +
           list(string.ascii_lowercase))
29     for w in all_words(filename):
30         if w not in stopwords:
31             yield w
32
33 def count_and_sort(filename):
34     freqs, i = {}, 1
35     for w in non_stop_words(filename):
36         freqs[w] = 1 if w not in freqs else freqs[w] + 1
37         if i % 5000 == 0:
38             yield sorted(freqs.items(), key=operator.itemgetter(1), reverse=True)
39         i = i + 1
40     yield sorted(freqs.items(), key=operator.itemgetter(1), reverse=True)
41 #
42 # メインプログラム
43 #
44 for word_freqs in count_and_sort(sys.argv[1]):
45     print("---------------------------")
46     for (w, c) in word_freqs[0:25]:
47         print(w, '-', c)
```

## 解説

　このスタイルは、継続的に入力される終わりのないデータを処理する問題に焦点を当てています。同様の問題は、データの大きさは判明しているものの、利用可能なメモリがそれより小さい場合にも発生します。このスタイルでは、上流（データの入力元）から下流（データの出力先）へのデータの流れを作り、その途中に処理を配置します。データは、出力先が必要とする場合にのみ処理を通過します。流れの中に存在するデータは、出力先が必要とするデータを生成するためのデータのみです。そのため、一度に大量のデータを扱うことにより引き起こされる問題を回避できます。

　このプログラムは4つの関数から構成されており、そのすべてがジェネレータ（generator）です。ジェネレータは単純化されたコルーチン（coroutine）であり、必要なデータ列を反復処理します。ジェネレータは一種の関数ですが、通常return文のある場所にyield文を持ちます。最初の関数characters（#4-#7）はデータ入力元（ファイル）に接続し、メインプログラム（#44-#47）はデータの読み込みと流れを駆動します。

　下流に向けたデータの制御を説明する前に、各関数を上から順に見ていきましょう。

- characters（#4-#7）は、ファイルを一行ずつ処理する（#5）。その行から1文字ずつ取り出し（#6）、各文字を下流に**送出**（yield）する（#7）。
- all_words（#9-#25）は、characters関数から渡された文字を処理し（#11）、単語を探す。

このロジックは、単語の始まりと終わりを識別する。単語の終わりを検出すると、その単語を下流に**送出**（yield）する（#25）。

- non_stop_words（#27-#31）は、all_words 関数から渡された単語を処理する（#29）。その単語がストップワードに該当しない場合にのみ下流に**送出**（yield）する（#30-#31）。
- count_and_sort（#33-#40）は、non_stop_words 関数から渡されたストップワードに該当しない単語を処理し（#35）、単語の出現頻度を増やす（#36）。5,000 単語ごとに、その時点の単語頻度辞書をソートして**送出**（yield）する（#37-#38）[*1]。上流から渡される単語数が正確に 5,000 の倍数でない可能性があるため、最後の単語の処理終了後にも辞書を**送出**（yield）する（#40）。
- メインプログラム（#44-#47）は、count_and_sort 関数（#44）から渡された単語頻度辞書を処理し、画面に表示する。

　繰り返し値を送出する関数は特殊です。次回呼ばれた際には、最初からではなく値を送出したところから再開します。例えば characters 関数が繰り返し呼び出されてもファイルを複数回開くことは（#5）ありません。また、最初の呼び出しの後（#11）に characters 関数に次の文字を要求すると、前回中断したところ（#7）から実行が再開されます。同じことは、他のジェネレータでも行われます。

　各ジェネレータの機能を確認したので、次に実行制御を調べます。44 行目では、単語頻度辞書のシーケンスを繰り返し処理しています（#44）。各反復において、辞書を count_and_sort ジェネレータに要求します。この要求により、count_and_sort ジェネレータは、non_stop_words ジェネレータから提供されたストップワードに該当しない単語を 5,000 語集め、その時点の辞書を下流に送出します。count_and_sort がストップワードに該当しない単語を繰り返し処理するたびに、non_stop_words ジェネレータを呼び出します。non_stop_words は上流から渡された次の単語を取り出し、それがストップワードに該当していなければ下流に渡し、受け取った単語がストップワードであれば次の単語を取り出します。同様に、non_stop_words が次の単語を必要とするたびに、all_words ジェネレータを呼び出します。all_words ジェネレータは単語を特定するまで上流に文字を要求し、単語を特定した時点で下流に単語を送出します。

　データの流れは、下流のコードによって制御されます。データは入力から供給されますが、間に存在するジェネレータを経由して、メインプログラムが必要とする分だけ流れます。そのため、通常関数の性質である「**あるだけすべて（eager）**」とは異なる、「**必要な分だけ（lazy）**」をスタイル名としました。例えば、44 行目の反復処理（#44）ではなく、次のコードが実行されたとします。

```
word_freqs = next(count_and_sort(sys.argv[1]))
```

　この場合、単語頻度辞書が 1 つだけ処理され、ファイル全体ではなく、入力ファイルの一部だけが読み込まれます[*2]。

---

*1　訳注：そのため、ストップワードに該当しない単語 5,000 語ごとに、その時点の上位 25 単語を出力する。45 行目の print("-------------------------") で、その出力を区切る。
*2　訳注：Python の next 関数は、iterable なオブジェクトの次の要素を取り出す。この場合、count_and_sort ジェネレータが返すであろう単語頻度辞書の 1 つ目を取り出して word_freqs に代入する。

このデータストリームスタイルと6章で説明したパイプラインスタイルには多くの類似点があります。重要な違いは、データが関数を通過する方法にあります。パイプラインでは、データは1つの「かたまり」であり、ある関数から別の関数へ一度に渡されます（例：単語リストの全体）。一方、このスタイルでは、データはゆっくりと少しずつ流れ、下流で必要になったときのみ入力から取り出されます。

データストリームスタイルは、ジェネレータをサポートする言語でうまく表現できます。Javaなどのプログラミング言語はジェネレータを持ちません。Javaではiteratorを使用してデータストリームスタイルを実装できますが、コードは美しくありません。プログラミング言語がジェネレータやイテレータを用意していない場合でも、このスタイルの目標は実現可能ですが、その意図の表現はかなり複雑になります。ジェネレータやイテレータが利用できない場合、このスタイルの基礎となる制約を実装する次善の策は、スレッドの使用です。次の章で紹介するアクタースタイルは、このデータ中心のスタイルにも適しています。

## システムデザインにおけるスタイルの影響

データストリームスタイルは、データ集約型のアプリケーション、特にライブストリームや非常に大きなデータ、またはその両方を扱うアプリケーションで大きな価値を発揮します。その強みは、どの時点においてもメモリに保持するデータは一部でしかなく、データの最終到達点がどれだけを必要とするかでその量が決まる点です。

コンポーネント内では、ジェネレータの言語サポートにより、このスタイルを使用した簡潔で美しいプログラムが作れます。29章で見るように、特別な方法で使用するスレッドは、**データストリーム**スタイルを実装する現実的な代替手段です。しかし、スレッドは生成とコンテキスト切り替えを伴う分、ジェネレータと比較して処理が重くなる傾向があります。

## 歴史的背景

コルーチンは、1963年にCOBOL用コンパイラで初めて紹介されました。しかし、それ以降のプログラミング言語すべてに取り入れられたわけではありません。いくつかの主流言語、特にC/C++とJavaは、コルーチンのような仕組みをサポートしていません。

ジェネレータ（generator）は1977年頃CLU言語に初めて導入され、イテレータ（iterator）と呼ばれました。最近ではオブジェクト指向の概念として、入れ物を横断するためのオブジェクトを**イテレータ**と呼び、**ジェネレータ**は繰り返しをサポートする特殊なコルーチンを指す場合に使用します。

## 参考文献

Conway, M. (1963), Design of a separable transition-diagram compiler, *Communications of the ACM* 6(7): 396-408.

　　COBOLコンパイラの設計書。コルーチンを説明している。

Liskov, B., Snyder, A., Atkinson, R. and Schaffert, C. (1977), Abstraction mechanisms in CLU.

*Communications of the ACM* 20(8): 564-576.

初期のイテレータ概念を特徴とする言語CLUについて説明した論文。

## 用語集

コルーチン（coroutine）

手続きの一種で、実行の中断と再開を可能とするために複数の入口と出口を持つことができる[*1]。

ジェネレータ（generator）

別名セミコルーチン（semicorutine）。一連の値に対する反復処理を制御するために使用されるコルーチンの一種。ジェネレータは、プログラムの任意の場所ではなく、常に呼び出し元へ制御を戻す。

イテレータ（iterator）

一連の値を横断するために使用するオブジェクト。

## 演習問題

**問題28-1 他言語**

スタイルを維持したまま、課題を別のプログラミング言語で実装せよ。

**問題28-2 行と文字**

このプログラムは、あらゆる種類のデータの流れを示すことに熱心なあまり、関数all_wordsが何もかも詰め込んだモノリスになっている（**ウゲェー！**）。Pythonの単語を扱う機能（例えばsplit）を使う方がずっと優れている。最初のジェネレータが行全体を送出し、2番目のジェネレータが適切なライブラリ関数を使用してその行から単語を抽出するように、スタイルを変えずにプログラムを変更せよ。

**問題28-3 イテレータ**

ジェネレータをサポートしないいくつかの言語では、ジェネレータに類似しているが冗長であるイテレータをサポートするものもある（例えばJava）。Pythonは両方をサポートしているので、ジェネレータの代わりにイテレータを使用するようにプログラムを変更せよ。

**問題28-4 別課題**

本書の序章で示した課題を、このスタイルを使用して実装せよ。

---

[*1] 訳注：PythonではJavaScript由来のasync/awaitを用いた非同期関数をコルーチンと呼ぶ。これはPEP 492で定義された。https://docs.python.org/ja/3.11/glossary.html#term-coroutineを参照。

# 第Ⅷ部
## Concurrency
# 並 行 性

　これまで見てきたスタイルは一般的にあらゆるアプリケーションに適用可能ですが、次の4つは特に並行処理を行うアプリケーションに特有のスタイルです。並行処理は、アプリケーションが複数の同時入力元を持つ場合、アプリケーションがネットワーク上に分散する独立したコンポーネントで構成されている場合、問題を小さなブロックに分割して基盤となるマルチコアコンピュータをより効率的に使用することで利益が得られる場合、などで重要性が増します。

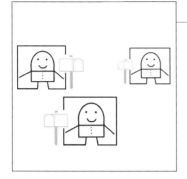

# 29章
## ACTOR
# アクター
### ──────スレッド*1

## 制約

- より大きな問題は、問題領域に対して意味のある**モノ**に分解される。
- 各**モノ**は、他の**モノ**がメッセージを入れるためのキューを持つ。
- 各**モノ**は、データのカプセルであり、キュー経由でメッセージを受信する能力のみ公開する。
- 各**モノ**は、他とは独立した独自の実行スレッドを持つ。

## プログラム

```python
1  #!/usr/bin/env python
2
3  import sys, re, operator, string
4  from threading import Thread
5  from queue import Queue
6
7  class ActiveWFObject(Thread):
8      def __init__(self):
9          super(ActiveWFObject, self).__init__()
10         self.name = str(type(self))
11         self.queue = Queue()
12         self._stop_me = False
13         self.start()
14
15     def run(self):
16         while not self._stop_me:
17             message = self.queue.get()
18             self._dispatch(message)
19             if message[0] == 'die':
20                 self._stop_me = True
```

---

*1　12章のレターボックススタイルに似ているが、モノが独立した実行スレッドを持つ。

```
21
22 def send(receiver, message):
23     receiver.queue.put(message)
24
25 class DataStorageManager(ActiveWFObject):
26     """ ファイル内容のモデル化 """
27     _data = ''
28
29     def _dispatch(self, message):
30         if message[0] == 'init':
31             self._init(message[1:])
32         elif message[0] == 'send_word_freqs':
33             self._process_words(message[1:])
34         else:
35             # 処理対象外のメッセージを転送
36             send(self._stop_word_manager, message)
37
38     def _init(self, message):
39         path_to_file = message[0]
40         self._stop_word_manager = message[1]
41         with open(path_to_file) as f:
42             self._data = f.read()
43         pattern = re.compile(r'[\W_]+')
44         self._data = pattern.sub(' ', self._data).lower()
45
46     def _process_words(self, message):
47         recipient = message[0]
48         data_str = ''.join(self._data)
49         words = data_str.split()
50         for w in words:
51             send(self._stop_word_manager, ['filter', w])
52         send(self._stop_word_manager, ['top25', recipient])
53
54 class StopWordManager(ActiveWFObject):
55     """ ストップワードフィルタのモデル化 """
56     _stop_words = []
57
58     def _dispatch(self, message):
59         if message[0] == 'init':
60             self._init(message[1:])
61         elif message[0] == 'filter':
62             return self._filter(message[1:])
63         else:
64             # 処理対象外のメッセージを転送
65             send(self._word_freqs_manager, message)
66
67     def _init(self, message):
```

```
68        with open('../stop_words.txt') as f:
69            self._stop_words = f.read().split(',')
70        self._stop_words.extend(list(string.ascii_lowercase))
71        self._word_freqs_manager = message[0]
72
73    def _filter(self, message):
74        word = message[0]
75        if word not in self._stop_words:
76            send(self._word_freqs_manager, ['word', word])
77
78 class WordFrequencyManager(ActiveWFObject):
79     """ 単語頻度データの保持 """
80     _word_freqs = {}
81
82    def _dispatch(self, message):
83        if message[0] == 'word':
84            self._increment_count(message[1:])
85        elif message[0] == 'top25':
86            self._top25(message[1:])
87
88    def _increment_count(self, message):
89        word = message[0]
90        if word in self._word_freqs:
91            self._word_freqs[word] += 1
92        else:
93            self._word_freqs[word] = 1
94
95    def _top25(self, message):
96        recipient = message[0]
97        freqs_sorted = sorted(self._word_freqs.items(), key=operator.itemgetter(1),
                reverse=True)
98        send(recipient, ['top25', freqs_sorted])
99
100 class WordFrequencyController(ActiveWFObject):
101
102    def _dispatch(self, message):
103        if message[0] == 'run':
104            self._run(message[1:])
105        elif message[0] == 'top25':
106            self._display(message[1:])
107        else:
108            raise Exception("Message not understood " + message[0])
109
110    def _run(self, message):
111        self._storage_manager = message[0]
112        send(self._storage_manager, ['send_word_freqs', self])
113
```

```
114    def _display(self, message):
115        word_freqs = message[0]
116        for (w, f) in word_freqs[0:25]:
117            print(w, '-', f)
118        send(self._storage_manager, ['die'])
119        self._stop_me = True
120
121 #
122 # メインプログラム
123 #
124 word_freq_manager = WordFrequencyManager()
125
126 stop_word_manager = StopWordManager()
127 send(stop_word_manager, ['init', word_freq_manager])
128
129 storage_manager = DataStorageManager()
130 send(storage_manager, ['init', sys.argv[1], stop_word_manager])
131
132 wfcontroller = WordFrequencyController()
133 send(wfcontroller, ['run', storage_manager])
134
135 # 全アクティブオブジェクトの終了を待ち受け
136 [t.join() for t in [word_freq_manager, stop_word_manager, storage_manager,
                        wfcontroller]]
```

## 解説

　これは**レターボックス**スタイル直系の拡張ですが、オブジェクトがそれぞれ独自のスレッドを持ちます。これらのオブジェクトは、**アクティブオブジェクト**（active object）や**アクター**（actor）として知られ、キューを介したメッセージ送受信により相互に対話を行います。各アクティブオブジェクトはキューに対するループを実行し、一度に1つのメッセージを処理し、キューが空になるとキューの読み取りでブロックされます。

　このプログラムは、まずアクティブオブジェクトの一般的な振る舞いを実装したクラスActiveWFObjectを定義します（#7-#20）。アクティブオブジェクトは、同時実行スレッドをサポートするPythonクラスThreadを継承します（#7）。つまり、スレッドのstartメソッドが13行目で呼ばれると（#13）、runメソッド（#15-#20）が同時に実行されます。各アクティブオブジェクトは名前（#10）とキュー（#11）を持ちます。PythonのQueueオブジェクトはキューのデータ型を実装し、getメソッドを呼び出したスレッドはキューが空の場合はブロックされる可能性があります。runメソッド（#15-#20）はキューからメッセージを受け取り、メッセージをディスパッチする無限ループを実行します。キューが空の場合はブロックされるかもしれません。特別なメッセージdieを受け取ると、ループを中断し、スレッドを停止させます（#19-#20）。アプリケーションのオブジェクトはすべてActiveWFObjectを継承します。

　22～23行目で、メッセージを送信する関数を定義します（#22-#23）。この場合、送信とは受信側オブ

ジェクトのキューにメッセージを入れることです。(#23)。

　次に、アクティブオブジェクトを4つ定義します。このプログラムでは、**レターボックススタイル**(12章) の設計を踏襲しているため、クラスとその役割は全く同じです。DataStorageManager (#25-#52)、StopWordManager (#54-#76)、WordFrequencyManager (#78-#98)、WordFrequencyController (#100-#119) はすべて ActiveWFObject を継承しているため、それぞれのインスタンスは run メソッドを実行し、それぞれに独立したスレッドを持ちます (#15-#20)。

　メインプログラム (#124-#136) では、各クラスのオブジェクトを1つずつインスタンス化するため、アプリケーションが実行されると、メインスレッドと4つのスレッドが生成されます。メインスレッドは、アクティブなオブジェクトのスレッドがすべて停止するまで単純にブロックされます[*1] (#136)。

　このプログラムでは、最初にタグを持つ任意要素のリストをメッセージとして使用します。関連するオブジェクトへの参照もメッセージとして送信できます。例えば、メインプログラムは StopWordManager オブジェクトに init メッセージとして ['init', word_freq_manager] を送ります (#127)。第2要素の word_freq_manager は、別のアクティブオブジェクトである WordFrequencyManager インスタンスへの参照です。またメインプログラムが DataStorageManager オブジェクトに送る init メッセージは、['init', sys.argv[1], stop_word_manager] です。

　アクティブオブジェクトと、それらの間で交換されるメッセージを詳しく調べます。アプリケーションは開始時に StopWordManager (#127) と DataStorageManager (#130) に init メッセージを送ります。このメッセージは対応するアクティブオブジェクトのスレッドによってディスパッチされ (#18)、対応する dispatch メソッド (#58-#65、#29-#36) が実行されます。どちらも、init メッセージによりファイルが読み込まれ、そのデータが何らかの形で処理されます。次に、メインプログラムは run メッセージを WordFrequencyController に送り (#133)、これが入力データに対する単語頻度処理実行の引き金となります。それでは、実行がどのように進むのかを見てみましょう。

　run メッセージを受信すると、WordFrequencyController は DataStorageManager オブジェクトへの参照を保存し (#111)、自分自身への参照を持つメッセージ send_word_freqs を送信します (#112)。一方、send_word_freqs を受け取った DataStorageManager オブジェクトは (#32)、単語の処理を開始し (#46-#52)、見つけた単語ごとに filter メッセージを StopWordManager オブジェクトに送ります (#50-#51)。filter メッセージを受け取った StopWordManager オブジェクトは、単語をフィルタリングし (#73-#76)、ストップワードに該当しない単語と共に word メッセージを WordFrequencyManager に送ります (#75-#76)。そして、WordFrequencyManager オブジェクトはメッセージ word として受け取った各単語の頻度を増やします (#88-#93)。

　DataStorageManager は単語がなくなると、top25 メッセージを受信者情報と共に StopWordManager に送ります (#52)。この受信者とは、WordFrequencyController オブジェクトであるこ

---

[*1]　訳注：Thread クラスの join メソッドは、そのスレッドが終了するまで呼び出し元をブロックする。このコードでは4つすべてのアクティブオブジェクトの終了を同時に待ち受けているわけではなく、最初はリスト先頭の word_freq_manager スレッドの終了でブロックされる。word_freq_manager スレッドが終了してその join メソッド呼び出しから戻ると、次に stop_word_manager スレッドの終了待ちに入る。

とに注意してください（#112）[*1]。しかし StopWordManager は、そのメッセージを理解しません。なぜなら、dispatch メソッドで期待するメッセージの1つではないからです（#58-#65）。dispatch メソッドは、明示的に期待していないメッセージを受け取った場合、単純に WordFrequencyManager オブジェクトに転送するため、top25 メッセージは WordFrequencyManager へ送られます。一方 WordFrequencyManager は top25 メッセージを理解します（#85）。WordFrequencyManager は top25 メッセージを受信すると、ソート済みの単語頻度のリストを top25 メッセージと共に受信者に送ります（#95-#98）。受信者である WordFrequencyController は、top25 メッセージを受け取ると（#105）、その情報を画面に表示（#115-#117）します。その後、die メッセージをオブジェクトの連鎖に送り、すべてのオブジェクトを停止させます（#18-#19）。これによりすべてのスレッドが終了し、メインプログラムのブロックが解除され、アプリケーションは終了します。

　**レターボックス**スタイルとは異なり**アクター**スタイルは本質的に非同期ですが、ブロッキングキュー（blocking queue）[*2]がアクティブオブジェクト間のインターフェイスとして機能します。呼び出し元のオブジェクトは、呼び出し先のキューにメッセージを配置し、それらのメッセージのディスパッチを待たずに処理を続行します。

## システムデザインにおけるスタイルの影響

　このスタイルは大規模な分散システムでうまく働きます。分散共有メモリがないのであれば、ネットワークの異なるノードにあるコンポーネントは、相互にメッセージを送受して対話します。メッセージベースのシステムを設計する方法はいくつかありますが、そのうちの1つが point-to-point メッセージです。メッセージは既知の受信機（receiver）に対応し、このスタイルでも使用されています。Java Message Service（JMS）は、以前説明した発行/購読（publish/subscribe）スタイル[*3]と共に、このスタイルをサポートする一般的なフレームワークです。モバイル分野では、Android向けのGoogle Cloud Messaging[*4]が、このスタイルを地球規模で実行するもう1つの例です。

　しかし、このスタイルは大規模な分散システムだけのものではありません。単一プロセス、マルチスレッドで構成されるコンポーネントも、内部の並行処理量を制限する方法として、キューを持つスレッドオブジェクトによる恩恵を受けます。

---

* 1　訳注：WordFrequencyController が DataStorageManager に run メッセージを送る際、自分自身の参照をメッセージに入れる。この参照を DataStorageManager は受信者情報として StopWordManager に送り、WordFrequencyManager に転送される。WordFrequencyManager は top25 メッセージの送信先としてこの受信者情報を使用するため、top25 メッセージは最終的に WordFrequencyController へ到達する。メッセージがたらい回しにされるのは、このプログラムの設計では各アクティブオブジェクトがメッセージの送り先を基本的に1つにしていることが原因。
* 2　訳注：blocking queue とは、要素を追加する際にキューに空きがない場合や空のキューから取得を試みた場合にキューの利用者がブロックされる種類のキューのこと。Producer-Consumer パターンの実装で使用されることが多い。Producer と Consumer の処理量が大きく異なる場合でも、キューが緩衝役として非同期的に動作する両者の同期的な連携が可能となる。
* 3　訳注：「16章　掲示板：pub/sub」で紹介した。
* 4　訳注：Google Cloud Messaging（GCM）は、2019年4月11日に廃止された。後継のサービスは Firebase Cloud Messaging（FCM）。

## 歴史的背景

　このスタイルは、並行アプリケーションや分散アプリケーションを対象としています。一般的な考え方は、並行処理をサポートした最初のオペレーティングシステム[*1]と同じくらい古く、1970年代にはいくつかの形態で登場していました。メッセージパッシング（message-passing）は、オペレーティングシステムを構成する柔軟な方法として知られており、共有メモリモデルの代替として共存してきました。1980年代半ば、グール・アガはこのモデルを形式化し、キューを持つプロセスを**アクター**（Actor）と呼びました。

## 参考文献

Agha, G. (1985), Actors: A model of concurrent computation in distributed systems, Doctoral dissertation, MIT Press.

　　並行プログラミングのためのアクターモデルを提案した原著論文。

Lauer, H. and Needham, R. (1978), On the duality of operating system structures. *Second International Symposium on Operating Systems.*

　　並行プログラミングが独自のテーマとなるずっと以前から、研究者や開発者は異なる実行単位間の通信に関する設計上のトレードオフを十分に認識していた。この論文は、メッセージパッシングモデルと共有メモリモデルの概要を説明する。

## 用語集

アクター（actor）

　　独自の実行スレッドを持つオブジェクト、またはネットワーク上の処理ノード。アクターはメッセージを受け取るキューを持ち、メッセージの送受信によってのみ相互作用する。

非同期リクエスト（asynchronous request）

　　要求元がレスポンスを待たず、後でレスポンスを受け取る形式のリクエスト。

メッセージ（message）

　　送信者から既知の受信者に情報を伝達するデータ構造であり、ネットワーク等を介して伝達される。

## 演習問題

問題 29-1　他言語

　　スタイルを維持したまま、課題を別のプログラミング言語で実装せよ。

---

[*1]　訳注：1950年代後半にはさまざまな機能を持つ多数のオペレーティングシステムが作成されていた。最初の本格的な商用のオペレーティングシステムであるOS/360は、1964年に登場した。

**問題 29-2　3＋1 スレッド**

アクタースタイルを維持しつつ、メインプログラムと3つのアクティブオブジェクトで動作するようプログラムを変更せよ。

**問題 29-3　データストリーム take 2**

Java などの言語は、データストリームスタイル（28章）で使用した yield 文を持たない。データ中心のプログラムを yield を使用せず、アクタースタイルで実装せよ。

**問題 29-4　別課題**

本書の序章で示した課題を、このスタイルを使用して実装せよ。

## 制約

- 同時実行する1つ以上のユニット。
- 同時実行するユニットがデータを保存・取得できる1つ以上の**データ空間**（data space）。
- データ空間を経由する以外、同時実行ユニット間の直接的なデータ交換は行わない。

## プログラム

```python
 1 #!/usr/bin/env python
 2 import re, sys, operator, queue, threading
 3
 4 # Two data spaces
 5 word_space = queue.Queue()
 6 freq_space = queue.Queue()
 7
 8 stopwords = set(open('../stop_words.txt').read().split(','))
 9
10 # 単語空間の単語を消費し、部分的な結果を頻度空間に送る
11 # ワーカー関数
12 def process_words():
13     word_freqs = {}
14     while True:
15         try:
16             word = word_space.get(timeout=1)
17         except queue.Empty:
18             break
19         if not word in stopwords:
20             if word in word_freqs:
21                 word_freqs[word] += 1
22             else:
23                 word_freqs[word] = 1
24     freq_space.put(word_freqs)
```

```
25
26 # このスレッドで単語空間に入力
27 for word in re.findall(r'[a-z]{2,}', open(sys.argv[1]).read().lower()):
28     word_space.put(word)
29
30 # ワーカースレッドを作成し、作業を開始
31 workers = []
32 for i in range(5):
33     workers.append(threading.Thread(target=process_words))
34 [t.start() for t in workers]
35
36 # ワーカーの終了を待機
37 [t.join() for t in workers]
38
39 # 頻度空間の頻度データを使用して、
40 # 部分頻度をマージ
41 word_freqs = {}
42 while not freq_space.empty():
43     freqs = freq_space.get()
44     for (k, v) in freqs.items():
45         if k in word_freqs:
46             count = sum(item[k] for item in [freqs, word_freqs])
47         else:
48             count = freqs[k]
49         word_freqs[k] = count
50
51 for (w, c) in sorted(word_freqs.items(), key=operator.itemgetter(1),
    reverse=True)[:25]:
52     print(w, '-', c)
```

## 解説

　これは、並行システムや分散システムに適用される特殊な共有メモリのスタイルです。多くの独立して実行される情報処理ユニットが、共通の基盤からのデータを消費し、その基盤あるいは他の基盤へのデータを生成します。これらの基盤はタプル空間（tuple space）またはデータ空間（data space）と呼ばれます。データ操作のための基本操作として、(1) ユニット内部からデータをデータ空間に配置するout、(2) データ空間からデータを取り出してユニットに取り込むin、(3) データ空間からデータを取り出さずにユニットに読み込むread、またはsenseが用意されます。

　このプログラムではデータ空間を2つ使用します。1つはすべての単語を格納する単語空間word_space (#5)、もう1つは単語の頻度を部分的に格納する頻度空間 freq_space (#6) です。まず、メインスレッドが単語空間に値を入れます (#27-#28)。次に、メインスレッドは5つのワーカースレッドを生成し、それらが終了するのを待ちます (#31-#37)。ワーカースレッドにはprocess_words関数 (#12-#24)

を渡し、実行させます[*1]。つまり、プログラムのこの時点では、メインスレッドが終了を待つ間、5つのスレッドが同じ関数を同時に実行していることになります。次に、process_words関数を詳しく調べます。

　関数process_words (#12-#24) の目的は、単語の出現頻度を数えることです。そのため、単語と頻度を関連付ける辞書を内部に持ちます (#13)。単語空間から単語を1つ取り出し (#16)、ストップワードに該当しない単語の頻度を増やし (#19-#23) ループを続けます。関数が1秒以内 (timeoutパラメータに注意 (#16)) に単語スペースから単語を取得できなかった場合、つまりすべての単語を処理し終えるとループが終了します。この時点で、process_wordsは単に辞書を頻度空間に入れます (#24)。

　5つのワーカースレッドがprocess_wordsを同時に実行していることに注意してください。つまり、異なるワーカースレッドが同じ単語の頻度をそれぞれカウントする可能性が高く、各スレッドは部分的な単語頻度しか持ちません。ただし、読み出した単語はデータ空間から取り除かれることを考えると、どの単語も二重計上されることはありません。

　ワーカースレッドが仕事を終えると、メインスレッドはブロック (#37) を解除され、残りの処理を行います。まず、頻度空間から部分的な頻度辞書を取り出し、1つの辞書にマージし (#41-#49)、その情報を最後に画面表示します (#51-#52)。

## システムデザインにおけるスタイルの影響

　このスタイルは特にデータ集約的な並列処理に適しています。作業が水平方向にスケールする場合、つまり問題を任意の数の処理ユニットに分割できる場合に特に適しています。このスタイルは、ネットワーク上でデータ空間を実装 (例：データベース) することで、分散システムでも使用できます。**データ空間**スタイルは、並行処理ユニットが相互にアドレス指定する必要があるようなアプリケーションには適しません。

## 歴史的背景

　**データ空間**スタイルは、1980年代前半にプログラミング言語Lindaで初めて定式化されました。このモデルは、並列プログラミングシステムにおいて共有メモリに代わる有力な選択肢となります。

## 参考文献

Ahuja, S., Carriero, N. and Gelernter, D. (1986), Linda and friends. *IEEE Computer* 19(8): 26-34.

　タプル空間の概念を提案したLindaの原著論文。本書ではタプル空間をデータ空間と呼ぶ。

---

＊1　訳注：Threadクラスのコンストラクタにtargetパラメータとして渡した関数が、スレッドのrunメソッドの中で実行される。

## 用語集

タプル（tuple）

　型付きデータオブジェクト[1]。

## 演習問題

問題30-1　他言語

　スタイルを維持したまま、課題を別のプログラミング言語で実装せよ。

問題30-2　並行性の向上

　単語頻度のマージ（#41-#49）が5つのスレッドで同時に行われるように、サンプルプログラムを変更せよ。ヒント：アルファベット空間を考える。

問題30-3　別課題

　本書の序章で示した課題を、このスタイルを使用して実装せよ。

---

[1]　訳注：PythonやHaskellのタブルは任意の型の要素を持てるが、TypeScriptやC#では要素の型を指定する。

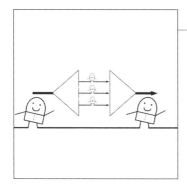

# 31章
MAP REDUCE
## マップリデュース
### MapReduce

## 制約

- 入力データはいくつかのブロックに分割される。
- マップ関数は与えられたワーカー関数を各ブロックに適用する。それぞれのワーカー関数を並列に実行しても構わない。
- リデュース関数は多数のワーカー関数の実行結果を受け取り、一貫した出力に再結合する。

## プログラム

```python
1  #!/usr/bin/env python
2  import sys, re, operator, string
3  from functools import reduce
4  #
5  # マップ、リデュースのワーカー関数
6  #
7  def partition(data_str, nlines):
8      """
9      入力されたdata_str(大きな文字列)を
10     nlines行ごとのブロックに分割する
11     """
12     lines = data_str.split('\n')
13     for i in range(0, len(lines), nlines):
14         yield '\n'.join(lines[i : i + nlines])
15
16 def split_words(data_str):
17     """
18     文字列を受け取り、その中の単語それぞれに対して
19     次の形式の(単語, 1)組のリストを返す
20     [(w1, 1), (w2, 1), ..., (wn, 1)]
21     """
22     def _scan(str_data):
```

```
23          pattern = re.compile(r'[\W_]+')
24          return pattern.sub(' ', str_data).lower().split()
25
26      def _remove_stop_words(word_list):
27          with open('../stop_words.txt') as f:
28              stop_words = f.read().split(',')
29          stop_words.extend(list(string.ascii_lowercase))
30          return [w for w in word_list if w not in stop_words]
31
32      # 入力を単語に分割する作業
33      result = []
34      words = _remove_stop_words(_scan(data_str))
35      for w in words:
36          result.append((w, 1))
37      return result
38
39  def count_words(pairs_list_1, pairs_list_2):
40      """
41      次の形式の組のリストを2つ受け取り
42      [(w1, 1), ...]
43      [(w1, 頻度), ...] 形式のリストを1つ返す
44      「頻度」は、その単語の登場回数の合計
45      """
46      mapping = {}
47      for pl in [pairs_list_1, pairs_list_2]:
48          for p in pl:
49              if p[0] in mapping:
50                  mapping[p[0]] += p[1]
51              else:
52                  mapping[p[0]] = p[1]
53      return mapping.items()
54
55  #
56  # 補助関数
57  #
58  def read_file(path_to_file):
59      with open(path_to_file) as f:
60          data = f.read()
61      return data
62
63  def sort(word_freq):
64      return sorted(word_freq, key=operator.itemgetter(1), reverse=True)
65
66  #
67  # メインプログラム
68  #
69  splits = map(split_words, partition(read_file(sys.argv[1]), 200))
```

```
70  word_freqs = sort(reduce(count_words, splits))
71
72  for (w, c) in word_freqs[0:25]:
73      print(w, '-', c)
```

## 解説

　このスタイルでは、入力データはブロック（chunk）に分割されます。各ブロックは独立して、場合により並列に処理され、最後に結果が結合されます。これは一般に**マップリデュース（MapReduce）**として知られ、2つの重要な抽象化で構成されます。(1) **map**関数は、データのブロックと関数を引数として受け取り、その関数をブロックに適用した結果のコレクションを生成します。(2) **reduce**関数は、結果のコレクションと関数を引数として受け取り、そのコレクションから目的とする何らかの知見を抽出するために、関数を適用します。

　よく観察すると、単語頻度処理は分割統治法（divide-and-conquer method）で実行できることがわかります。つまり、入力ファイルの1部分（例えば、各ページ）の単語頻度を数え、それらを最後に結合します。すべての問題がこの方法で処理できるわけではありませんが、単語頻度は可能です。非常に大きな入力データに対して複数の処理ユニットを並列に並べて対応できるため、分割統治が可能な問題に対して MapReduce モデルは、非常に有効です。

　それでは、一番下のメインプログラム (#69-#73) から見てみましょう。まず、入力ファイルを読み込み (#69)、200行ごとのブロックに分割します。これらのブロックは Python の map 関数に第2引数として渡し、第1引数にはワーカー関数である split_words を渡します。各ワーカー関数から受け取った部分的な単語頻度のリストが map 関数の結果であり、これを splits と呼びます。次に、これらの分割を統合する準備を行います。詳細は後に回します。準備ができたら、この splits を第2引数に、ワーカー関数 count_words を第1引数にして Python の reduce 関数を呼び出します (#70)。その結果は、単語と頻度の組のリストです。次に、3つの主要な関数 partition、split_words、count_words を詳しく調べましょう。

　partition 関数 (#7-#14) は、複数行の文字列データと行数を入力とし、要求された行数の文字列を生成するジェネレータです。例えば、『高慢と偏見』は13,426行あるので、これを200行ごとに68個のブロックに分割しますが、最後のブロックは200行未満になります。関数が return ではなく、yield を使用する点に注意してください。以前見たように、これは入力データを必要な分だけ取り出す方法ですが、機能的にはすべてのブロックを持つリストを返すことと同じです。

　split_words 関数 (#16-#37) は、複数行の文字列（69行目で指定されているように200行で1ブロック）を受け取り、そのブロックを処理します。処理内容は従来の方法と同じです。しかし、この関数はこれまで見た同等の関数とは全く異なるフォーマットで結果を返します。ストップワードに該当しない単語のリストを生成した後 (#22-#34)、そのリストを繰り返し処理して組のリストを作成します。各組の最初の要素は単語、2番目の要素は「この単語が1回出現した」を意味する数字1です。『高慢と偏見』の最初のブロックを処理した結果、リストは次のようになります。

```
[('project',1),('gutenberg',1),('ebook',1),
 ('pride',1),('prejudice',1), ('jane',1),
 ('austen',1),('ebook',1),...]
```

　一見すると奇妙なデータ構造に見えますが、MapReduceアプリケーションではワーカー関数の計算をできるだけ少なくするのが一般的です。この場合、各ブロック内の単語の出現回数をカウントしているわけではなく、後で非常に単純な手順で頻度を数えられるようなデータ構造に変換しているだけなのです。

　まとめると、69行目を実行した結果、この形式のデータのリスト（68個のブロックそれぞれに1つ）ができます。

　count_words関数（#39-#52）は、reduce関数（#70）に第1引数として渡されるリデュースワーカーです。Pythonのリデュースワーカー関数は2つの引数を持ちます。それらは何らかの方法でマージされ、1つの値を返します。ここでは、上で説明した構造（組のリスト）のデータを2つ受け取ります。1つ目は直前のreduceの結果であり、最初は空リストです。2つ目はこれからマージするリストです[*1]。count_wordsは、まず空の辞書を作成します（#46）。2つの引数として渡された組のリストを順に処理し（#47-#51）、辞書内の対応する単語頻度を増やします。最後に、辞書をキーと値の組のリストとして返します。この戻り値は次のリデュースワーカーの第1引数となり、splitsの要素がなくなるまで続けられます。

## システムデザインにおけるスタイルの影響

　分割したデータを個別に処理し、個別の結果を最後に結合できるデータ集約型のアプリケーションにMapReduceは適しています。このようなアプリケーションでは、マップ機能とリデュース機能を多くの情報処理ユニット（コア、サーバ）を使用して並列に実行すると、単一のプロセッサのみで処理する場合よりも処理時間を数桁のレベルで短縮できます。次の章では、MapReduceの異なる形式を詳しく説明します。

　しかし、ここではスレッドや並行処理を使用していません。これは、LISPのmap reduceに沿ったものと言えます。マップ機能を並列に実装できる言語処理系もありますが、Pythonはできません[*2]。とはいえ、本書ではこのスタイルも並行プログラミングのスタイルの一部としています。なぜなら、このスタイルから最も恩恵を受けるのは並行プログラミングアプリケーションだからです。

---

[*1]　訳注：Pythonのreduce関数では、reduce関数の第2引数として渡されたiterableの第1要素と第2要素がリデュースワーカーに渡されて処理される。この結果と第3要素、その結果と第4要素のように、順にリデュースワーカーで処理され結果が累積し、最終的な結果に至る。そのため、正確には最初は空のリストではない。これは一般的なMapReduceのリデュースワーカーの動きを説明している。

[*2]　Python 3.2以降にはconcurrent.futuresモジュールがあり、mapの並列実装を提供する。

## 歴史的背景

　現在使われているマップとリデュースの組み合わせは、1970年代後半にCommon Lispに組み込まれました。しかし、この概念はCommon Lispより少なくとも10年以上前には存在していました。mapに相当するものは、1960年にはMcCarthyのLISPシステムにmaplistという名前で存在していました[*1]。この関数は引数として別の関数を取り、各要素ではなくリスト引数から順に先頭要素を取り除いた部分に関数を適用しました。1960年代半ば頃には、LISPの多くの方言にはリストの各要素に関数を適用するmapcarがありました[*2]。reduceは1970年代初期にはLISPプログラマに使用されていました。一方APLには、組み込みのスカラー演算のためにmapとreduceが用意されていました。

　数十年後の2000年代初頭には、このモデルの考え方がGoogleによって普及し、データセンター規模で使用されました。その後、HadoopなどのオープンソースMapReduceフレームワークの登場により、このモデルはより広く採用されるようになりました。

## 参考文献

MAC LISP (1967), MIT A.I. Memo No.116A, http://www.softwarepreservation.org/projects/LISP/MIT/AIM-116A-White-Interim_User_Guide.pdf

　　LISPの方言であるMAC LISPのマニュアル。利用できる関数をリストしており、特にmap関数群が大きく取り上げられている。

Steele, G. (1984), *Common Lisp the Language*. Chapter 14.2: Concatenating, Mapping and Reducing Sequences, Digital Press., http://www.cs.cmu.edu/Groups/AI/html/cltl/clm/clm.html

　　Common Lispには、mapとreduce操作が両方用意されている。

## 用語集

マップ（map）

　　データのブロックと関数を引数として受け取る関数。各ブロックに独立して関数を適用し、結果のコレクションを生成する。

リデュース（reduce）

　　結果のコレクションと関数を引数として受け取る関数。コレクションの要素に関数を適用してマージを繰り返し目的とする結果を得る。

---

[*1]　訳注：当時のLISPにはmap関数も用意されていた。次の訳注で説明するmaplistと同様に、リストの先頭を順に取り除いた部分に関数を適用するが、関数の実行結果は残らず、リストのすべての部分を処理し終えるとNILを返す。

[*2]　訳注：LISPでcar関数はリストの先頭（正確にはconsセルの前側）部分を返す。mapcarは、リストの先頭から順番に関数を適用する。リストの先頭を順に取り除いたリストに関数を適用するのがmaplist。

## 演習問題

### 問題31-1　他言語

スタイルを維持したまま、課題を別のプログラミング言語で実装せよ。

### 問題31-2　部分カウント

プログラムを変更して、split_words関数 (#16-#37) が部分的な単語数のリストを生成するように変更せよ[*1]。こうすると、元のプログラムと比較して何か利点があるか。

### 問題31-3　並行性

Pythonのmapとreduce関数はマルチスレッドではない。関数とリストを受け取り、各関数をスレッドで適用するconcurrent_map関数を作成せよ。69行目のmapの代わりに、そのconcurrent_map関数を使用する。プログラムの変更は最小限に抑えること。

### 問題31-4　別課題

本書の序章で示した課題を、このスタイルを使用して実装せよ。

---

[*1]　訳注：例えば単語「pride」を2回見つけた場合、('pride', 1)を2つ生成するのではなく、('pride', 2)を1つ生成する。

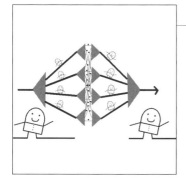

# 32章

DOUBLE MAP REDUCE
# 二重マップリデュース
### Hadoop[1]

## 制約

- 入力データはいくつかのブロックに分割される。
- マップ関数は与えられたワーカー関数を各ブロックに適用する。それぞれのワーカー関数を並列に実行しても構わない。
- それぞれのワーカー関数の結果の並べ替えを行う。
- 並べ替えられたデータブロックは、リデュースワーカー関数を入力とする2回目のマップ関数に入力として渡される。
- オプションのステップ：リデュース関数は多数のワーカー関数の実行結果を受け取り、一貫した出力に再結合する。

## プログラム

```python
1 #!/usr/bin/env python
2 import sys, re, operator, string
3 from functools import reduce
4 #
5 # マップ、リデュース関数
6 #
7 def partition(data_str, nlines):
8     """
9     入力されたdata_str(大きな文字列)を
10    nlines行ごとのブロックに分割する
11    """
12    lines = data_str.split('\n')
13    for i in range(0, len(lines), nlines):
14        yield '\n'.join(lines[i : i + nlines])
15
```

---

[1] 前章のスタイルと非常によく似ているが、さらに工夫が施されている。

```
16  def split_words(data_str):
17      """
18      文字列を受け取り、その中の単語それぞれに対して
19      次の形式の(単語, 1)組のリストを返す
20      [(w1, 1), (w2, 1), ..., (wn, 1)]
21      """
22      def _scan(str_data):
23          pattern = re.compile(r'[\W_]+')
24          return pattern.sub(' ', str_data).lower().split()
25
26      def _remove_stop_words(word_list):
27          with open('../stop_words.txt') as f:
28              stop_words = f.read().split(',')
29          stop_words.extend(list(string.ascii_lowercase))
30          return [w for w in word_list if w not in stop_words]
31
32      # 入力を単語に分割する
33      result = []
34      words = _remove_stop_words(_scan(data_str))
35      for w in words:
36          result.append((w, 1))
37      return result
38
39  def regroup(pairs_list):
40      """
41      次の形式を持つリストのリストを受け取り、
42      [[(w1, 1), (w2, 1), ..., (wn, 1)],
43       [(w1, 1), (w2, 1), ..., (wn, 1)],
44       ...]
45      一意の単語ごとに、組をまとめた辞書を返す。
46      { w1 : [(w1, 1), (w1, 1)...],
47        w2 : [(w2, 1), (w2, 1)...],
48        ...}
49      """
50      mapping = {}
51      for pairs in pairs_list:
52          for p in pairs:
53              if p[0] in mapping:
54                  mapping[p[0]].append(p)
55              else:
56                  mapping[p[0]] = [p]
57      return mapping
58
59  def count_words(mapping):
60      """
61      (単語, [(単語, 1), (単語, 1)...])形式タプルを受け取り、
62      (単語, 頻度)の組を返す。
```

```
63          この「頻度」は単語の出現回数を表す。
64          """
65      def add(x, y):
66          return x + y
67
68      return (mapping[0], reduce(add, (pair[1] for pair in mapping[1])))
69
70  #
71  # 補助関数
72  #
73  def read_file(path_to_file):
74      with open(path_to_file) as f:
75          data = f.read()
76      return data
77
78  def sort(word_freq):
79      return sorted(word_freq, key=operator.itemgetter(1), reverse=True)
80
81  #
82  # メインプログラム
83  #
84  splits = map(split_words, partition(read_file(sys.argv[1]), 200))
85  splits_per_word = regroup(splits)
86  word_freqs = sort(map(count_words, splits_per_word.items()))
87
88  for (w, c) in word_freqs[0:25]:
89      print(w, '-', c)
```

## 解説

　前章で紹介した基本的なMapReduceスタイルは、マップ段階を並列化可能ですが、リデュース段階は直列化（serialization）しなければなりません。最も人気の高いMapReduceフレームワークであるHadoopは、リデュース段階も並列化できるよう工夫されています。主なアイデアは、マップ段階で得られた結果のリストを再編成または並べ替えを行い、リデュース段階もマップ可能にすることです。

　このプログラムは前章のプログラムと何が異なるのか見てみましょう。違いは2つあります。データの再編成（regroup）（#85）と、2回目のmap適用（#86）です。前章のプログラムでは、ここでreduceを実行していました。明らかに、重要な違いはデータの再編成です。詳しく見てみましょう。

　regroup関数（#39-#57）は入力として最初のmap出力を受け取り、以前と同様に組のリストのリストを出力します。

```
[ [('project',1),('gutenberg',1),('ebook',1),...],
  [('mr',1),('bennet',1),('among',1),...],
  ...
]
```

　単語のカウントを並列に行うためのデータ再編成がregroupの目的です。単語に基づいてデータを再編成し、その単語のすべての組$(w_k, 1)$が同じリストに入るようにします。そのための内部データ構造として、単語と組のリスト(#51-#57)を対応させた辞書(#50)を作成し、最後にその辞書を返します。

　再編成が完了すると、単語頻度を数える準備ができます(#59-#68)。頻度はcount_wordsに渡された引数の2番目の要素の大きさから求められます。このプログラムでは、頻度を求めるためにreduce関数を使うという、少々面倒な手順を用いています(#68)。この方法を用いる正当な理由はなく、もっと簡単な方法でも計算できるはずです[*1]。しかし、このスタイルでは、データのシーケンスを何らかの方法でリデュース (reduce)、つまり削減することの理解が重要です。リデュースとは、一連のデータを入力として受け取り、そのシーケンスを何らかの方法で結合した、より小さなデータを返すことです。ここでは「結合」がカウントを意味しますが、他のケースでは他の手段を意味することもあります。

　重要なのは、単語ごとにデータを再編成したため、regroupの後(#85)には頻度を並列に求められる点です。そのため、2回目のmap関数適用で頻度を求めます(#86)。この再編成により、一意の単語ごとに頻度計算用のスレッドまたはプロセッサを持つことができます。

　ここで紹介するスタイルは、データ集約的な問題を可能な限り並列化するために、Hadoopなどの有名なMapReduceフレームワークで使用されているスタイルです。ある種のデータ構造 (例えば1回目のmapが返すデータ(#84)) は並列処理に適していませんが、並列化可能な形式 (例えばregroupによる再編成(#85)の結果) への変換は、よく行われます。複雑なデータを扱う問題を並列化する過程では、幾重にも再編成が行われることも珍しくありません。

## システムデザインにおけるスタイルの影響

　データセンター規模では、単純な処理を実行するサーバにデータブロックを送信して並列化を行います。ここで説明するデータの再編成は、データを特定のサーバに送ることで行われます。例えば、「a」で始まる単語はサーバ$S_a$に、「b」で始まる単語はサーバ$S_b$に、といった方式です。

## 歴史的背景

　この形式のMapReduceは、2000年代初頭にGoogleによって広められました。それ以来、データセンター規模のMapReduceフレームワークがいくつか登場し、その一部はオープンソースです。その中でもHadoopは最も人気のあるものの1つです。

## 参考文献

Dean, J. and Ghemawat, S. (2004), MapReduce: Simplified Data Processing on Large Clusters. *6th Symposium on Operating Systems Design and Implementation.* (ODSI '04)

　Googleのエンジニアによるデータセンター規模でMapReduce使用する方法を解説した論文。

---

＊1　訳注：regroupの返した辞書のitems()をcount_wordsに渡すため、ソースのコメントにあるように (**単語**, [(**単語**, 1), (**単語**, 1)...)]]) 形式のタブルをcount_wordsは受け取る。このタブルの第2要素が (**単語**, 1) のリストであることを前提にするなら、len()を使用してリストの長さを求めれば単語の頻度は求められる。

# 演習問題

### 問題 32-1　他言語

スタイルを維持したまま、課題を別のプログラミング言語で実装せよ。

### 問題 32-2　然るべき手段

count_words (#59-#68) が単純に引数の2番目の要素長を使用するように、プログラムを変更せよ。

### 問題 32-3　別の再編成

単語単位の再編成は並列化過多の可能性があるため、regroup関数が単語をアルファベット順に a-e, f-j, k-o, p-t, u-z の5つのグループに再編成するようプログラムを修正せよ。この場合、頻度を求める手順にどのような影響を与えるかに注意すること。

### 問題 32-4　別課題

本書の序章で示した課題を、このスタイルを使用して実装せよ。

# 第IX部
## INTERACTIVITY
# 対 話 性

　28章の**データストリーム**を除くすべてのスタイルでは、最初に入力を受け付け、その入力を処理し、最後に情報を画面に表示します。最近の多くのアプリケーションはこうした特徴を持ちますが、さらに多くのアプリケーションがそれとは全く異なる性質を持ちます。つまり連続的に、あるいは定期的に入力を受け付け、それに応じて状態を更新します。このようなアプリケーションは「対話形式(interactive)」と呼ばれます。対話は、ユーザまたは他のコンポーネントから発生する可能性があり、プログラムの観測可能な出力をいつ、どのように行うのか熟慮が必要です。33章と34章では、対話性を扱うためのよく知られた2つのスタイルを紹介します。

# 33章

## TRINITY
## 三位一体
### ——MVC

## 制約

- アプリケーションは、モデル、ビュー、コントローラの3つに分割される。
    - モデルはアプリケーションのデータを表す。
    - ビューはデータの特定の表現を表す。
    - コントローラは、入力制御、モデルへの入力および更新、適切なビューの呼び出しを行う。
- すべてのアプリケーションの実体は、これら3つのいずれかに関連する。責任範囲が重複することはない。

## プログラム

```python
1  #!/usr/bin/env python
2  import sys, re, operator, collections
3
4  class WordFrequenciesModel:
5      """ データをモデル化する。
6      ここでは、最終結果として単語とその頻度にのみに関心を持つ。"""
7      freqs = {}
8      stopwords = set(open('../stop_words.txt').read().split(','))
9      def __init__(self, path_to_file):
10         self.update(path_to_file)
11
12     def update(self, path_to_file):
13         try:
14             words = re.findall(r'[a-z]{2,}', open(path_to_file).read().lower())
15             self.freqs = collections.Counter(w for w in words if w not in
16                 self.stopwords)
17         except IOError:
18             print("File not found")
```

```
18              self.freqs = {}
19
20  class WordFrequenciesView:
21      def __init__(self, model):
22          self._model = model
23
24      def render(self):
25          sorted_freqs = sorted(self._model.freqs.items(), key=operator.itemgetter(1),
                    reverse=True)
26          for (w, c) in sorted_freqs[0:25]:
27              print(w, '-', c)
28
29  class WordFrequencyController:
30      def __init__(self, model, view):
31          self._model, self._view = model, view
32          view.render()
33
34      def run(self):
35          while True:
36              print("Next file: ")
37              sys.stdout.flush()
38              filename = sys.stdin.readline().strip()
39              self._model.update(filename)
40              self._view.render()
41
42
43  m = WordFrequenciesModel(sys.argv[1])
44  v = WordFrequenciesView(m)
45  c = WordFrequencyController(m, v)
46  c.run()
```

## 解説

　このスタイルは、対話的なアプリケーションに関連する最も有名なスタイルの1つです。モデル/ビュー/コントローラ（MVC：Model View Controller）として知られるこのスタイルは、継続的にユーザに反応する必要のあるアプリケーション設計の一般的なアプローチを具現化したものです。この考え方は非常に単純で、異なる機能やオブジェクトは異なる**役割**、具体的には3つの役割のうちいずれかを持つという前提に基づきます。アプリケーションは3つの部分に分けられ、それぞれが1つ以上の機能やオブジェクトを持ちます。つまり、モデル（model）—データのモデル化、ビュー（view）—ユーザへのデータ表示、コントローラ（controller）—ユーザからの入力を受け取り、その入力に応じたモデルとビューの更新、です。

　MVC三位一体の主な目的は、アプリケーションの多くの関心事、特に一意であるモデルを、さまざまな形式を取り得るビューとコントローラから切り離すことです。

　このプログラムは1つのファイルを処理した後、別のファイルを要求してユーザと対話します。この

プログラムでは、アルゴリズムの関心事とプレゼンテーションの関心事とユーザ入力の関心事を絡めるのではなく、MVCを使って3種類の関心事を明確に分離しています。

- WordFrequenciesModel（#4-#18）は、このアプリケーションの知識基盤となるモデルクラスである。主なデータ構造は単語頻度辞書（#7）であり、メソッド update は入力ファイルを処理してから中身を埋める（#12-#18）。
- WordFrequenciesView（#20-#27）クラスは、モデルに関連付けられたビューである。render メソッドは、モデルからデータを取得して画面に表示する。データのソート（#25）は、モデルの責務ではなくビューの責務であると我々は判断した。
- WordFrequenciesController（#29-#40）クラスは、ユーザに入力を要求し、それに応じてモデルを更新し、ユーザにビューを表示するループ（#34-#40）を実行する。

このプログラムは、コントローラがモデルとビュー両方の更新を主導する点において、**パッシブ (passive)** MVCとして知られる形式です。パッシブ三位一体スタイルでは、前提としてモデルの変更はコントローラのみが行います。しかし、いつもそうとは限りません。実際のアプリケーションでは複数のコントローラとビューが存在し、それらがすべて同じモデルに対し同時に行動します。

**アクティブ（active）**[*1]MVCはパッシブMVCとは異なり、モデルが変更されるとビューが自動的に更新されます。これはさまざまな方法で実現可能ですが、優れている方法もあればそうでない方法もあります。最悪なのは、構築時にモデルをビューと結合することです。例えば、モデルコンストラクタの引数としてビューのインスタンスを渡す方法が考えられます。アクティブMVCの合理的な実装には、ハリウッドスタイル（15章）やアクタースタイル（29章）が適しています。

次のプログラム例では、アクタースタイルを利用して、ファイルの処理中に最新の単語頻度を表示します[*2]。

```
 1 #!/usr/bin/env python
 2 import sys, operator, string, os, threading, re
 3 from time import sleep
 4 from util import getch, cls, get_input
 5
 6 lock = threading.Lock()
 7
 8 #
 9 # アクティブビュー
10 #
11 class FreqObserver(threading.Thread):
12     def __init__(self, freqs):
13         super(FreqObserver, self).__init__()
14         self.daemon, self._end = True, False
15         # freqsは観測されるモデルの一部
```

---

[*1] 他の適切な名称としてリアクティブ (reactive) でも良い。

[*2] 訳注：getch, cls, get_inputをutilモジュールからインポートしているが、これはPython標準のモジュールではない。util.pyは本書のGitHubリポジトリで提供されている。

```
16          self._freqs = freqs
17          self._freqs_0 = sorted(self._freqs.items(), key=operator.itemgetter(1),
               reverse=True)[:25]
18          self.start()
19
20      def run(self):
21          while not self._end:
22              self._update_view()
23              sleep(0.1)
24          self._update_view()
25
26      def stop(self):
27          self._end = True
28
29      def _update_view(self):
30          lock.acquire()
31          freqs_1 = sorted(self._freqs.items(), key=operator.itemgetter(1),
               reverse=True)[:25]
32          lock.release()
33          if freqs_1 != self._freqs_0:
34              self._update_display(freqs_1)
35              self._freqs_0 = freqs_1
36
37      def _update_display(self, tuples):
38          def refresh_screen(data):
39              # clear screen
40              cls()
41              print(data)
42              sys.stdout.flush()
43
44          data_str = ""
45          for (w, c) in tuples:
46              data_str += str(w) + ' - ' + str(c) + '\n'
47          refresh_screen(data_str)
48
49 #
50 # モデル
51 #
52 class WordsCounter:
53      freqs = {}
54      def count(self):
55          def non_stop_words():
56              stopwords = set(open('../stop_words.txt').read().split(','))
                  + list(string.ascii_lowercase))
57              for line in f:
58                  yield [w for w in re.findall(r'[a-z]{2,}',
                      line.lower()) if w not in stopwords]
59
```

```
60         words = next(non_stop_words())
61         lock.acquire()
62         for w in words:
63             self.freqs[w] = 1 if w not in self.freqs else self.freqs[w] + 1
64         lock.release()
65
66 #
67 # コントローラ
68 #
69 print("Press space bar to fetch words from the file one by one")
70 print("Press ESC to switch to automatic mode")
71 model = WordsCounter()
72 view = FreqObserver(model.freqs)
73 with open(sys.argv[1]) as f:
74     while get_input():
75         try:
76             model.count()
77         except StopIteration:
78             # ビューのスレッドが安全に停止するまで待つ
79             view.stop()
80             sleep(1)
81             break
```

この**アクティブ**MVCプログラムのいくつかの点は注目に値します。

まず、最初のプログラムとは若干設計が異なっている点に注意してください。例えば、コントローラはクラスではなく、コードの最後のブロック (#69-#81) です。このプログラムのポイントは、**アクティブ版**MVCの説明と、同じ制約の下に多くの異なる実装が存在することの例示であるため、メソッド名が異なる点や、クラスが2つしかない点は些細な相違です。プログラミングスタイルは制約だけを持ち、厳密な法則はありません。細部にこだわらず、コード設計の高位部分を認識できることが重要です。

次に、ビューを独自のスレッドを持つアクティブオブジェクト[*1]として作成します (#11-47)。そのコンストラクタには、ビューオブジェクトが観測するモデルの一部として、単語頻度辞書freqsを渡します (#12)。このアクティブオブジェクトのメインループ (#20-#24) では、内部データの更新とユーザへの情報表示 (#22)、100 msのスリープ (#23)、を行います。内部データの更新 (#29-#35) は、観測する単語頻度辞書をソートし (#31)、変更の有無を調べ (#33)、変更があれば表示を更新します。

第三に、このアクティブビューは、29章で紹介したアクティブオブジェクトと全く同じではありません。具体的には、キューを持たない点が非常に重要です。その理由は、この単純なプログラムでは、他のオブジェクトがメッセージを送信しないためです。

最後に、ビューが100 msごとに能動的にモデルの変更を確認することから、コントローラもモデルもビューに変更を通知する必要はなく、ビューに対して「表示を更新せよ」との指令を誰も行いません。コントローラはモデルへの更新指示は行います (#76)。

---

[*1]　訳注：独自の実行スレッドを持つオブジェクトとして、29章でアクティブオブジェクト（アクター）を紹介した。

## システムデザインにおけるスタイルの影響

　AppleのiOSをはじめ、無数のWebフレームワーク、膨大な数のGUI（graphical user interface）ライブラリなど、対話型アプリケーションフレームワークの多くがMVCを用います。MVCを使用しない理由はありません。他の多くのスタイルと同様に、このスタイルは非常に汎用的であるため、独自のスタイル、目的、専門的な役割を持つ多くのアプリケーションソフトウェア共通の拠り所として機能します。MVCは、アプリケーションのアーキテクチャから個々のクラスの設計に至るまで、さまざまな規模で適用が可能です。

　コード要素をモデル、ビュー、コントローラに分類するのは必ずしも簡単ではなく、通常は多くの妥当な選択肢があります（同時に不合理な選択肢も多数存在します）。この些細な単語頻度でも、単語の並べ替えをビューではなくモデルに配置するという選択肢がありました。それほど重要ではないアプリケーションでは、選択肢の幅はさらに広がります。例えば、WebアプリケーションのMVCを考える際に、アプリケーションの実体を分割する線はいくつも考えられます。MVC全体をサーバ側に置き、ブラウザを「賢くない（dumb）端末」とする、クライアント側でモデルの一部とビューを実行するリッチJavaScriptクライアントとする、クライアントとサーバの両方にMVCを配置して両者の間で調整を行うなど、分割の方法はさまざまです。クライアントとサーバの分業がどのように行われていても、モデル、ビュー、コントローラの役割を通して考えるなら、ユーザ表示をバックエンドロジックおよびデータと連携させるという複雑な作業の負担は軽くなるはずです。

## 歴史的背景

　MVCは、1979年にSmalltalkとGUIの登場と共に考案されました。

## 参考文献

Reenskaug, T. (1979), MODELS-VIEWS-CONTROLLERS. *The Original MVC Reports.*, https://folk.universitetetioslo.no/trygver/themes/mvc/mvc-index.html
　MVCに関する原著論文集。

## 用語集

コントローラ（controller）
　ユーザからの入力を受け取り、それに応じてモデルを変更し、ビューをユーザに表示する実体のコレクション。

モデル（model）
　アプリケーションの知識基盤としてのデータおよびロジックのコレクション。

ビュー（view）
　モデルの視覚的表現。

# 演習問題

### 問題 33-1　他言語

スタイルを維持したまま、課題を別のプログラミング言語で実装せよ。

### 問題 33-2　異なる対話性

このプログラムは、ファイル全体を処理した後で、ユーザと対話する[*1]。ストップワードに該当しない単語5,000語ごとに単語頻度の現在値を表示し、ユーザに「More? [y/n]」と入力を促すようにプログラムを修正せよ。ユーザが「y」と答えた場合、プログラムはさらに5,000語を処理する。「n」と答えた場合には、次のファイルを要求する。モデル、ビュー、コントローラを合理的な方法で分離すること。

### 問題 33-3　アクティブ MVC

このプログラム（または上の問題で修正したもの）を、**ハリウッドスタイル**を使用して**アクティブ MVC**に変換せよ。

### 問題 33-4　キューの使用

2番目のプログラムでは、オブジェクトがメッセージを送信しないため、アクティブビューはキューを持たない。

- 2番目のプログラムを、キューを使用した**アクター**スタイルに変更せよ。ビューが100 msごとにモデルをポーリングする代わりに、モデルが100単語処理するごとにビューのキューにメッセージを送る。
- このプログラムと、前問の**ハリウッドスタイル**で作成したプログラムとの相違点と類似点を説明せよ。
- どのような場面で、アクター方式とハリウッド方式を使い分けるべきか説明せよ。

### 問題 33-5　別課題

本書の序章で示した課題を、このスタイルを使用して実装せよ。

---

[*1] 訳注：次に処理するファイル名の入力を促すために"Next file: "を表示する。これが確実に表示されるよう、sys.stdout.flush()で標準出力をフラッシュしているが、Python 3.3よりprint関数にはflushキーワード引数が追加されたため、print("Next file: ", flush=True)でも同じ。

## 制約

- 対話性：アクティブエージェント（例えば人）とバックエンド間で対話性を持つ。
- クライアントとサーバの分離：両者間の通信はリクエストおよびレスポンス形式で同期的に行われる。
- ステートレス通信：クライアントからサーバへのあらゆるリクエストには、サーバがリクエストを処理するために必要なすべての情報が含まれる。サーバは進行中の対話コンテキストを保存すべきではなく、セッションの状態はクライアント側で持つ。
- 統一されたインターフェイス：クライアントとサーバは、一意の識別子を持つ**リソース** (resources) を扱う。リソースは、作成、変更、取得、削除からなる制限的なインターフェイスで操作される。リソースリクエストの結果はアプリケーションの状態も駆動するハイパーメディアで表現される。

## プログラム

```
1 #!/usr/bin/env python
2 import re, string, sys
3
4 with open("../stop_words.txt") as f:
5     stops = set(f.read().split(",") + list(string.ascii_lowercase))
6 # The "database"
7 data = {}
8
9 # サーバ側内部関数
10 def error_state():
11     return "Something wrong", ["get", "default", None]
12
13 # サーバ側アプリケーションハンドラ
14 def default_get_handler(args):
```

```
15          rep = "What would you like to do?"
16          rep += "\n1 - Quit" + "\n2 - Upload file"
17          links = {"1" : ["post", "execution", None], "2" : ["get", "file_form", None]}
18          return rep, links
19
20 def quit_handler(args):
21     sys.exit("Goodbye cruel world...")
22
23 def upload_get_handler(args):
24     return "Name of file to upload?", ["post", "file"]
25
26 def upload_post_handler(args):
27     def create_data(fn):
28         if fn in data:
29             return
30         word_freqs = {}
31         with open(fn) as f:
32             for w in [x.lower() for x in re.split(r"[^a-zA-Z]+",
33                     f.read()) if len(x) > 0 and x.lower() not in stops]:
34                 word_freqs[w] = word_freqs.get(w, 0) + 1
34         wf = list(word_freqs.items())
35         data[fn] = sorted(wf, key=lambda x: x[1], reverse=True)
36
37     if args is None:
38         return error_state()
39     filename = args[0]
40     try:
41         create_data(filename)
42     except:
43         print("Unexpected error: %s" % sys.exc_info()[0])
44         return error_state()
45     return word_get_handler([filename, 0])
46
47 def word_get_handler(args):
48     def get_word(filename, word_index):
49         if word_index < len(data[filename]):
50             return data[filename][word_index]
51         else:
52             return ("no more words", 0)
53
54     filename = args[0]; word_index = args[1]
55     word_info = get_word(filename, word_index)
56     rep = '\n#{0}: {1} - {2}'.format(word_index+1, word_info[0], word_info[1])
57     rep += "\n\nWhat would you like to do next?"
58     rep += "\n1 - Quit" + "\n2 - Upload file"
59     rep += "\n3 - See next most-frequently occurring word"
60     links = {"1" : ["post", "execution", None],
```

```
61              "2" : ["get", "file_form", None],
62              "3" : ["get", "word", [filename, word_index+1]]]}
63     return rep, links
64
65 # ハンドラ一覧
66 handlers = {"post_execution" : quit_handler,
67            "get_default" : default_get_handler,
68            "get_file_form" : upload_get_handler,
69            "post_file" : upload_post_handler,
70            "get_word" : word_get_handler }
71
72 # サーバ側メインロジック
73 def handle_request(verb, uri, args):
74     def handler_key(verb, uri):
75         return verb + "_" + uri
76
77     if handler_key(verb, uri) in handlers:
78         return handlers[handler_key(verb, uri)](args)
79     else:
80         return handlers[handler_key("get", "default")](args)
81
82 # 単純なクライアント側ブラウザ
83 def render_and_get_input(state_representation, links):
84     print(state_representation)
85     sys.stdout.flush()
86     if type(links) is dict: # 複数の選択肢がある場合
87         input = sys.stdin.readline().strip()
88         if input in links:
89             return links[input]
90         else:
91             return ["get", "default", None]
92     elif type(links) is list: # 選択肢が1つだけの場合
93         if links[0] == "post": # フォームデータの入力
94             input = sys.stdin.readline().strip()
95             links.append([input]) # データを末尾に追加する
96             return links
97         else: # データ入力が必要ない場合
98             return links
99     else:
100            return ["get", "default", None]
101
102 request = ["get", "default", None]
103 while True:
104     # サーバ側処理
105     state_representation, links = handle_request(*request)
106     # クライアント側処理
107     request = render_and_get_input(state_representation, links)
```

## 解説

　REST（representational state transfer）は、Webを構成するネットワークベースの対話型アプリケーションのためのアーキテクチャスタイルです。その制約は、性能よりも拡張性、分散化、相互運用性、独立したコンポーネント開発を主な目的とする、興味深い一連の選択で構成されています。

　RESTについて学ぶと、必ずと言っていいほどWebに辿り着きます。残念ながら、このアプローチには、学習プロセスを助けるというより、むしろ妨げてしまういくつかの問題があります。第一に、アーキテクチャのスタイル（すなわちモデルや一連の制約）と具体的なWebの間の境界線が非常に曖昧です。第二に、HTTPとWebフレームワークを使用したRESTの例では、Webに関するある程度の予備知識が必要となり、これはどうにもなりません。

　RESTは**スタイル**であり、ネットワークアプリケーションを書くための一連の制約です。このスタイルは、Webの本質を捉えているという事実とは関係なく、それ自体が興味深いものです。この章では、他の章と同じ単語頻度の例を使用して、RESTが規定する一連の制約に焦点を当てます。ここでは意図的に、ネットワークに関係するスタイルは取り上げませんが、RESTの主な制約は対象とします。

　このプログラムは、ユーザと対話し、選択肢の提示と対応するリソースの操作を行います。以下は、対話の抜粋です。

```
$ python tf-33.py
    What would you like to do?
    1 - Quit
    2 - Upload file
U> 2
    Name of file to upload?
U> ../pride-and-prejudice.txt

    #1: mr - 786

    What would you like to do next?
    1 - Quit
    2 - Upload file
    3 - See next most-frequently occurring word
U> 3

    #2: elizabeth - 635

    What would you like to do next?
    1 - Quit
    2 - Upload file
    3 - See next most-frequently occurring word
```

　U>で始まる行は、ユーザからの入力を表します。単語とその頻度は、要求に応じて頻度の高い順に1つずつ表示されます。このような対話が、ブラウザ上のHTMLではどのように行われるかを想像するのは難しくありません。

プログラムを下から順に見ていきましょう。102行目から最後までがメインプログラム (#102-#107) です。プログラムはリクエストの作成から始まります (#102)。このプログラムのリクエストは3つの要素、つまりメソッド名、リソース識別子、そしてクライアント (呼び出し側) からプロバイダ (サーバ) への特定の操作に関する追加のデータで構成されるリストです。作成されたリクエストはdefaultリソースに対してGETメソッドを呼び出します。追加のデータはありません。このプログラムは、プロバイダ側とクライアント側のコード間で、無限の**ピンポン (ping-pong)** を繰り返します。

105行目で、プロバイダにリクエストを送信して処理を依頼します (#105)[*1]。その結果として、サーバは一種の**ハイパーメディア (hypermedia)** [*2]とでも言うべきデータの組を返します。

- 組の最初の要素は、アプリケーションの状態表現。すなわちMVCの**ビュー**に相当する。
- 組の2番目の要素は、リンクのコレクション。これらのリンクは、次に起こり得るアプリケーションの一連の状態を構成する。可能な次の状態は、これらのリンクを介してユーザに提示され、アプリケーションが次にどの状態に進むかをユーザが決定する。

この組は、実際のWebではHTMLやXML形式を持つ1つのデータです。この例では複雑なパースを避けたいので、単純に**ハイパーメディア**を別々のパーツに分割しました。これは、ページすべての情報を埋め込みリンクなしでレンダリングし、ページの下部に関連のリンクを表示する、HTMLの代替形式です。

プロバイダから受け取った**ハイパーメディア**のレスポンスを、クライアントは107行目でユーザ画面に表示し、ユーザからの入力アクションを具現化するためのリクエストを返します (#107)。

メインプログラムの処理ループを確認したので、次にプロバイダ側のコードを見てみましょう。リクエストハンドラ関数handle_request (#73-#80) は、リクエストに対応するハンドラが登録されているかどうかを確認し、登録されていればそれを呼び出します。それ以外の場合は、get_defaultハンドラを呼び出します。

ハンドラは、すぐ上の辞書 (#66-#70) に登録されています。キーには、操作 (GETまたはPOST) と操作対象のリソースがエンコードされています。スタイルの制約として、RESTアプリケーションは、検索 (GET)、作成 (POST)、更新 (PUT)、削除 (DELETE) からなる非常に限定的なAPIを通して**リソース**を操作しますが、ここではGETとPOSTのみを使用しています。また、以下のリソースを使用します。

- *default*：指定されていない場合のリソース
- *execution*：プログラム自体。ユーザの要求でアプリケーションの停止が可能
- *file forms*：ファイルをアップロードするために記入されるデータ
- *file*：ファイル
- *word*：単語

---

*1 Pythonでは関数引数にリストを渡す際に、*aによりリストを展開して位置引数として関数に渡す。訳注：例えばa = [1, 2, 3]の場合、関数呼び出し func(*a) と func(1,2,3) は同じになる。リストではなくタプルでも同じ効果がある。
*2 訳注：リンクで相互に参照関係を持たせた文書をハイパーテキストと呼ぶ。HTML (HyperText Markup Language) はこれを記述するための言語の一種。ハイパーテキストを拡張して画像、音声、動画なども含めた情報媒体をハイパーメディアと呼ぶ。

次にそれぞれのリクエストハンドラを調べましょう。

`default_handler` (#14-#18)

　　単にデフォルトのビューとのデフォルトのリンクを作成し、それを返す (#18)。デフォルトのビューは、2つのメニューオプション -「停止 (quit)」と「ファイルのアップロード (upload a file)」を持つ (#15-#16)。デフォルトのリンクは、アプリケーションが次に行う状態を持つ辞書で、デフォルトリンクは2つの要素を持つ (#17)。ユーザが選択肢「1」(quit) を選択した場合、次のリクエストは *execution* リソースに対するデータなしのPOSTであり、「2」(upload a file) を選択した場合、次のリクエストは `file_form` リソースに対するデータなしのGETになる。これにより、**ハイパーメディア**とは何か、そして次の可能な状態をエンコードする方法が明らかにされた。プロバイダは、アプリケーションが次に行う状態のエンコードを送信する。

`quit_handler` (#20-#21)

　　プログラムを停止させる (#21)[1]。

`upload_get_handler` (#23-#24)

　　質問「フォーム」と、次に可能な唯一の状態である *file* リソースへのPOSTを返す。この場合、リンクの要素は3つではなく、2つだけである点に注意すること。この時点で、プロバイダはユーザの答えを知らない。これは「フォーム」なので、ユーザの応答をデータとしてリクエストに追加するかはクライアントが判断する。

`upload_post_handler` (#26-#45)

　　引数が渡されているかを最初に確認し、渡されていない場合はエラーを返す (#38)。引数がある場合は、それをファイル名とみなし (#39)、そのファイルからデータの作成を試みる (#41-#44)。データ作成関数 `create_data` (#27-#35) は、これまでの読み込み用関数と同じ。最後に、単語が「データベース」(ここでは単なるメモリ上の辞書) に格納され、ファイル名と単語が対応づけられる (#7)。ハンドラは、`word_get_handler` を呼び出し、与えられたファイル名と単語インデックスとして0を渡す (#45)。つまり、このアップロード関数は、ユーザ指定のファイルを読み込んだ後、単語の取得に関連付けられた「ページ」をユーザに返す際に、たった今アップロードされたファイルの先頭の単語表示を要求する。

`word_get_handler` (#47-#63)

　　ファイル名と単語のインデックスを受け取り (#54)[2]、指定されたファイルの指定されたインデックスの単語をデータベースから取得し (#55)、選択肢を表示するメニューのビューを構築する (#56-#59)。ここでは、quit (停止)、upload a file (別のファイルを読み込み)、See next most-frequently occurring word (次の頻出単語を表示) の3つ。メニュー選択肢それぞれのリンク (#60-#62) は、quit が *execution* へのPOST、upload file は *file form* のGET、そして *word* のGETとなる。この最

---

[1]　訳注：*Goodbye Cruel World* は、1984年に発表されたエルビス・コステロ9枚目のアルバム。

[2]　Webでは、`http://tf.com/word?file=...&index=...` の形式となる。

後のリンクは非常に重要なので、後で説明する。

　つまり、リクエストハンドラは、クライアントで入力されたデータを受け取り、リクエストを処理し、ビューとリンクのコレクションを構築し、これらをクライアントに送り返します。

　次の単語を得るためのリンク (#62) は、RESTの主な制約の1つを示しています。次の状況を考えてみましょう。ある単語、例えば10番目の頻出単語を表示した状態から、次の単語を表示するとは、11番目の頻出単語の表示を意味します。このカウンターは、プロバイダとクライアントのどちらが保持するのでしょう。RESTでは、プロバイダはクライアントとのセッション状態を保持しないことになっています。セッション状態はクライアントが持ち、`["get", "word", [filename, word_index+1]]`のように目的の単語インデックスをリンクにエンコードします[*1]。これができるなら、プロバイダはクライアントとの過去のやり取りの状態を保持する必要がなくなります。単にクライアントが正しいインデックスを渡すだけです。

　プログラムの残りはクライアント側のコードであり、一種の単純なテキスト「ブラウザ」です (#83-#100)。このブラウザは最初に、ビューの表示 (#84-#85) を行い、次にリンクのデータ構造を解釈します。リンクの構造として、次の状態が多数存在する場合には辞書を、次の状態が1つしかない場合は単純なリスト (#24) を使用します。

- 次の状態として複数の可能性がある場合、ブラウザはユーザに入力を要求し (#87)、それがどのリンクに該当するかを確認し (#88)、該当する場合はそのリンクを次のリクエストとして (#89)、該当しない場合にはデフォルトリクエストを返す[*2] (#91)。
- 次の状態が1つしかない場合、リンクがPOSTか否か、つまりデータがフォームであるかを確認する (#93)。この場合にも、ユーザに入力を要求し (つまりユーザがフォームに入力を行う) (#94)、フォームに入力されたデータをリンクに追加し (#95)、次のリクエストとして返す。これは、ユーザが入力したデータ (言い換えると、メッセージボディ) をリクエストヘッダの後に追加する、HTTP POSTに相当する。

## システムデザインに対するスタイルの影響

　ここで説明した制約は、Webアプリケーションが守るべき精神の重要な部分を体現しています。すべてのWebアプリケーションがこれに従うわけではありませんが、多くは従っています。

　モデルと現実の間では、アプリケーションの状態を扱う方法が争点となります。RESTではリクエストごとに状態をクライアントに転送し、サーバのアクションに必要なすべてを記述したURLを使用するよう求めます。あまりにも多くの情報を前後に送信する必要があるため、多くの場合でこれは非現実的であることがわかっています。反対に、多くのアプリケーションはセッション識別子をクッキーに隠

---

[*1] 訳注：現在10番目の単語を表示していることをクライアントが把握し、次の単語のインデックスが11であることをサーバに伝える。サーバがこれまでのやり取りを記憶しているなら、クライアントはインデックスではなく「次の単語」を指定するだけで良い。

[*2] 訳注：この関数からの戻りは、プロバイダに対する次のリクエストになる (#105)。

し、クッキーはユーザを識別します。そして、サーバはユーザとのセッションに関する状態を（例えばデータベース上に）保存し、ユーザからのリクエストごとにサーバサイドでその状態を取得または更新します。このため、サーバサイドアプリケーションは、より複雑に、そして応答性も悪くなる可能性があります。それは、すべてのユーザの状態を保存し管理する必要があるためです。

　同期的、コネクションレス、リクエスト/レスポンスという制約も、多くの分散システムにおける慣習に反する興味深い制約です。RESTでは、サーバはクライアントに連絡を取りません。クライアントのリクエストに応答するだけです。この制約が、このスタイルに適したアプリケーションの種類を特定し、制限します。例えば、リアルタイムのマルチユーザアプリケーションは、サーバがクライアントにデータをプッシュする必要があるため、RESTには適していません。この種のアプリケーションをWebで構築するために、クライアントからの定期ポーリングやロングポーリング[*1]を使用してきました。実行は可能ですが、この章のスタイルは明らかにこの類のアプリケーションには適していません。

　クライアントとサーバ間のインターフェイスが単純であること（**リソース識別子**とそれに対する制限的な操作）は、Webの主要な強みの1つです。この単純さが、より複雑なインターフェイスを持つシステムでは不可能な、コンポーネントごとの独立した開発、拡張性、相互運用性を可能にしました。

## 歴史的背景

　Webは、物理学者が文書を共有するためのオープンな情報管理システムとして始まりました。主要な目標の1つは、拡張可能で分散化することでした。1991年に最初のWebサーバが利用可能となり、いくつかのブラウザも同時期に開発されました[*2]。それ以来、Webは飛躍的な成長を遂げ、インターネット上で最も重要なソフトウェア基盤となりました。Webの進化は、個人や企業による有機的なプロセスであり、多くのヒットと失敗がありました。多くの商業的利害が絡む中、プラットフォームをオープン化し、当初の目的に忠実であり続けるのは、時に困難なことでした。いくつかの企業は何年にもわたり、優れた面はあるもののWebの原則に反するような機能や最適化を追加しようと試みてきました。

　Webは基本計画なしで有機的に進化してきたとはいえ、以前に試みられた大規模なネットワークシステムとは全く異なる非常に特殊なアーキテクチャ上の特徴を持っていることが明らかになり、1990年代後半にはその特徴を形式化することが重要だと多く人が感じていました。2000年、ロイ・フィールディングの博士論文で、Webの根幹をなすアーキテクチャのスタイルが説明されました。これはREST（representational state transfer）と呼ばれます。RESTは、アプリケーションを書くための制約条件であり、Webをある程度のレベルで説明できます。WebはRESTから乖離している部分もありますが、多くの場合で現実に対して非常に正確なモデルです。

---

[*1]　訳注：定期ポーリングは、クライアントからサーバに定期的にリクエストを送り、その時点の情報を受け取ること。ロングポーリングは、情報が更新されるまでクライアントからのリクエストにサーバが応答しない方法。遅延なしにサーバの最新情報が受け取れるが、サーバ側で多数のリクエストを保留できる必要がある。

[*2]　訳注：最初のWebサーバ（CERN httpd）と、最初のWebブラウザ（WorldWideWeb）は1991年8月にインターネットニュースグループで公開された。Web普及の立役者であるNCSA Mosaicは1993年1月に公開された。

## 参考文献

Fielding, R. (2000), Architectural Styles and the Design of Network-based Software Architectures. Doctoral dissertation, University of California, Irvine., http://www.ics.uci.edu/~fielding/pubs/dissertation/top.htm

> フィールディングの博士論文では、REST スタイルのネットワークアプリケーション、その代替案、それがもたらす制約について説明されている。

## 用語集

リソース（resource）
> 特定できるモノ。

URI（universal resource identifer）
> 広く受け入れられている、一意なリソース識別子。

URL（universal resource locator）
> リソースの場所を識別子の一部としてエンコードしたURI。

## 演習問題

問題 34-1　他言語
> スタイルを維持したまま、課題を別のプログラミング言語で実装せよ。

問題 34-2　逆順
> このプログラムは単語のリストを常に同じ方向、つまり頻度の降順に表示する。前の単語を表示する選択肢もユーザに表示するよう変更せよ。

問題 34-3　別課題
> 本書の序章で示した課題を、このスタイルを使用して実装せよ。

# 第X部
## NEURAL NETWORKS
# ニューラルネットワーク

　教師あり機械学習と結びついたニューラルネットワークの人気は、ここ数年で急上昇しました。これは、2017年にTensorFlowがオープンソースとして公開されたことと、Kerasなど簡易化したAPIが併せて公開されたことと密接に関連しています。しかし、ニューラルネットワークの基礎となる概念は、コンピュータと同じくらい古いものです。ただし、コンピュータ開発の中心的な存在ではなく、一時期全く信用されていなかったことも事実です。興味深いことに、それらは計算に関する諸問題やコンピュータ自身と比較しても、根本的に異なる考え方を具現化したものです。以降では、学習の有無にかかわらず、ニューラルネットワークによってもたらされたいくつかの新しい概念的なツールを紹介します。

　ここでは、TensorFlowバックエンドを使用したKerasを使用してプログラムを作成します。Kerasはニューラルネットワークプログラミングの抽象度を大幅に高めました。しかし、ニューラルネットワークのプログラム作成は、依然としてデジタルよりもアナログ的で、フォン・ノイマン・アーキテクチャに従わない、とても奇妙なコンピュータ用のアセンブリ言語でプログラムするように感じるかもしれません。そのため、そして概念が全く異なるため、この第X部のプログラムは単語頻度問題の全体を解くのではなく、その一部だけを扱います[*1]。1つのニューラルネットワークプログラムで完全な単語頻度問題を解くには、膨大な数の新しい概念を取り上げる必要があるため、解説を容易にするために問題を分離しました。

　この第X部が終わる頃には、これまで見てきたものはすべて、問題解決のための**デジタル** (digital) **計算**と**記号的** (symbolic) アプローチという、隠れた、しかし基本的な制約の下にあったことが明らかになります。これまで見てきたさまざまなスタイルは、個別の記号（文字、単語、頻度）を操作するためのさまざまな手法でした。ニューラルネットワークを使用したプログラミングを理解すると、古くて忘れ去られたアナログ計算への新しい扉が開かれます。世界は0と1、離散関数、ブール論理ではなく、実数、連続関数、そしてその計算でできていることが理解できるでしょう。この空間に漂う概念は、依然として数学的な起源と密接に結びついているため、低レベルであり、もしかすると奇妙に感じるかも

---

＊1　訳注：第35, 36, 37章のプログラムは、文字の正規化（大文字を小文字に変換）を行い、第38, 39, 40章のプログラムは、1文字単語の除去を行う。

しれません。しかし、その違和感は避けられるものではなく、必要なものなのです。

この部のプログラムはすべて、次の制約を共有しています。

- プログラムは数のみを扱う。あらゆる種類のデータは、数値に変換する必要がある。
- プログラムは数値を入力として受け取り、出力として数値を生成する純粋関数または一連の純粋関数で構成される。副作用は持たない。
- 関数はニューラルネットワーク、すなわち入力と重みの線形結合であり、バイアスによりシフトされる可能性がある。また、しきい値が設定される可能性がある。
- 学習データから自動学習する場合、ニューラル関数は微分可能でなければならない。

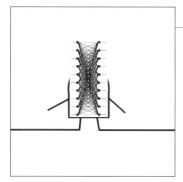

# 35章

DENSE, SHALLOW, UNDER CONTROL
## 浅いDense層のプログラム
──────────────────ニューラルネットワーク

## 制約

- ニューラルネットワークの機能は、すべての入力とすべての出力を接続する1つの層で構成される。
- ニューラルネットワークはハードコードされ、プログラマが明示的に重みを設定する。

## プログラム

```python
1  from keras.models import Sequential
2  from keras.layers import Dense
3  import numpy as np
4  import sys, os, string
5
6  characters = string.printable
7  char_indices = dict((c, i) for i, c in enumerate(characters))
8  indices_char = dict((i, c) for i, c in enumerate(characters))
9
10 INPUT_VOCAB_SIZE = len(characters)
11
12 def encode_one_hot(line):
13     x = np.zeros((len(line), INPUT_VOCAB_SIZE))
14     for i, c in enumerate(line):
15         if c in characters:
16             index = char_indices[c]
17         else:
18             index = char_indices[' ']
19         x[i][index] = 1
20     return x
21
22 def decode_one_hot(x):
23     s = []
24     for onehot in x:
```

```
25          one_index = np.argmax(onehot)
26          s.append(indices_char[one_index])
27      return ''.join(s)
28
29  def normalization_layer_set_weights(n_layer):
30      wb = []
31      w = np.zeros((INPUT_VOCAB_SIZE, INPUT_VOCAB_SIZE), dtype=np.float32)
32      b = np.zeros((INPUT_VOCAB_SIZE), dtype=np.float32)
33      # 小文字はそのまま
34      for c in string.ascii_lowercase:
35          i = char_indices[c]
36          w[i, i] = 1
37      # 大文字を小文字に変換
38      for c in string.ascii_uppercase:
39          i = char_indices[c]
40          il = char_indices[c.lower()]
41          w[i, il] = 1
42      # 大文字小文字以外を空白に変換
43      sp_idx = char_indices[' ']
44      for c in [c for c in list(string.printable) if c not in list(
            string.ascii_letters)]:
45          i = char_indices[c]
46          w[i, sp_idx] = 1
47
48      wb.append(w)
49      wb.append(b)
50      n_layer.set_weights(wb)
51      return n_layer
52
53  def build_model():
54      # Dense層を使用して、文字を正規化
55      model = Sequential()
56      dense_layer = Dense(INPUT_VOCAB_SIZE,
57                          input_shape=(INPUT_VOCAB_SIZE,),
58                          activation='softmax')
59      model.add(dense_layer)
60      return model
61
62  model = build_model()
63  model.summary()
64  normalization_layer_set_weights(model.layers[0])
65
66  with open(sys.argv[1]) as f:
67      for line in f:
68          if line.isspace(): continue
69          batch = encode_one_hot(line)
70          preds = model.predict(batch)
```

```
71    normal = decode_one_hot(preds)
72    print(normal)
```

## 解説

　ニューラルネットワーク（NN：Neural Network）は、教師あり機械学習、特に深層学習と密接な関係を持ちます。しかし、これらの概念は直交しており、異なる時期に独立して登場しました。歴史的に見ても、NNに関する最初の学習アルゴリズムは、NNが定式化されてから10年以上経ってから登場しました。本書でも、ニューラルネットワークの概念と、入出力サンプルから学習する概念を分けて考えます。

　このプログラムは、ニューラルネットワークの学習を行いません。代わりに、望みの動作をハードコードします。この例は、ニューラルネットワークを使用して作成される最近のプログラムを説明するものではありませんが、**ニューラルネットワークの基本的な概念**を説明し、**教師あり学習**の概念を学ぶ準備を整えるための、有効で最も単純なプログラムです。

　機能は非常に単純です。一連の文字（例えば行）を与えると、正規化した文字を出力します。大文字は小文字に変換され、英数字以外の文字はすべてスペースに変換されます。これは、文字に対するある種の変換を行うために設計された単純なフィルタであり、単語頻度を求めるための最初の作業でもあります。

　ニューラルネットワークの中心には、ニューロンという概念があります。ニューロンの数学的モデルは、$N$個の入力を受け取り、それらを重み付けして加算し、結果の値が特定の条件を満たしたときに応答を活性化する関数です。応答とは、重み付けされた入力の単純な線形結合である場合もありますが、非線形の場合もあります。図式化すると、ニューロンのモデルは次のようになります。

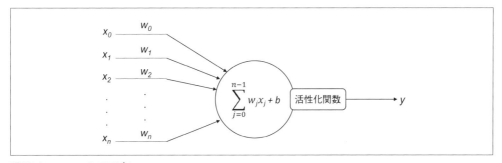

**図35-1　ニューロンのモデル**

　ニューラルネットワークは、何らかの方法で接続された多数のニューロンで構成されます。深層学習では、ニューロンは層で組織化されます。同じ層のニューロンは、異なる重みを持ちますが、同じ入力に対して同時に働きます。

　このプログラムを説明する前に、注意すべき点があります。少なくとも現在一般的なフレームワークにパッケージ化されているNNプログラミングは、3章で紹介した配列スタイルから多くの概念を借用

しています。もしその章を読み飛ばしていたなら、読むべきときは今です。NNプログラミングが配列プログラミングと関連している理由は単純です。深層学習はニューロンに関連した線形代数、特に微分可能な関数に大きく依存しています。そして線形代数は固定サイズのデータ、すなわち多次元配列に大きく依存しています。TensorFlowの**テンソル (tensor)** とは、データに対する関数（つまりニューロンの層）とデータの両方を表す固定サイズの多次元配列を指します。

　この分野の問題について考え、NNプログラムを書く際に必要な労力の多くは、データをベクトル化された形式に変換し、ベクトル化された形式から戻すことに費やされます。**データの符号化**（つまり、データのベクトル化表現）は、NNと深層学習の肝です。ある符号化はネットワークの問題を容易にしますが、別の符号化は問題を難しくします。

　まず、プログラムのメインプログラム (#66-#72) から見てみましょう。このループは与えられたテキストファイルの行を繰り返し処理します。それぞれの行について、まず特殊な方法（後で説明するワンホット符号化）で符号化します (#69)。次に、モデルのpredictメソッドを呼び出し、ネットワークを機能させます (#70)。最後に、結果をデコードして (#71) 結果を表示します (#72)。ネットワークモデルのpredictは、入力の数と同数の引数を渡してネットワークが実装する関数を呼び出すことに例えられます。この場合、1行分の入力のバッチ (batch) [*1]を送り、1行分の出力のバッチ (batch)を受け取ります。

　ニューラルネットワークは線形代数で実装されているため、数値データしか扱うことができません。文字や文字列のようなカテゴリデータは、ネットワークの入力に与える前に数値のベクトルに変換する必要があります。ここでは、テキストファイルの文字を数値のベクトルに変換します。NNでカテゴリデータを表現する際によく用いられるのが**ワンホット符号化 (one-hot encoding)** です。これは非常に単純な構造で、$N$個の異なるモノに対してサイズ$N$のベクトルを使用します。そして、それぞれのモノは、1つの1と$N-1$個の0で構成される$N$ベクトルで表します。1の位置によりベクトルが何を符号化したのかが決まります。

　ワンホット符号化関数encode_one_hot (#12-#20) を調べましょう。この関数は入力行（文字列）を受け取り、1文字ごとのワンホット符号を1つの2次元配列にして返します。1つ目の次元は入力文字列の長さを持ち、1文字につき1つの要素が該当します。2つ目の次元はINPUT_VOCAB_SIZEを持ち、この場合は100です（Pythonでは印刷可能文字は100文字あります[*2]）。各文字はサイズINPUT_VOCAB_SIZE (100) のNumPy配列で表現されます。その配列の要素は、印刷可能文字集合内のその文字のインデックス[*3]に対応する位置の値が1、それ以外はすべて0です。したがって、例えば文字'0'のワンホット符号は[1, 0, 0, ..., 0]であり、文字'1'は[0, 1, 0, ..., 0]となります。簡略化のため、印字不能な文字をすべて空白文字として扱います (#17-#18)。

　ワンホット復号化関数decode_one_hot (#22-#27) はその逆の処理を行います。行の文字に対応する

---

ワンホット符号データの2次元配列を受け取り、その文字列表現を返します。文字を特定するために、複合器はNumPyのargmax関数を使用します（#25）。argmaxは与えられた配列の中で最も大きい値のインデックスを返すので、ワンホット符号化されたベクトル中には1つしかないはずの1のインデックスが特定できます。

ここで「なぜ100 bit[*1]よりはるかに小さいASCIIやUTF-8の文字表現を使わないのだろう」と考えるかもしれません。それでも構わないのですが、このワンホット符号化方式を別の符号化方式に変更すると、ネットワークの重みを設定するロジックが格段に複雑化することが問題なのです。そこで、このプログラムの核となるニューラルネットワーク（別名「モデル」）に話を進めましょう。

ネットワークモデルは62行目行で構築され（#62）、63行目で内容が表示されます（#63）。モデル構築関数build_modelは53〜60行目で定義されています（#53-#60）。モデルは層の系列（Sequential）で表現されますが（#55）、ここで使われる層は1つだけです。その層は、1つのワンホット符号化文字を入力とし、1つのワンホット符号化文字を出力するDense層で構成されます（#56-#58）。Dense層とは、全入力ニューロンを全出力ニューロンに接続する層です[*2]。次の図は、入力ニューロンが10、出力ニューロンが10、合計100の接続を持つDense層です。

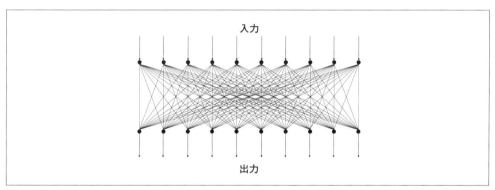

入力

出力

**図35-2　Dense層**

このプログラムのDense層は100の入力ニューロンと100の出力ニューロンを持ち、接続は合計で10,000あります。層が1つだけのNNは、**浅い（shallow）** ネットワークと呼ばれます。

それではプログラムの核心、つまりDense層の重みを使用して文字の正規化をどのように表現するかに迫ります。通常NNプログラムでは、この部分は入力と出力のサンプルから「学習」されます（これは次の章で取り上げます）。NNは一種の計算機ですが、フォン・ノイマン機械とは全く異なります。2値データに対して論理演算を行うのではなく、連続信号に対して算術演算を行います。つまりNNは、アナログコンピュータに類似しています。必要とされる機能をどのようにニューラル接続の重みとして

---

*1　訳注：ここで使用したワンホット符号は、長さ100のリストを用いているので大きさとしては100 bitよりずっと大きいが、0と1しか使用していないので、あえて100 bitと表現したと思われる。

*2　訳注：全結合層（fully-connected layer）とも呼ばれる。このプログラムで使用しているKerasでは、全結合層をDenseクラスで表現している。

表現するかを理解すれば、明示的にプログラム可能です。それは、アナログコンピュータを含むあらゆる計算機と同じです。今回の場合、Dense層の重みで表現される機能は比較的単純です。

　Dense層の「プログラム」は、29〜51行目で定義される`normalization_layer_set_weights`(#29-#51) で設定されます (#64)。Dense層は、重み (weight) (#31) とバイアス (bias) (#32) を設定することで「プログラム」され、どちらも0で初期化されます。これらのパラメータは、図式化したニューロンモデル図の $w_i$ と $b$ に対応しています。バイアス $b$ は層全体で0ですが、重み $w$ にはロジックが組み込まれます。重みは`INPUT_VOCAB_SIZE`の入力文字と同じ大きさの出力文字を対応させる2次元の行列です。この10,000個の重みをそれぞれ設定して、目的の変換を行います。初期状態ではすべて0です。

　まず、小文字に適用される恒等関数 (identity function) から調べます (#34-#36)。小文字に相当するすべてのワンホットデータは、入力の非0値から出力上の全く同じ位置への接続に非0の重みがあるはずです。例えば文字「a」と「b」は、それぞれ [0,0,0,0,0,0,0,0,1,0...,0] と [0,0,0,0,0,0,0,1...,0] に対応します。つまり、10番目、11番目の入力ニューロンから10番目、11番目の出力ニューロンへの接続で重みをそれぞれ1に設定します (#35-#36)。これにより、入力が「a」または「b」の場合に、出力もそれぞれ「a」または「b」になります。これをすべての小文字に対して行います。

　次のブロック (#38-#41) は、大文字から小文字への変換を実装します。値が1の入力ニューロンから、対応する小文字の出力ニューロンへの接続では、0以外の重みが必要です。例えば、文字「A」は [（35個の0）,1,0,...,0] に対応しますが、この文字「A」を表す36番目の入力ニューロンと文字「a」を表す10番目の出力ニューロン間の接続に0以外の重みを与えます (#39-#41)。これにより、「A」の入力に対して出力は「a」になります。これをすべての大文字に対して行います。

　最後に、アルファベット以外の文字を空白に変換します (#43-#46)。それらの文字に対する値が1の入力ニューロンと、空白を表す値が1の出力ニューロンとの接続で重みを0以外の値に設定します。

　Dense層が持つ10,000個の重みのうち、1であるものは100個だけで、それ以外はすべて0です。このDense層は実際にはかなり疎 (sparse) であり、0の値を持つ9,900個の接続を除去してもネットワークの振る舞いは変わりません。このことは、Denseネットワークについて2つの考慮点を浮かび上がらせます。

- ワンホット符号化の使用方法を再考する。より小さな、例えばASCII（8ビット）など別の符号化方式を使用すれば、設定すべき全体の重みは少なくなる（ASCIIならば64個）が、入力ニューロンと出力ニューロン間のロジックはより複雑化し、表現がはるかに難しくなる。ただし技術的には実現可能であるため、その実装は演習とする。

- NNにおける「プログラミング」は、各出力ニューロンに対する入力値の組み合わせとして表現される。Dense層は、「プログラミング」で使用できる余地が大きい。今回の場合10,000個の実数値を自由に使用できるため、出力値を得るために入力値の間で取り得る相互依存の空間が非常に広い。Dense層は、いわばNNのスイスアーミーナイフである。特定の重みを0にすれば、より少ない接続数で制約の多いネットワークなども表現できる。この点については、例から学習するネットワークを分析する際に、再度説明する。

プログラムに関する最後の注意点として、Dense層の重みは64行目で設定されます（#64）。

## 歴史的背景

　ニューラルネットワークの概念は、1940年代に理論神経生理学の分野で生まれました。神経生理学は脳を研究する学問です。当時の研究者は、実験室での実験と経験的データから得た情報で経験的結果を説明し、まだ観測されていない行動を予測する数学的モデルにより、その分野の経験的知識を取り込もうとしました。ある条件によって活性化される入力の組み合わせであるニューロンの数学的モデルは、1943年にマカロックとピッツが発表した論文「A Logical Calculus of the Ideas Immanent in Nervous Activity」で初めて説明されました。この論文では、「神経（nervous）」ネットワークと呼ばれるニューラルネットワークが提示されましたが、学習の概念は含まれていません。代わりに、AND、OR、NOTなどの論理演算を行ういくつかのニューラルネットワークが紹介されました。NNに学習が導入されるまで、さらに10年を必要とします。

　こうした計算のコネクショニストモデル（connectionist model）[*1]は、当時のデジタルコンピュータの開発に影響を与えたデジタル／記号モデルとは全く異なるものでした。サンプルから学習しないのであれば、ニューラルネットワークはデジタル回路と比較してはるかに複雑なプログラミングを必要とする機械です。この場合、マカロックとピッツが行ったように、ニューロンから論理ブロックを構築するのが自然な流れと言えますが、そうなるとNNはデジタルコンピュータと変わらなくなり、その価値は非常に限定的となります。

## 参考文献

McCulloch, W. and Pitts, W. (1943), A logical calculus of the ideas immanent in nervous activity. In *Bulletin of Mathematical Biophysics*, Vol. 5, pp. 115-133.
　ニューロンの数学的モデルと「神経」ネットワークの概念を示した最初の論文。

## 用語集

Dense
　非常に多くのニューロン間の接続を持つネットワーク。Kerasの**Dense**層は、一連の入力ニューロンと一連の出力ニューロン間をすべて結合する。

符号化（encoding）
　データをベクトル化すること。

層（layer）
　入力ニューロンと出力ニューロン間の一連の接続。

---

[*1]　訳注：コネクショニズム（connectionism）は、ニューラルネットワークにより知識を表現する考え方。コネクショニストは、その分野の研究者を指す。

モデル（model）

　すべての重みが設定された、「プログラム」済みのネットワークアーキテクチャ。NNにおける、「プログラム」に最も近い概念。

ニューロン（neuron）

　連続関数で表された特定の条件の下で活性化する、入力の結合子（combinator）。

ワンホット（one-hot）

　カテゴリデータに対するニューラルネットワークの一般的な符号化方式。カテゴリごとに1つだけ1を使い、残りは0とする。

予測（predict）

　モデルに対するpredictは、関数に対するevalに相当し、プログラムの実行を行う。

浅いネットワーク（shallow）

　入力ニューロンと出力ニューロンと、それらを接続する唯一の層で構成されるニューラルネットワーク。

テンソル（tensor）

　入出力データや関数（つまり、重み）を表す、固定サイズの多次元配列。

## 演習問題

問題 35-1　別プログラム

　関数normalization_layer_set_weightsで定義したネットワーク「プログラム」が唯一の解ではないことを、同じ文字変換を生成する異なる重みを用いて証明せよ。

問題 35-2　別符号化

　ワンホット符号の代わりにASCIIを使用してプログラムを実装せよ。

問題 35-3　別機能

　各文字をLEET文字[*1]に変換するニューラルネットワークを実装せよ。変換するLEET符号は自由に選択して良い。

---

[*1]　訳注：インターネットコミュニケーションなどでよく使用される、一種の当て字のこと。例えばaの代わりに@、toやforの代わりに2, 4を使用する。Wikipedia https://en.wikipedia.org/wiki/Leet にLEET符号の例がまとめられている。

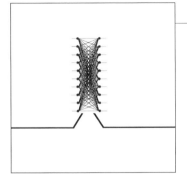

# 学習する浅いDense層
## ―学習

## 制約

- ニューラルネットワークの機能は、すべての入力とすべての出力を接続する1つの層で構成される。
- ニューラル機能は、学習データに対する推論を通して学習する。

## プログラム

```python
1 from keras.models import Sequential
2 from keras.layers import Dense
3 import numpy as np
4 import sys, os, string, random
5
6 characters = string.printable
7 char_indices = dict((c, i) for i, c in enumerate(characters))
8 indices_char = dict((i, c) for i, c in enumerate(characters))
9
10 INPUT_VOCAB_SIZE = len(characters)
11 BATCH_SIZE = 200
12
13 def encode_one_hot(line):
14     x = np.zeros((len(line), INPUT_VOCAB_SIZE))
15     for i, c in enumerate(line):
16         if c in characters:
17             index = char_indices[c]
18         else:
19             index = char_indices[' ']
20         x[i][index] = 1
21     return x
22
23 def decode_one_hot(x):
24     s = []
```

```
25      for onehot in x:
26          one_index = np.argmax(onehot)
27          s.append(indices_char[one_index])
28      return ''.join(s)
29
30 def build_model():
31     # Dense層を使用して、文字を正規化
32     model = Sequential()
33     dense_layer = Dense(INPUT_VOCAB_SIZE,
34                         input_shape=(INPUT_VOCAB_SIZE,),
35                         activation='softmax')
36     model.add(dense_layer)
37     return model
38
39 def input_generator(nsamples):
40     def generate_line():
41         inline = []; outline = []
42         for _ in range(nsamples):
43             c = random.choice(characters)
44             expected = c.lower() if c in string.ascii_letters else ' '
45             inline.append(c); outline.append(expected)
46         return ''.join(inline), ''.join(outline)
47
48     while True:
49         input_data, expected = generate_line()
50         data_in = encode_one_hot(input_data)
51         data_out = encode_one_hot(expected)
52         yield data_in, data_out
53
54 def train(model):
55     model.compile(loss='categorical_crossentropy',
56                   optimizer='adam',
57                   metrics=['accuracy'])
58     input_gen = input_generator(BATCH_SIZE)
59     validation_gen = input_generator(BATCH_SIZE)
60     model.fit_generator(input_gen,
61                 epochs=50, workers=1,
62                 steps_per_epoch=0,
63                 validation_data=validation_gen,
64                 validation_steps=10)
65
66 model = build_model()
67 model.summary()
68 train(model)
69
70 input("Network has been trained. Press <Enter> to run program.")
71 with open(sys.argv[1]) as f:
```

```
72    for line in f:
73        if line.isspace(): continue
74        batch = encode_one_hot(line)
75        preds = model.predict(batch)
76        normal = decode_one_hot(preds)
77        print(normal)
```

## 解説

　前の章では、Dense層の重みを手作業で設定し、ニューラルネットワークを明示的にプログラムしました。この章では**学習**に注目します。学習、つまり入出力サンプルに基づき、何らかの方法で自動的に重みを計算することが可能です。この重要な発見により、ニューラルネットワークは長年にわたってコンピュータ科学者の関心を集めてきました。最初の「学習アルゴリズム」と呼ばれるものはそれほど優れたものではなく、ニューラルネットワークの研究はほとんど停止していましたが、1980年代初頭の発展がこの分野に変化をもたらしました。

　このプログラムは前章のプログラムと似ていますが、Dense層が「プログラムされる」点が異なります。前の章では、重みはプログラムロジックの一部でしたが、ここでは重みを学習します。それでは、詳しく見てみましょう。

　ワンホット符号化および復号化関数 (#13-#28)、モデル定義関数 (#30-#37)、メインプログラム (#71-#77) は、前のプログラムと全く同じです。

　異なるのは、重みを設定するのではなく、ネットワークを構築した後に**学習**のステップを持つ点です (#68、#54-#64)。ここでDense層の重みが計算されます。KerasはハイレベルなAPIとして学習方法詳細の多くを隠蔽していますが、Kerasを効果的に使うためには機械学習に関する基本的な知識が欠かせません。ここでは、簡単な問題の単純なネットワークにおいて、学習がどのように機能するかを説明します。これは、TensorFlowや他のあらゆる最新の深層学習フレームワークで学習がどのように行われるかを説明するものではなく、1958年に最初に提案された方法に非常に近いものです。また、問題の性質と使用するワンホット符号化による簡略化の恩恵を受けていることにも注意してください。以下は、この問題に対して機能する単純な学習アルゴリズムです。

1. 重みを0で初期化する。
2. 学習セットからワンホット符号化された文字を1つ取得する。この入力をネットワークに与え、出力を得る。
3. 各出力ニューロンについて、その出力値が1であるべきにもかかわらず値が0であった場合、1の入力（ワンホット符号なので1つしかないはず）との接続に対して重みを1に変更する。
4. 間違いがなくなるまで、ステップ2〜4を繰り返す。

　入力として考えられるすべての文字でこのステップを実行した後、ネットワークは問題に対する1つの可能な解を正しく「学習」したことになります。それは、たまたま前の章と同じものになります。

　この学習アルゴリズムは簡単すぎて、今回の問題のような単純な変換と符号化以上のことはできません。また、他の文字符号化に対しても機能しません。現代の機械学習では、**バックプロパゲーション（backpropagation）**[*1]と呼ばれるアルゴリズムが使われます。これは、ネットワーク内の誤差を1つの層だけでなく多くの層にわたって後方に伝播させるという基本的な考えを一般化したものです。重みの値を増加させるか減少させるか、その程度はどうするかなどを、最適化アルゴリズムを使用して決定します。典型的にはさまざまな**勾配降下法（gradient descent）**が用いられます。重みの調整は、上記の単純化されたアルゴリズムのように0から1への大きな変化ではなく、学習期間中に小さな変更を加えながら反復的に行います。

　プログラムに戻りましょう。学習関数trainは、まず指定された損失関数（loss function）、オプティマイザ（optimizer）、評価指標（success metrics）で、ネットワークを「コンパイル」します（#55-#57）。ここではそれぞれ、カテゴリ交差エントロピー（categorical cross-entropy）、adam、正解率（accuracy）が指定されています。この「コンパイル」とは、学習のために行うネットワークの設定と構成であり、一般的なプログラミングの世界とは非常に異なるものを意味します。TensorFlowバックエンドは、学習中にデータからパラメータ値を最適化する方法と、成功を測定する方法を知る必要があります。損失関数（または目的関数）とは損失をスカラー値にマップし、損失を計算し評価します。損失関数の例として、平均二乗誤差（MSE：Mean Squared Error）、バイナリ交差エントロピー（binary cross-entropy）などがあります。ここで使用するカテゴリ交差エントロピーは、出力に2つ以上のラベルクラスがあり、クラスがワンホット符号化されている場合に適しています。つまり、各文字はワンホット符号化されたカテゴリであると考えます。オプティマイザは、データのバッチで勾配降下を実装するため非常に多くの種類がありますが、adamは非常に速く収束することで知られています。最後のパラメータである評価指標（metrics）は、学習プロセスの成功を測定するために使用される一連の指標を定義します。今回は正解率、すなわち学習時の真の値と予測値の距離に注目します。

　モデルをコンパイルしたら、モデルのfit_generatorメソッドを呼び出し、学習を行います（#60-#64）。fit_generatorは単純なfitメソッドの変形で、与えられた学習データに対してモデルを当てはめます。これが学習です。fit_generatorメソッドとfitメソッドの違いは、前者が学習データと検証データをジェネレータ関数から受け取るのに対し、後者はメモリに読み込まれたデータを使用する点です。fitメソッドのパラメータ指定には、機械学習の知識が必要です。基本的に、学習は学習データのバッチに対して行われ、その上で複数のパス（エポックと呼ばれる）が実行されます。200サンプルのバッチ（#11）を、50エポック学習します。steps_per_epochを20に定義するので、学習セットの大きさは20×200＝4,000サンプルとなります。図36-1は、これらの値の関係を示しています。

---

[*1]　訳注：一般的に「誤差逆伝播法」とも訳すが、本書ではバックプロパゲーションを使用する。

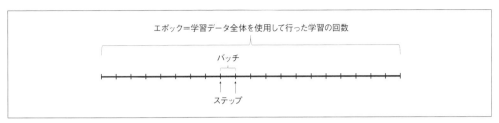

図36-1　エポック、バッチ、ステップの関係

　最後に、学習データの中身を見てみましょう。この章までに行ってきた従来のプログラムの経験から、文字の正規化を実装する方法を正確に知っているため、無限の学習データを作成できます。しかし実際の機械学習では、学習データの入手が困難であることが一般的です。このプログラムでは、学習データの生成を input_generator 関数 (#39-#52) で行います。一般的に学習データは、モデル用に適切に符号化された入出力値の組で構成されます。この場合、学習データは文字とその正規化済み文字のバッチであり、ワンホット符号化されています。

　学習データを変数に保存する通常の関数と比較して、ジェネレータを使用する強い理由はありません。一般的にジェネレータは、学習データが大きすぎてメモリに収まらない場合に選択されますが、今回はそれに当てはまりません。ジェネレータを使う理由は、データ生成を変更することなく、fit メソッド (#60) のパラメータを変更する実験が多少容易になるためです。

　この時点で、「このネットワークは前章で行ったのと全く同じ正規化の方法を学習したのだろうか?」との強い疑問を感じているはずです。手作業で重みを設定した際、ある重みを1に設定し、他の重みは0のままでした。正確には異なりますが、学習された解は前章の解に似ています。次のように、任意のネットワーク層の任意の重みを検査できます。

```
print(model.layers[n].get_weights()[0][i][j])
```

　ここで、nは層のインデックス[1]、iとjはそれぞれ入力ニューロンと出力ニューロンのインデックスです (get_weights() は重みとバイアスのリストを返すため、重みを見るために[0]を指定する)。例えば、入力ニューロン36 (つまり入力文字が'A'の場合に、値が1となる) の重みを比べてみましょう。前章のプログラムされたネットワークでは、次のような値が得られます。

```
[0. 0. 0. 0. 0. 0. 0. 0. 0. 0. 1. 0. 0. 0. 0. 0. 0. 0. 0.
 0. 0. 0. 0. 0. 0. 0. 0. 0. 0. 0. 0. 0. 0. 0. 0. 0. 0. 0.
 0. 0. 0. 0. 0. 0. 0. 0. 0. 0. 0. 0. 0. 0. 0. 0. 0. 0. 0.
 0. 0. 0. 0. 0. 0. 0. 0. 0. 0. 0. 0. 0. 0. 0. 0. 0. 0. 0.
 0. 0. 0. 0. 0. 0. 0. 0. 0. 0. 0. 0. 0. 0. 0. 0. 0. 0. 0.
 0. 0. 0. 0. 0.]
```

　10番目の位置にある1つの1は、10番目の文字である小文字'a'へのプログラムされた変換です。こ

---

*1　訳注：このプログラムは shallow ネットワーク、つまり層は1つしかないため、このプログラムに限れば n は常に0である。

の章で行った学習済みネットワークの場合、値は次のようになります[*1]（正確な値は実行ごとに異なります）。

```
[-0.72 -0.60 -0.81 -0.63 -0.91 -0.79 -0.80 -0.60 -0.74
 -0.75  0.92 -1.03 -0.92 -1.07 -0.81 -0.92 -0.81 -0.90
 -0.79 -0.90 -1.04 -0.82 -0.99 -0.90 -1.09 -1.07 -1.00
 -0.91 -0.92 -0.90 -1.07 -0.84 -0.87 -1.08 -0.85 -1.09
 -0.68 -0.65 -0.61 -0.66 -0.90 -0.63 -0.87 -0.61 -0.85
 -0.72 -0.79 -0.87 -0.78 -0.57 -0.78 -0.66 -0.64 -0.72
 -0.57 -0.60 -0.83 -0.59 -0.89 -0.64 -0.73 -0.82 -0.87
 -0.61 -0.85 -0.82 -0.66 -0.85 -0.58 -0.60 -0.69 -0.72
 -0.65 -0.79 -0.75 -0.83 -0.72 -0.62 -0.82 -0.80 -0.69
 -0.62 -0.81 -0.68 -0.66 -0.58 -0.57 -0.86 -0.61 -0.80
 -0.63 -0.72 -0.81 -0.74 -0.88 -0.57 -0.66 -0.75 -0.58
 -0.72]
```

10番目の値が正である以外は、すべて負の値を持ちます。手作業でプログラムした変換のその他すべてについても同じことが言えます。つまり、ネットワークは正確な解を学習してはいませんが、有効な解を学習しています。前述したように、10,000個の実数値を持つDense層は、「プログラム」するための広い空間を持ちます。非常に多くの解を持ち、空間の広さはここで行ったような文字変換に対しても有効に働きます。

入出力のサンプルを解析してプログラムを自動的に学習できる点は、ニューラルネットワークがもたらす非常に興味深く新しい能力であり、従来のコンピュータよりも強力であることに疑問の余地はありません。この新しい能力を可能にする制約は、**微分可能関数**（differentiable functions）の使用、つまり微分の計算が可能な関数を使うことです。しかしその代償として、少なくとも当面の間は、結果として得られたプログラムの理解度は低下します。実数値の多次元配列で表現されるこの形式のプログラムは、特にデータから学習した場合、一般に解釈が極めて困難です。

## 歴史的背景

1943年のマカロックとピッツの「神経」ネットワークに関する論文以降、神経心理学の発展は遅々たるものでした。1949年、ドナルド・ヘッブは、脳がどのように情報を処理し保存するかについての理論を提示する、非常に影響力のある書籍を出版しました。この理論には、シナプス（すなわちニューロン間のリンク）の調整による学習についての、最初の漠然としたアイデアが含まれていました。

1958年には、1つのニューロンであるパーセプトロン用ではあるものの、最初の学習アルゴリズムがフランク・ローゼンブラット[*2]により考案されました。パーセプトロン（perceptron）とは、サンプルから学習できるニューロンの一種です。ローゼンブラットの研究は、マカロックとピッツの論理関数としての神経モデルと、ヘッブによる調整可能なシナプスに関する漠然としたアイデアの両方に基づいて

---

*1　訳注：この出力を得るには、`train(model)` の後に `print(model.layers[0].get_weights()[0][36])` を置けば良い。

*2　訳注：フランク・ローゼンブラットは、アメリカの心理学者。マービン・ミンスキーとは米国ニューヨークのブロンクス High School of Science で同級生であった。

います。数学的には、ニューロンの入力に対する重みとしてシナプスをモデル化し、学習データセットの着想を得ました。彼の学習アルゴリズムは非常に単純です。

1. ランダムな重みで開始する。
2. データセットから1つの入力を取り出し、パーセプトロンに与え、出力を計算する。
3. 出力が期待される結果と一致しない場合：(a) 出力が1であったが0となるべき場合、入力が1に対する重みを減らす。(b) 出力が0であったが1となるべき場合、入力が1に対する重みを増やす。
4. データセットから別の入力を取得し、パーセプトロンが間違いを示さなくなるまで、手順2～4を繰り返す。

ローゼンブラットはこれを考案しただけではありません。その設計をカスタムハードウェアで構築し、20×20ピクセル程度の画像上で単純な図形の正しい分類が学習可能なことを示しました。この成果は、計算機分野での機械学習の誕生とみなされています。

人工知能の父と言われるマービン・ミンスキーは、1951年にSNARC (Stochastic Neural Analog Reinforcement Calculator) と呼ばれるニューラルマシンの先行研究を行っていたと伝えられています。しかし、口コミ以外にこの研究の痕跡はありません。興味深いことに、ローゼンブラットの人工知能へのアプローチに対して、ミンスキーは非常に懐疑的でした。彼の懸念は妥当な部分もあります。パーセプトロンはニューロンが1つだけであるため、単純な分類問題である0と1といった出力値の集合が有限である場合にはうまく機能します。また、この基本アルゴリズムをパーセプトロンの集合、つまり層に拡張することで、本章で紹介したような少し複雑な問題を解くことも可能です。しかし、パーセプトロンには多くの限界があります。特にミンスキーとパパート[*1]は、排他的論理和 (XOR) 論理関数を1層のパーセプトロンだけでは実装できないこと、つまり2層以上のパーセプトロンが必要であることを示しました。ローゼンブラットのアルゴリズムは、多層ではうまく働きませんでした。そしてXORが作れないため、パーセプトロンが人工知能の基礎になる可能性は低いとみなされていました。

ミンスキーの影響や彼のパーセプトロンに対する否定的な見解も要因となり、ニューラルネットワークの研究は信頼性が低くこれ以上発展しないものとして実質的に放棄されました。1980年代にルールベースのAIに関する誇大広告がしぼみ始め、ニューラルネットワークが再び話題に登場するようになります。

## 参考文献

Hebb, D.O. (1949), *The Organization of Behavior: A Neuropsychological Theory.* John Wiley & Sons.
　　シナプスの調整を介した神経回路網の学習を最初に紹介した書籍。

Rosenblatt, F. (1958), The perceptron: a probabilistic model for information storage and organization in the brain. In *Psychological Review*, Vol. 65(6): 386-408.
　　単一ニューロンに対する最初の学習アルゴリズム。

---

[*1]　訳注：シーモア・パパートは、LOGO言語の設計で知られるアメリカの計算機科学者。マービン・ミンスキーがMITのAI Labの初代所長となった際、共同ディレクターに任命された。

# 用語集

**バッチ（batch）**

　学習データのサブセット。学習済みの重みを更新するために使用する。

**エポック（epoch）**

　学習データ全体を使用して行った学習の回数。

**当てはめ（fit）**

　与えられた入出力データに最も適合する重みを学習すること。

**学習アルゴリズム（learning algorithm）**

　真の値と予測値の誤差を最小にする、ニューラルネットワークの重みを求めるためのアルゴリズム。

**損失関数（loss function）**

　一連の誤差を1つの数値にする関数。

**オプティマイザ（optimizer）**

　勾配降下法の具体的な実装。

**学習（training）**

　ニューラルネットワークのプログラムにおいて、ネットワークの重みをデータから学習させる処理。

**検証（validation）**

　学習したモデルが、未知のデータに対してどの程度の性能を発揮するかを確認する処理。

# 演習問題

**問題 36-1　学習アルゴリズム**

　「**解説**」で説明した簡単な学習アルゴリズムを実装し、正しく動作することを示せ。

**問題 36-2　異なる学習パラメータ**

　Kerasのドキュメントでcompileメソッドについて調べ、プログラムのcompileパラメータとしてさまざまなオプティマイザや損失関数を試せ。また、エポック数やエポックあたりのステップ数も変更して実験する。その結果をレポートにまとめること。

**問題 36-3　別符号化**

　ワンホット符号化の代わりにASCIIを使用して、プログラムを実装せよ。

**問題 36-4　別機能**

　各文字からLEET文字への変換を学習するニューラルネットワークを実装せよ。変換するLEET符号は自由に選択して良い。

# 37章
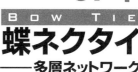
## 蝶ネクタイ
### ――多層ネットワーク

## 制約

- 蝶ネクタイのような形状のネットワークで、少なくとも1つの隠れ層を持つ。

## プログラム

```python
1 from keras.models import Sequential
2 from keras.layers import Dense
3 import numpy as np
4 import sys, os, string
5
6 characters = string.printable
7 char_indices = dict((c, i) for i, c in enumerate(characters))
8 indices_char = dict((i, c) for i, c in enumerate(characters))
9
10 INPUT_VOCAB_SIZE = len(characters)
11
12 def encode_one_hot(line):
13     x = np.zeros((len(line), INPUT_VOCAB_SIZE))
14     for i, c in enumerate(line):
15         index = char_indices[c] if c in characters else char_indices[' ']
16         x[i][index] = 1
17     return x
18
19 def decode_values(x):
20     s = []
21     for onehot in x:
22         # 1に最も近い要素のインデックスを求める
23         one_index = (np.abs(onehot - 1.0)).argmin()
24         s.append(indices_char[one_index])
25     return ''.join(s)
26
```

```
27 def layer0_set_weights(n_layer):
28     wb = []
29     w = np.zeros((INPUT_VOCAB_SIZE, 1), dtype=np.float32)
30     b = np.zeros((1), dtype=np.float32)
31     # 小文字はそのまま
32     for c in string.ascii_lowercase:
33         i = char_indices[c]
34         w[i, 0] = 1.0 / i
35     # 大文字を小文字に変換
36     for c in string.ascii_uppercase:
37         i = char_indices[c]
38         il = char_indices[c.lower()]
39         w[i, 0] = 1.0 / il
40     # 大文字小文字以外を空白に変換
41     sp_idx = char_indices[' ']
42     for c in [c for c in list(string.printable) if c not in list(
           string.ascii_letters)]:
43         i = char_indices[c]
44         w[i, 0] = 1.0 / sp_idx
45
46     wb.append(w)
47     wb.append(b)
48     n_layer.set_weights(wb)
49     return n_layer
50
51 def layer1_set_weights(n_layer):
52     wb = []
53     w = np.zeros((1, INPUT_VOCAB_SIZE), dtype=np.float32)
54     b = np.zeros((INPUT_VOCAB_SIZE), dtype=np.float32)
55     # 小文字の復号
56     for c in string.ascii_lowercase:
57         i = char_indices[c]
58         w[0, i] = i
59     # 空白の復号
60     sp_idx = char_indices[' ']
61     w[0, sp_idx] = sp_idx
62
63     wb.append(w)
64     wb.append(b)
65     n_layer.set_weights(wb)
66     return n_layer
67
68 def build_model():
69     model = Sequential()
70     model.add(Dense(1, input_shape=(INPUT_VOCAB_SIZE,)))
71     model.add(Dense(INPUT_VOCAB_SIZE))
72     return model
```

```
73
74 model = build_model()
75 model.summary()
76 layer0_set_weights(model.layers[0])
77 layer1_set_weights(model.layers[1])
78
79 with open(sys.argv[1]) as f:
80     for line in f:
81         if line.isspace(): continue
82         batch = encode_one_hot(line)
83         preds = model.predict(batch)
84         normal = decode_values(preds)
85         print(normal)
```

## 解説

　前章までの2つのニューラルネットワークプログラムは、学習の有無とは無関係に離散的な記号操作にとどまっています。文字と数字配列との間で変換が行われますが、使用されるのは依然として0と1のみです。この章では、実数の全領域を自由に使える利点を生かして、同じような文字変換を実行します。

　全接続された1つのDense層を持つのではなく、次のような蝶ネクタイの形をしたネットワークを作成します。

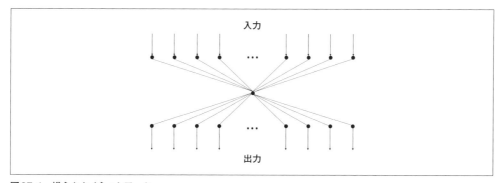

**図37-1　蝶ネクタイネットワーク**

　一般に、蝶ネクタイ型ネットワークは、いくつかのDense**隠れ層**(hidden layers)から構成されます。最初のいくつかの層は多次元入力を次第に小さな次元に変換し、最後のいくつかの層は逆を行います。このようなネットワークは**エンコーダ・デコーダ** (encoder-decoder) アーキテクチャと呼ばれます。理由は後述します。このプログラムの蝶ネクタイ型ネットワークは、上の図のように、1つのニューロンを持つ隠れ層が1つあります。問題は、100次元の0と1の入力を1つの実数にエンコードし、その実数を文字として解釈できる100次元に**デコード**し直すところです。まず、エンコードとデコードを担う2つの層の重みを手動で設定し。次にその重みを学習する方法を示します。

　プログラムを下から確認します。モデルはbuild_model関数で定義されます（#68-#72）。まさに前述のネットワークトポロジーを表しています。入力として100（input_shape=(INPUT_VOCAB_SIZE,)）[*1]のニューロン、隠れ層に1ニューロン（第一パラメータの1がこれを表す）（#70）、そして出力として100ニューロンです。このネットワークは非常に小さく、2つの100接続で構成されているため、重みは200個であることに注意してください。これまでの章では、重みの数は10,000個でした。

　構築されたモデルの重みはその後設定されます（#74-#77）。文字変換を正しく行うためには、重みをどう設定すれば良いのでしょうか。さらに基本的な疑問ですが、文字を変換せず同じ文字を出力するには、どのような重みが必要なのでしょう。蝶ネクタイ型ネットワーク上の恒等式は、**自動符号化（auto-encoding）**として知られ、多数の興味深い用途があります。ワンホット表現から実数への符号化方法と、実数から文字として解釈可能なものへの復号化方法の理解が、この蝶ネクタイ型ネットワークを理解する鍵となります。

　そのためのコードがlayer0_set_weights（#27-#49）とlayer1_set_weights（#51-#66）です。適切な解は多数あり、いずれも同様に機能します。2つの層の重みは、いくつかの制約に従う必要があります。このプログラムで使用される基本的な考え方は次の通りです。文字番号$K$（ここで$K$は0から99までの正の整数）のワンホット入力が与えられると、何らかの関数、例えば逆数$1/K$を使用して実数に変換します。これが入力と隠れニューロン間の重みになります。例えば文字'a'と'b'の文字番号はそれぞれ10と11であり、'a'と'b'のエンコードニューロンから中間層への重みはそれぞれ0.1と0.0909となります。つまり、入力が'a'のときは隠れニューロンの値は0.1、入力が'b'ならば0.0909、といった具合です。この部分は簡単です。

　しかし、恒等式ではない文字変換も行いたいので、小文字ではない文字に対する重みを変更します。すべての大文字に対するニューロンと隠れニューロンとの接続に、小文字に相当する重みを設定します（#36-#39）。そして、アルファベット以外の文字に空白文字に相当する重みを割り当てます（#41-#44）。この部分も、まだ単純です。

　難しいのは、実数の値を文字にデコードすることです。そのための方法の1つとして、2つ目の層の重みに1つ目の層の逆数を設定します。例えば、隠れ層から'a'出力ニューロンへの重みを10、'b'出力ニューロンへの重みを11にします。こうすると、'a'の入力に対して隠れニューロンで0.1に、出力ニューロンで再び1になります。しかし、問題があります。隠れ層の0.1は、すべての出力ニューロンに流れますが、その重みはいずれも0ではありません。つまり、'a'の出力は、'a'を符号化するニューロンではちょうど1、それ以外の場所では99個の0でない値になります。例えば、入力が'a'の場合、'b'をエンコードする出力ニューロンに着目すると、その値は0.1×11＝1.1になります。出力はもはや文字のワンホット表現ではなくなりました。

　一般に、1つのデコード層だけで圧縮／伸長を行うと、出力側でワンホット符号化を維持できません。この圧縮は入力次元の独立性を破壊するため、1つのデコード層だけではその独立性を回復できないのです。これも前章で触れたパーセプトロンが持つXOR問題の現れです。この章の後半で、プログラム

---

[*1]　訳注：INPUT_VOCAB_SIZEは前章と同じで100に設定されている。なお、1つの要素のタプルを定義する際、単にカッコで囲ったものと区別するために、カンマをおく。例えば値が100の要素1つだけのタプルは(100)ではなく(100,)と記述する。

の学習版を説明する際に、再度触れることにします。とりあえず、出力がワンホット符号化でないことを受け入れるしかありません。

出力はワンホットでないにもかかわらず、どの文字がエンコードされたかを復元することは完全に可能です。値が1に最も近い、あるいは正確に1であるニューロンを探せばよいのです。そのニューロンはエンコードとデコードの正しい組み合わせを通過した文字を表していることが保証されます。1以外の値はすべて副作用です。

このプログラムでは、出力を復号化するためのdecode_one_hotに代わる新しい関数decode_valuesを用意しました (#19-#25)。この関数は1に最も近い値のインデックスを探します。これが求める文字のインデックスです。

次に学習について考えてみましょう。これらの重みは学習できるでしょうか。答えはイエスです。実際、さまざまなことを学習できます。まず、プログラムが実装した関数を正確に学習することから始めましょう。この関数はワンホット表現を入力として受け取り、サイズ100の実数ベクトルを生成しますが、その中の1つだけが正確に1の値を持ちます。次のコードは、学習版プログラムの最も重要な学習を行う部分です。

```
1  # ...初期化コード...
2
3  BATCH_SIZE = 200
4
5  def encode_values(line):
6      x = np.zeros((len(line), INPUT_VOCAB_SIZE))
7      for i, c in enumerate(line):
8          index = char_indices[c] if c in characters else char_indices[' ']
9          for a_c in characters:
10             if a_c == c:
11                 x[i][index] = 1
12             else:
13                 idx = char_indices[a_c]
14                 x[i][idx] = idx / index
15     return x
16
17 def input_generator(nsamples):
18     def generate_line():
19         inline = []; outline = []
20         for _ in range(nsamples):
21             c = random.choice(characters)
22             expected = c.lower() if c in string.ascii_letters else ' '
23             inline.append(c); outline.append(expected)
24         return ''.join(inline), ''.join(outline)
25
26     while True:
27         input_data, expected = generate_line()
28         data_in = encode_one_hot(input_data)
```

```
29          data_out = encode_values(expected)
30          yield data_in, data_out
31
32  def train(model):
33      model.compile(loss='mse',
34                    optimizer='adam',
35                    metrics=['accuracy', 'mse'])
36      input_gen = input_generator(BATCH_SIZE)
37      validation_gen = input_generator(BATCH_SIZE)
38      model.fit_generator(input_gen,
39                    epochs=10, workers=1,
40                    steps_per_epoch=1000,
41                    validation_data=validation_gen,
42                    validation_steps=10)
43
44  model = build_model()
45  model.summary()
46  train(model)
47
48  # ...メインプログラム...
```

　このプログラムでは、学習データは入力と出力の組からなり、入力はワンホット符号、出力はハードコード版の出力と正確に一致する値です。関数encode_values（#5-#15）はまさにそれを行います。input_generator（#17-#30）はワンホット符号化された入力と実数のベクトルを出力として生成します（#28、#29）。

　次に、train関数（#32-#42）を調べます。前章では、出力がワンホット表現であったため、カテゴリ交差エントロピー損失関数を用いて学習を行いました。しかし、今回の出力は実数のベクトルです。1は1つしかないはずですが、それは表現できません。カテゴリのワンホット入力から実数のベクトルへの関数を学習しているのです。機械学習の用語でこの問題は**分類**（classification）ではなく**回帰**（regression）と表現されます。分類は以前に見た値からカテゴリを予測する問題であるのに対し、回帰は以前に見た値から連続値を予測する問題です。今回のケースでは、出力が予測したい実数の集合であることから、単純な損失関数である**平均二乗誤差**（MSE：Mean Square Error）を使用します（#33）。また、前章よりも多くの学習データ（4,000に対して200,000）を使用します。この関数は複雑で、学習に少し時間がかかるためです。

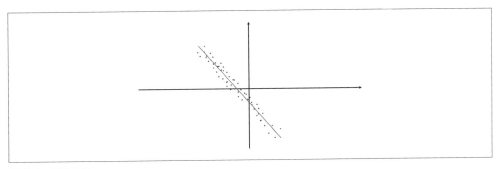

図37-2　線形回帰

　線形回帰は、分類を含む機械学習の統計的基礎をなします。19世紀初頭に発明された線形回帰は一連のデータ点に最適な直線（上図参照）を求めるための手法群です。また、教師あり機械学習とは、学習用のサンプル（データ点）が与えられたときに、その関数を学習することです。もちろん、教師あり機械学習には、線形回帰以外にもさまざまな場面に適用できます。具体的には、学習セットの一部でないデータ点に対してもうまく働くという意味で、導き出された関数は**一般化可能 (generalizable)**[1]であるべきです。しかし線形回帰は、まさにデータから関数を学習することの核心です。

　一方、この学習プログラムには少し残念な部分があります。文字を奇妙なベクトル表現に変換する非常に特殊な関数をネットワークに学習させ、その表現をわざわざdecode_values関数で復号しなければなりません。ハードコードしたニューラルネットワークでは、これもやむなしですが、学習版ではこの奇妙なベクトルをさらにデコードしなければならないのは、無駄でしかありません。この実数ベクトルを文字のワンホット表現にデコードする方法もネットワークに学習させることはできないでしょうか。

　もちろん可能です。実際のところ、ハードコード版のネットワークでそれを行うこともできました。1つの方法は、1に着目したしきい値処理です。しかし、しきい値処理はバックプロパゲーションではうまく機能しません。別の方法は、次のように実数ベクトルからワンホット符号化された表現への変換を学習する、別のDense層を追加するものです。

```
1 def build_model():
2     model = Sequential()
3     model.add(Dense(1, input_shape=(INPUT_VOCAB_SIZE,)))
4     model.add(Dense(INPUT_VOCAB_SIZE))
5     model.add(Dense(INPUT_VOCAB_SIZE, activation='softmax'))
6     return model
7
8 def train(model):
9     model.compile(loss='categorical_crossentropy',
10                   optimizer='adam',
11                   metrics=['accuracy'])
```

*1　訳注：学習データに含まれない値を入力しても、妥当な解が得られること。

```
12      input_gen = input_generator(BATCH_SIZE)
13      validation_gen = input_generator(BATCH_SIZE)
14      model.fit_generator(input_gen,
15                  epochs=10, workers=1,
16                  steps_per_epoch=1000,
17                  validation_data=validation_gen,
18                  validation_steps=10)
19
20  def input_generator(nsamples):
21      def generate_line():
22          # ...same...
23      while True:
24          input_data, expected = generate_line()
25          data_in = encode_one_hot(input_data)
26          data_out = encode_one_hot(expected)
27          yield data_in, data_out
```

　ここで注目すべきは、追加された層です (#5)。この層は実数ベクトルを受け取り、ワンホット表現を生成します。この層のおかげで、ネットワークはワンホット入力からワンホット出力を再び学習可能となりました。それに合わせて、input_generatorもワンホット出力を生成するように戻します (#26)。最後の注意点として、ネットワークはカテゴリを扱うようになったので、再びカテゴリ交差エントロピー損失関数を使うようにcompileのオプションも戻します。

　要約すると、1つの隠れニューロンは情報を維持できますが、入力を1つの実数値に変換することにより、特徴の独立性を破壊します。デコーダ層は、出力の主要な符号化特性、すなわちニューロンの1つだけが入力信号のすべてを、そして唯一伝えるという事実を回復します。最後に、最終層はその主要特性を捉え、ワンホット表現に変換します。データはカテゴリ形式で復元されます。

　10,000個の重みが追加されるのが、最後のモデルの欠点です。元のネットワークがわずか200個であったことを考えると、とても大きな負担増です。

## 歴史的背景

　**深層学習** (deep learning) は、最後のモデルのような隠れ層が2つ以上あるニューラルネットワークに関連しています。これに対して、本章の最初の蝶ネクタイ型ネットワークや35章と36章のネットワークは、**浅い** (shallow) ネットワークと呼ばれます。ニューラルネットワークの分野は、当初からあらゆる種類のニューラルネットワークに取り組むことを目指していましたが、最初に提案された学習手法は、多層ネットワークでは機能しませんでした。ネットワークを多層にしないと、ニューラルネットワークの適用範囲がかなり限定されてしまいます。これは、数十年にわたり、この分野の足かせでした。

　1986年、ラメルハート、ヒントン、ウィリアムズ (RHW：Rumelhart, Hinton and Williams) は、多層ニューラルネットワークにおけるバックプロパゲーション手法を説明する短い、しかし非常に影響力のある論文を*Nature*に発表しました。その論文では、複雑な分類問題を解決するための応用をいくつか示しました。この論文は、現代のディープラーニング、すなわち多層ネットワークにおける学習の始

まりとみなされています。

　RHWの論文は、数年前から存在する技術に基づいて作成されました。バックプロパゲーション自体は1960年代に複数の研究者によりそれぞれ個別に発明され、セッポ・リンナインマーによる実装が少なくとも1つ1970年には存在していました。ポール・ワーボスは1974年の博士論文で、バックプロパゲーションを多層ニューラルネットに使用する方法を示します。しかし1970年代の「AIの冬の時代」、つまりAIに対する懐疑論が根強かった時代のため、これらの研究が日の目を見るのはそれから10年後のことでした。

## 参考文献

Linnainmaa, S. (1970), The Representation of the Cumulative Rounding Error of an Algorithm as a Taylor Expansion of the Local RoundingErrors., Master's thesis, Univ. Helsinki
　　バックプロパゲーションの最初の実装として知られているもの。

Rumelhart, D. E., Hinton, G.E. and Williams, R.J. (1986), Learning representations by back-propagating errors, *Nature*, 323(9): 533-536.
　　多層ニューラルネットワークにおけるバックプロパゲーションの概念を普及させた影響力の大きい論文。バックプロパゲーションのアイデアは1960年代から知られていた。複数の研究者が複数の分野でそれぞれ独自に発見したものであり、中にはニューラルネットワークとは無関係なものもあった。

P. Werbos (1974), Beyond Regression: New Tools for Prediction and Analysis in the Behavioral Sciences, PhD thesis, Harvard University
　　バックプロパゲーションを多層ニューラルネットに適用した初期の例の1つ。

## 用語集

### バックプロパゲーション（backpropagation）
ニューラルネットワークにおける重みの関数として誤差の微分を計算するための解析的手法。

### 深層学習（deep learning）
2つ以上の隠れ層のニューラルネットワークを用いた教師あり学習。

### 勾配降下法（gradient descent）
誤差を最小化するための最適化アルゴリズム群。勾配降下法は解析的な解を持たないため、これらのアルゴリズムは反復的。

### 隠れ層（hidden layer）
ニューラルネットワークの入力および出力層以外の層。

## 演習問題

**問題 37-1　ハードコード**

カテゴリ版（最後のコード例）のコードで、第3層（と最終層）の重みをハードコードで実装せよ。

**問題 36-2　別符号化**

ワンホット符号化の代わりにASCIIを使用して、蝶ネクタイスタイルのプログラムを実装せよ。

**問題 37-3　別機能**

各文字からLEET文字への変換を学習するニューラルネットワークを実装せよ。変換するLEET符号は自由に選択して良い。

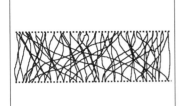

# 38章

## ニューロモノリス
### ──────シーケンス

## 制約

- 概念的に異なる多くの機能を 1 つの Dense 層で実装する。
- 特定の出力が特定の入力に論理的に関連付けられていない場合、人為的に関連付ける。

## プログラム

```python
1  from keras.models import Sequential
2  from keras.layers import Dense
3  import numpy as np
4  import sys, os, string
5
6  characters = string.printable
7  char_indices = dict((c, i) for i, c in enumerate(characters))
8  indices_char = dict((i, c) for i, c in enumerate(characters))
9
10 INPUT_VOCAB_SIZE = len(characters)
11 LINE_SIZE = 80
12
13 def encode_one_hot(line):
14     x = np.zeros((1, LINE_SIZE, INPUT_VOCAB_SIZE))
15     sp_idx = char_indices[' ']
16     for i, c in enumerate(line):
17         index = char_indices[c] if c in characters else sp_idx
18         x[0][i][index] = 1
19     # 行末まで空白にする
20     for i in range(len(line), LINE_SIZE):
21         x[0][i][sp_idx] = 1
22     return x.reshape([1, LINE_SIZE * INPUT_VOCAB_SIZE])
23
24 def decode_one_hot(y):
25     s = []
```

```
26      x = y.reshape([1, LINE_SIZE, INPUT_VOCAB_SIZE])
27      for onehot in x[0]:
28          one_index = np.argmax(onehot)
29          s.append(indices_char[one_index])
30      return ''.join(s)
31
32 def normalization_layer_set_weights(n_layer):
33      wb = []
34      w = np.zeros((LINE_SIZE * INPUT_VOCAB_SIZE, LINE_SIZE * INPUT_VOCAB_SIZE))
35      b = np.zeros((LINE_SIZE * INPUT_VOCAB_SIZE))
36      for r in range(0, LINE_SIZE * INPUT_VOCAB_SIZE, INPUT_VOCAB_SIZE):
37          # 小文字はそのまま
38          for c in string.ascii_lowercase:
39              i = char_indices[c]
40              w[r + i, r + i] = 1
41          # 大文字を小文字に変換
42          for c in string.ascii_uppercase:
43              i = char_indices[c]
44              il = char_indices[c.lower()]
45              w[r + i, r + il] = 1
46          # 大文字小文字以外を空白に変換
47          sp_idx = char_indices[' ']
48          for c in [c for c in list(string.printable) if c not in
                list(string.ascii_letters)]:
49              i = char_indices[c]
50              w[r + i, r + sp_idx] = 1
51          # 1文字単語を空白に変換
52          previous_c = r - INPUT_VOCAB_SIZE
53          next_c = r + INPUT_VOCAB_SIZE
54          for c in [c for c in list(string.printable) if c not
                in list(string.ascii_letters)]:
55              i = char_indices[c]
56              if r > 0 and r < (LINE_SIZE-1)*INPUT_VOCAB_SIZE:
57                  w[previous_c + i, r + sp_idx] = 0.75
58                  w[next_c + i, r + sp_idx] = 0.75
59              if r == 0:
60                  w[next_c + i, r + sp_idx] = 1.5
61              if r == (LINE_SIZE-1)*INPUT_VOCAB_SIZE:
62                  w[previous_c + i, r + sp_idx] = 1.5
63
64      wb.append(w)
65      wb.append(b)
66      n_layer.set_weights(wb)
67      return n_layer
68
69 def build_model():
70      # Dense層を使用して文字の正規化を行う
```

```
71    model = Sequential()
72    model.add(Dense(LINE_SIZE * INPUT_VOCAB_SIZE,
73                    input_shape=(LINE_SIZE * INPUT_VOCAB_SIZE,),
74                    activation='sigmoid'))
75    return model
76
77 model = build_model()
78 model.summary()
79 normalization_layer_set_weights(model.layers[0])
80
81 with open(sys.argv[1]) as f:
82    for line in f:
83        if line.isspace(): continue
84        batch = encode_one_hot(line)
85        preds = model.predict(batch)
86        normal = decode_one_hot(preds)
87        print(normal)
```

## 解説

　36章と37章では、単語頻度問題における最初の作業である文字の正規化に焦点を当てました。ここでは別の作業、すなわち1文字単語の除去[*1]を取り上げます。空白に挟まれている1つの文字を取り除くために、その文字を空白に置き換えます。そのためには文字を単体で見るのではなく、少なくとも前後の文字に注意を払う必要があります。

　入力データの**系列 (sequence)** 間依存関係の把握は、ニューラルネットワークのおそらく最も魅力的な機能の1つです。それはコンピュータの**空間 (space)**（すなわちストレージやメモリ）と**時間**両方の理解を再評価します。これまで見てきた単純な**順伝播型 (feed forward)** ニューラルネットワークはステートレス機械であり、以前に行われた入力に関する情報を保存する機能はありません。これ以降では、過去の入力がニューラルネットワークにどのように影響するかを見ていきます。まずここでは順伝播型でステートレスなDense層という厳しい制約の下に話を進めます。

　この問題に取り組む最初の方法は、時間と空間の1対1直接交換です。つまり1文字ずつ処理するのではなく1行分をまとめて処理することで、これまで行ったような文字変換だけでなく、行の中で別の位置にある文字間の依存関係も「プログラム」できます。入力と出力がはるかに増加し、接続数も2次関数的に増えることになります。

　このプログラムはまさにそれを行います。このプログラムと35章のプログラムには多くの類似点があります。ここでも、ネットワークは学習によってではなく、重みを手動で設定することにより「プログラム」されており、コネクショニストスタイルでは文字の依存関係をどのような論理で扱うかを明確に示しています。どちらのプログラムも同じ機能を持ち、その実装も非常によく似ています。ここでは、

---

[*1]　訳注：例えば対象の単語から不定冠詞「a」を除外するために、これまでは読み込んだストップワードのリストに1文字の小文字を追加するなどの対応を行っていた。

その違いに注目しましょう。

　主な違いの1つは、Dense層が行全体を処理するため、行の最大サイズを定める必要がある点です。ニューラルネットワークへのすべての入力は固定サイズのテンソルを必要とするためです。ここでは行のサイズを80とします（#11）[1]。与えられた行の長さが最大サイズより小さい場合、ワンホット符号化関数encode_one_hotは空白文字を埋めます（#20-#21）。

　もう1つデータサイズに関する相違点は、入力に加えられた1つ目の次元です（#14、#18、#21、#22）。36章と37章では、入力の1つ目の次元が各行の文字数に対応するものなので特に説明を加えませんでした。しかし、このコードはそれほど明白ではありません。Kerasはすべての入力が少なくとも2つの次元を持つことを要求します。入力データは**バッチ（batch）**と呼ばれる固定サイズのコレクションの単位でネットワークに入力されます。そのため、入力の最初の次元は常にバッチです。ここで行う予測（行単位）のように常に1つのデータしかない場合には、バッチの次元は1です[2]。

　モデルのDense層（#72-#74）は、LINE_SIZE * INPUT_VOCAB_SIZE＝8,000の入力を同じサイズの出力に接続します。つまり、接続数が6,400万になります（35章では、接続数10,000でした）。Dense層は大きな入力サイズに対してスケールしません。35章と同様に、これら接続は数百の接続を除き大部分の重みは0です。

　プログラムされたネットワークを見てみましょう（#32-#67）。小文字の処理（#38-#40）、大文字の処理（#42-#45）、文字以外の処理（#47-#50）はこれまでと全く同じですが、文字間の依存関係を処理するための重み設定が、追加されています（#52-#62）。文字列の各文字について、前の文字位置（previous_c）と後の文字位置（next_c）を調べます。それらの位置におけるアルファベット[3]ではない文字すべてに対し、その文字の1のインデックスから現在位置の空白文字の1インデックスへの接続に0ではない重みを追加します。その重みの正確な値は重要ではありませんが、2つの規則に従う必要があります。1つの重みは1より小さく、2つの重みの和は1より大きくします。このようにして、現在の文字が文字以外のものに囲まれたとき、まるで投票のように隣接する入力から2つの重みを受け取り、空白に変換されます。もし近傍に非文字が1つしかない場合は、空白に対して1つの重みしか受け取らず、出力が空白に変換されるには不十分です[4]。

---

[1]　訳注：プログラムの入力であるpride-and-prejudice.txtの各行は比較的短く区切られており、最も長い行で74文字しかない。

[2]　訳注：これまでは行単位に入力され予測は文字単位に行うため、ネットワークにはINPUT_VOCAB_SIZEのデータを行の長さ個のデータとして渡していた。ここでの予測は行単位に行われるため、INPUT_VOCAB_SIZE * LINE_SIZEのデータを1つネットワークに渡す。encode_one_hotの最後でx.reshape([1, LINE_SIZE * INPUT_VOCAB_SIZE])を行い、(1, LINE_SIZE, INPUT_VOCAB_SIZE)の3次元配列を(1, LINE_SIZE * INPUT_VOCAB_SIZE)の2次元配列に変更している点に注意。

[3]　訳注：定数string.ascii_lettersの値は、'abcdefghijklmnopqrstuvwxyzABCDEFGHIJKLMNOPQRSTUVWXYZ'

[4]　訳注：これまでと同じ重みの設定（#38-#40、#42-#45、#47-#50）により、行の中のどの位置の文字であっても、小文字は小文字、大文字は小文字、非アルファベットは空白に変換される。それは、ワンホット符号化された入力の1に対応する値が、対応する小文字や空白を表す出力の1になるように重みを調整されているためである。このルールを上書きするために、現在の文字位置の前と後ろの文字が非アルファベットであった場合には、空白を表す出力が1以上となるように重みを設定することで現在の文字が何であっても空白に誘導される。後述されるように、decode_one_hot関数が、正確に1のインデックスではなく最も大きい値を持つインデックスから文字を決定している点に注意。なお、前後の文字種別により現在文字を空白に変換するための重みの設定方法は、重みの2次元配列を複雑に操作しているが、まず非アルファベットを空白に変換する重みの設定（#47-#50）を理解しておくとわかりやすい。

37章の蝶ネクタイの例と同じように、文字出力はもはや1を1つだけ持つワンホット符号ではなく、非0値を複数持つ可能性がある点に注意してください。これはベクトルを文字に復号する方法を難しくしません。関数decode_one_hot (#24-#30) において、ワンホット符号の1がどの位置にあるかを解釈する方法は、正確な1の値を探すのではなく、最大値の位置を見つけるのです (#28)。

このネットワークは、データから学習して自動的にプログラミングできるでしょうか。答えはイエスです。次のコードは、プログラムを学習版に変換します。

```
1  BATCH_SIZE = 200
2  STEPS_PER_EPOCH = 5000
3  EPOCHS = 4
4
5  # ...符号化関数...
6
7  def input_generator(nsamples):
8      def generate_line():
9          inline = []; outline = []
10         for _ in range(LINE_SIZE):
11             c = random.choice(characters)
12             expected = c.lower() if c in string.ascii_letters else ' '
13             inline.append(c); outline.append(expected)
14         for i in range(LINE_SIZE):
15             if outline[i] == ' ': continue
16             if i > 0 and i < LINE_SIZE - 1:
17                 outline[i] = ' ' if outline[i-1] == ' ' and
                       outline[i + 1] == ' ' else outline[i]
18             if (i == 0 and outline[i + 1] == ' ') or (i == LINE_SIZE-1 and
                   outline[i - 1] == ' '):
19                 outline[i] = ' '
20         return ''.join(inline), ''.join(outline)
21
22     while True:
23         data_in = np.zeros((nsamples, LINE_SIZE * INPUT_VOCAB_SIZE))
24         data_out = np.zeros((nsamples, LINE_SIZE * INPUT_VOCAB_SIZE))
25         for i in range(nsamples):
26             input_data, expected = generate_line()
27             data_in[i] = encode_one_hot(input_data)[0]
28             data_out[i] = encode_one_hot(expected)[0]
29         yield data_in, data_out
30
31 def train(model):
32     model.compile(loss='binary_crossentropy',
33                   optimizer='adam',
34                   metrics=['accuracy'])
35     input_gen = input_generator(BATCH_SIZE)
36     validation_gen = input_generator(BATCH_SIZE)
37     model.fit_generator(input_gen,
```

```
38                  epochs=EPOCHS, workers=1,
39                  steps_per_epoch=STEPS_PER_EPOCH,
40                  validation_data=validation_gen,
41                  validation_steps=10)
42
43 model = build_deep_model()
44 model.summary()
45 train(model)
46
47 # 以下メインプログラム
```

　損失関数は、カテゴリ交差エントロピーではなく、バイナリ交差エントロピーである点に注意してください（#32）。36章ではカテゴリ交差エントロピーを使用しましたが、その違いを説明します。36章の出力は、文字のワンホット符号化表現であったため、ニューラルネットワークに正確な「カテゴリ」（すなわち正確なワンホット符号化ニューロン）の区別を学習させる意図がありました。したがって、出力ニューロンの集合を考慮したカテゴリ交差エントロピーが適切でした。しかしここでは、出力は8,000のニューロンの集合であり、そのうち80個は1、その他は0です。出力はもはやワンホット符号化表現ではありません。そのため、すべての出力ニューロンについて、0と1を個別に区別することをニューラルネットワークに学習させたいと考えています。したがって、バイナリ交差エントロピーが適切です[1]。

　しかし、この6,400万の重みを持つ巨大なネットワークの学習は容易ではありません。経験則では、学習可能な重み（trainable weights）が多いネットワークほど、学習に必要な学習データ量が多くなります。問題により異なりますが、大まかに言えば少なくとも重みの量と同程度のデータが必要です。前の章の文字正規化ニューラルネットワークでは、10,000の重みと学習セットとして4,000のサンプルがありました。6,400万の重みでは、約100万のサンプルは必要です。上のコードでは定数でその数を定めています（学習セットのサイズは、エポックあたりのステップ数×バッチサイズで表せる）（#1-#3）。100万のサンプルと6,400万の重みを持つネットワークを学習させるには長い時間がかかりますが、実際に要する時間はGPU使用の有無でも異なります。学習パラメータ、特に学習セットのサイズ（STEPS_PER_EPOCHで決定される）を変化させて試すことをお勧めします。

　この巨大なネットワークは、コネクショニストの世界におけるモノリス思考の一例です。あまり深く考えず、問題を解決するためのロジックをすべて1つの層に詰め込みたいだけなのです。この考え方は、4章のスタイルといくつかの点で類似しています。

　　設計の観点で言うと、目的の出力を得ることが主な関心事です。その際、問題の細分化や、すでに存在するコードの再利用については深く考慮しません。問題全体が1つの概念的な単位であるとすると、プログラミングの作業とは、この単位を司るデータと制御の流れを定義することです。

---

*1　機械学習の用語では、これを**マルチラベル分類**（multi-label classification）問題と呼ぶ。

コネクショニストモデルの「制御の流れ」は、ニューロン間の接続と重みの値で具現化されます。このスタイルでは、すべてのロジックを1つの巨大で高密度な層で表現し、その中で最善を尽くします。

4章では、プログラムのわかりやすさの指標として、**循環的複雑度**（cyclomatic complexity）を紹介しました。ニューラルネットワークにも、同等の指標があります。**学習可能なパラメータ**（trainable parameters）の数、つまり手動または学習アルゴリズムでプログラム可能な接続の数です。学習可能なパラメータの数が多いほど、プログラムや学習が難しくなります。6,400万個の学習可能な重みは明らかに過大であり、単純な問題に対処する方法としては全く正当化されません。問題の性質や時間データの表現方法について深く考えれば、より小さくモジュール化された解決方法が生まれ、学習や理解が容易になります。

## 用語集

順伝播（feed forward）

　循環を持たないニューラルネットワーク。

学習可能なパラメータ（trainable parameters）

　バックプロパゲーション中に更新されるニューラルネットワークの重みとバイアス。

## 演習問題

問題38-1　存在証明

　この問題には、重みの異なる他の解決策が数多く存在する。ニューロモノリススタイルを維持し、出力がワンホット符号となる解決策は存在するか。もし存在するなら、それを示せ。存在しなければ、出力のワンホット符号化を保証する解は存在しないことを証明せよ。

問題38-2　文字除去

　行の最初と最後の文字が同じであれば、それらを他の文字（例えば空白）に変換するように、プログラムを変更せよ。

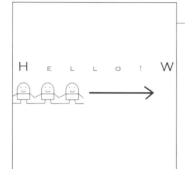

# 39章
## SLIDING WINDOW
## スライディングウィンドウ
### ━━━━━━━━━━━畳み込み

## 制約

- 入力は要素のシーケンスであり、出力はそのシーケンス内の特定パターンに依存する。
- 入力は、元のシーケンスの $N$ 要素の連結シーケンスとして再編成される。ここで、$N$ はパターンを捉えるに足る十分な大きさを表す。
- 連結は、問題に応じて $S$ の幅で入力配列をスライドさせて作成される。

## プログラム

```python
1  from keras.models import Sequential
2  from keras.layers import Dense
3  import numpy as np
4  import sys, os, string
5
6  characters = string.printable
7  char_indices = dict((c, i) for i, c in enumerate(characters))
8  indices_char = dict((i, c) for i, c in enumerate(characters))
9
10 INPUT_VOCAB_SIZE = len(characters)
11 WINDOW_SIZE = 3
12
13 def encode_one_hot(line):
14     line = " " + line + " "
15     x = np.zeros((len(line), INPUT_VOCAB_SIZE))
16     for i, c in enumerate(line):
17         index = char_indices[c] if c in characters else char_indices[' ']
18         x[i][index] = 1
19     return x
20
21 def decode_one_hot(x):
22     s = []
```

```
23      for onehot in x:
24          one_index = np.argmax(onehot)
25          s.append(indices_char[one_index])
26      return ''.join(s)
27
28  def prepare_for_window(x):
29      # WINDOW_SIZEのデータをxの後ろに向かってスライドさせる
30      ind = [np.array(np.arange(i, i + WINDOW_SIZE)) for i in range(
                x.shape[0] - WINDOW_SIZE + 1)]
31      ind = np.array(ind, dtype=np.int32)
32      x_window = x[ind]
33      # 2dのテンソルに形状変換する
34      return x_window.reshape(x_window.shape[0], x_window.shape[1] * x_window.shape[2])
35
36  def normalization_layer_set_weights(n_layer):
37      wb = []
38      w = np.zeros((WINDOW_SIZE * INPUT_VOCAB_SIZE, INPUT_VOCAB_SIZE))
39      b = np.zeros((INPUT_VOCAB_SIZE))
40      # 小文字はそのまま
41      for c in string.ascii_lowercase:
42          i = char_indices[c]
43          w[INPUT_VOCAB_SIZE + i, i] = 1
44      # 大文字を小文字に変換
45      for c in string.ascii_uppercase:
46          i = char_indices[c]
47          il = char_indices[c.lower()]
48          w[INPUT_VOCAB_SIZE + i, il] = 1
49      # 大文字小文字以外を空白に変換
50      sp_idx = char_indices[' ']
51      non_letters = [c for c in list(characters) if c not in list(string.ascii_letters)]
52      for c in non_letters:
53          i = char_indices[c]
54          w[INPUT_VOCAB_SIZE + i, sp_idx] = 1
55      # 1文字単語を空白に変換
56      for c in non_letters:
57          i = char_indices[c]
58          w[i, sp_idx] = 0.75
59          w[INPUT_VOCAB_SIZE * 2 + i, sp_idx] = 0.75
60
61      wb.append(w)
62      wb.append(b)
63      n_layer.set_weights(wb)
64      return n_layer
65
66  def build_model():
67      # Dense層を使用して文字の正規化を行う
68      model = Sequential()
```

```
69    model.add(Dense(INPUT_VOCAB_SIZE,
70                    input_shape=(WINDOW_SIZE * INPUT_VOCAB_SIZE,),
71                    activation='softmax'))
72    return model
73
74 model = build_model()
75 model.summary()
76 normalization_layer_set_weights(model.layers[0])
77
78 with open(sys.argv[1]) as f:
79    for line in f:
80        if line.isspace(): continue
81        batch = prepare_for_window(encode_one_hot(line))
82        preds = model.predict(batch)
83        normal = decode_one_hot(preds)
84        print(normal)
```

## 解説

　入力から1文字単語を除去するために、行全体を知る必要はありません。連続した3文字だけを見れば解決できます。したがって、入力行を3文字ずつスライドさせて、正しい文字を出力するネットワークを設計すれば良いのです。このプログラムで実現される、その手法を見てみましょう。

　これまでと同様に、文字はワンホット符号化されます。印刷可能文字は100個なので、各文字に対してサイズ100のテンソルを使用します。入力を3文字とすると、300の入力を受け取り (#70)、1文字分である100の出力を生成する (#69) ネットワークができます。このネットワークは前章のネットワークよりずっと小さく、300の入力に100の出力なので接続はわずか30,000です。入力を分析する前に、接続のロジックに注目しましょう。

　前章と同様に、このプログラムも重みを設定しネットワークを手動で「プログラム」しています (normalization_layer_set_weights (#36-#64))。ロジックも前章と同じです。ただ、重みの行列が300×100＝30,000 (WINDOW_SIZE×INPUT_VOCAB_SIZE×INPUT_VOCAB_SIZE) である点が異なります。

　問題を考える上で最も重要なのは、おそらく入力の設定です。実際、ニューラルネットワーク入力の設定 (符号化と形状の両方) は、問題を解く上で重要な部分を占めます。この点については後述します。このプログラムが何を行うのかを見てみましょう。ワンホット符号化を行う関数encode_one_hot(#13-#19) は、これまでの章とほぼ同じですが、小さな違いが1つだけあります。それは、すべての行の先頭と末尾に空白を追加するところです (#14)。これは行の最初の文字と最後の文字を処理するロジックを単純化するためであり、このトリックは「**3章　配列プログラミング：ベクトル演算**」でも使用しました。

　このように、行の両端に空白を加えたので、次はネットワークへの入力をどのように行うのかが問題となります。例えば、入力行が「I am a dog!」だったとしましょう。わかりやすくするために、空白の代わりに'-'を使用して、両端の空白も含めて書き換えると「-I-am-a-dog!-」となります。これを入力として、[-I-],[am-],[a-d],[og!],[---]のように扱うのは可能ですが、誤っています。3文字の入

力に対して1文字を出力するため、1文字の単語「a」を見逃してしまいます。代わりに[-I-],[I-a],[-am],[am-],[m-a],[-a-],[a-d],[-do],[dog],[og!],[g!-]のシーケンスを生成するスライディングウィンドウが必要です。入力のすべての文字を1つずつスライドさせることで、入力と同じ数の文字が出力されます。各3つ組の中央だけでなく、両脇の2文字も考慮して出力文字を判断します。

　このため、新しい関数prepare_for_windowを用意し、ワンホット符号化された文字列$x$を適切な3つ組の列に整形します（#28-#34）。これは、配列プログラミングスタイルの操作を使用します。まず、入力のすべての3つ組の開始から終了のインデックスのリストを生成し（#30）、それをNumPy配列にします（#31）[*1]。この配列を使用して入力の配列を一度に切り出します（#32）[*2]。この操作で(len(line), WINDOW_SIZE, INPUT_VOCAB_SIZE)の形状をした3次元テンソルができますが、これをネットワークに送る前に2次元の配列に形状変更します（#34）。

## 用語集

**形状変換（reshape）**

　多次元テンソルのデータを異なる次元に適合するように並べ替えること。例えば、サイズ100の1次元配列をサイズ10×10の2次元配列にする。

## 演習問題

**問題 39-1　学習版プログラム**

　重みをハードコードする代わりに、ネットワークの学習を行うようプログラムを修正せよ。出力の復号化に注意が必要。

**問題 39-2　文字列除去**

　2文字の単語も除去するようにプログラムを変更せよ。

---

[*1]　訳注：行の先頭から3文字ずつを表すインデックスを作り、リストにする（例 [[0,1,2],[1,2,3],[4,5,6]...[78,79,80]]）（#30）。このインデックスのリストは入力から対応する3文字を抽出するために使用する。そのためにこのリストをNumPy配列に変換する（#31）が、後述するファンシーインデックスは、リスト指定も可能であるため、この行の処理は実際には不要。

[*2]　訳注：リストのインデックスに範囲指定して部分リストを作成する方法は序章で解説したが、ここで使用する機能は実際には少し異なる。Python組み込みのリストとは異なりNumPy配列にはファンシーインデックス（fancy index）と呼ばれる機能があり、配列のインデックスにリスト（またはNumPy配列）を指定すると、該当する要素だけの部分配列が作成できる。例えば、x = ['a', 'b', 'c', 'd']のNumPy配列がある場合、x[[1,3]]で、['b', 'd']ができる。

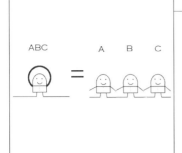

# 40章

**RECURRENT**
# リ カ レ ン ト
## ─回帰型ニューラルネットワーク

## 制約

- 入力は要素のシーケンスであり、出力はそのシーケンス内の特定パターンに依存する。
- 出力シーケンスの長さは、入力シーケンスの長さと同じ。
- 入力は、元のシーケンスから取り出した、サイズ $N$ のフレームの並びとして再編成される。ここで、$N$ はパターンを捉えるに足る十分な大きさを表す。
- フレームは、入力シーケンスをスライドさせて作成する。
- ニューラル機能は1つの単位として定義され、$N$ 回インスタンス化される。フレーム内の要素はそれぞれのインスタンスに同時に適用される。これらのインスタンスは連鎖し、出力が次のインスタンスに接続される。したがって各単位は2組の重みを持つ。1つは入力に対して、もう1つは前のインスタンスの出力に対して適用される。

## プログラム

```
1  from keras.models import Sequential
2  from keras.layers import Dense, SimpleRNN
3  import numpy as np
4  import sys, os, string, random
5
6  characters = string.printable
7  char_indices = dict((c, i) for i, c in enumerate(characters))
8  indices_char = dict((i, c) for i, c in enumerate(characters))
9
10 INPUT_VOCAB_SIZE = len(characters)
11 BATCH_SIZE = 200
12 HIDDEN_SIZE = 100
13 TIME_STEPS = 3
14
15 def encode_one_hot(line):
16     x = np.zeros((len(line), INPUT_VOCAB_SIZE))
```

```
17      for i, c in enumerate(line):
18          index = char_indices[c] if c in characters else char_indices[' ']
19          x[i][index] = 1
20      return x
21
22  def decode_one_hot(x):
23      s = []
24      for onehot in x:
25          one_index = np.argmax(onehot)
26          s.append(indices_char[one_index])
27      return ''.join(s)
28
29  def prepare_for_rnn(x):
30      # TIME_STEPSのスライスをxの後ろに向かってスライドさせる
31      ind = [np.array(np.arange(i, i + WINDOW_SIZE)) for i in range(
32              x.shape[0] - WINDOW_SIZE + 1)]
32      ind = np.array(ind, dtype=np.int32)
33      x_rnn = x[ind]
34      return x_rnn
35
36  def input_generator(nsamples):
37      def generate_line():
38          inline = [' ']; outline = []
39          for _ in range(nsamples):
40              c = random.choice(characters)
41              expected = c.lower() if c in string.ascii_letters else ' '
42              inline.append(c); outline.append(expected)
43          inline.append(' ');
44          for i in range(nsamples):
45              if outline[i] == ' ': continue
46              if i > 0 and i < nsamples-1:
47                  if outline[i - 1] == ' ' and outline[i + 1] == ' ':
48                      outline[i] = ' '
49              if (i == 0 and outline[1] == ' ') or (i == nsamples - 1 and
50                      outline[nsamples - 2] == ' '):
50                  outline[i] = ' '
51          return ''.join(inline), ''.join(outline)
52
53      while True:
54          input_data, expected = generate_line()
55          data_in = encode_one_hot(input_data)
56          data_out = encode_one_hot(expected)
57          yield prepare_for_rnn(data_in), data_out
58
59  def train(model):
60      model.compile(loss='categorical_crossentropy',
61                  optimizer='adam',
```

```
62                         metrics=['accuracy'])
63      input_gen = input_generator(BATCH_SIZE)
64      validation_gen = input_generator(BATCH_SIZE)
65      model.fit_generator(input_gen,
66                  epochs=50, workers=1,
67                  steps_per_epoch=50,
68                  validation_data=validation_gen,
69                  validation_steps=10)
70
71  def build_model():
72      model = Sequential()
73      model.add(SimpleRNN(HIDDEN_SIZE, input_shape=(None, INPUT_VOCAB_SIZE)))
74      model.add(Dense(INPUT_VOCAB_SIZE, activation='softmax'))
75      return model
76
77  model = build_model()
78  model.summary()
79  train(model)
80
81  input("Network has been trained. Press <Enter> to run program.")
82  with open(sys.argv[1]) as f:
83      for line in f:
84          if line.isspace(): continue
85          batch = prepare_for_rnn(encode_one_hot(line))
86          preds = model.predict(batch)
87          normal = decode_one_hot(preds)
88          print(normal)
```

## 解説

　前章のスライディングウィンドウスタイルは、特別な目的（1文字単語の除去）に高度に最適化された解法です。一連の入力の依存関係を捉えるには、特殊なニューラルネットワークである**回帰型**ニューラルネットワーク（RNN：Recurrent Neural Network）を用います。回帰層を概念的に表すと、**図40-1**のようになります。

　**図40-1**の下部に描かれている矢印は、この層の出力が入力だけでなく、それ以前の出力にも依存することを表しています。今回の問題で考えると、出力される文字は以前の出力文字に依存することを意味します。このような循環的な依存関係は伝統的プログラミングにおける基本中の基本であり、それを扱うための優れた考え方やツールを長年にわたり開発してきました。すなわち反復（iteration）と再帰（recursion）です。しかし、ニューラルネットワークには制御フローも再帰性もなく、我々が蓄えてきた知識に対する大きな挑戦がここにあります。これらの概念はゼロから作り上げる必要があり、従来のプログラミングで慣れ親しんできたものとは全く異なる形となります。

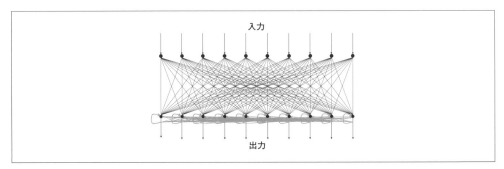

図40-1　RNNの回帰層

　プログラムの詳細に立ち入る前に、回帰型ネットワークを理解するのに役立つ伝統的なプログラミング技法である**ループ展開**（loop unrolling）について説明します。ループ展開とは、ループの中身を開き、一連の並びに変換するプログラム最適化手法の1つです[*1]。これにより条件分岐やインクリメントなど、ループの制御部分を取り除くことができます。この最適化の適用可能性は、状況に依存します。例えば、正確な反復回数がわかってなら、ループの中身を何度もコピー＆ペーストし、必要に応じてブロック内の変数を調整します。

　同様の手法がRNNでも使用されます。RNNは制御フローを持たないため、そもそもループの概念を表現できません。ループの展開は単なる最適化ではなく、必要不可欠なものです。ニューラルネットワークでは次のように$N$個の層をモデルに追加し、$N$回の繰り返しを表現します。それぞれの層は**図40-2**のように全く同じことを行います。

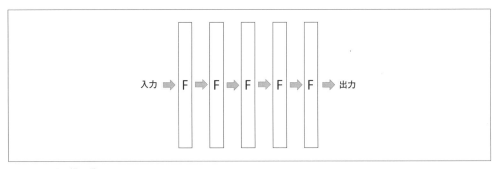

図40-2　層の繰り返し

　これまでのプログラムでは使用していませんが、ネットワークの異なる層で**重み共有**（weight sharing）を行う方法があります。重みをハードコードする場合、共有は些細な問題です。単に同じ重みやバイアスを複数の層に設定すればよいのです。一方学習を行う場合は、重みの共有は学習中の制約として機能します。重みを共有するさまざまな層は、バックプロパゲーション中に同じ重みを持つこ

---

[*1]　訳注：例えばfunc()関数を3回呼び出す場合、for文を使用して3回のループを回すのではなく、func()呼び出しを3回書き下し、func();func();func()とする。これにより、ループ回数の判断やループの先頭に戻るジャンプなどを排除できる。

とが保証されます。それらの層は、全く同じ機能を実装します。

　しかし、これだけでは入力項目間の依存関係を表現するには不十分です。繰り返しは確かに必要であり、それは重みの共有によって表現できます。しかし、入力シーケンスの「ウィンドウ」内から情報を得る能力も必要です。これは、離散**時間**（正確には入力のシーケンス）をニューラルネットワークで扱うための、ちょっとした工夫により実現されます。**図40-3**で、そのアイデアの核心を説明します。

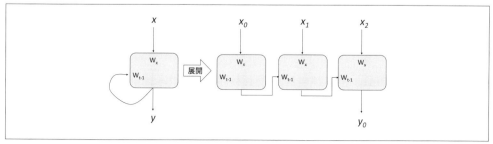

**図40-3　RNNの繰り返し実装イメージ**

　この図は一見単純であり、従来のプログラミングでのループ展開のように見えるため、重要な詳細を見落としてしまうかもしれません。注意深く分析してみましょう。まず、同じ単位が3回繰り返され、重みが共有されています。次に、各単位は学習可能なパラメータを1つではなく、2つ持つことに注目してください。そのうちの1つは、これまで見てきた通りの入力から出力への重みとバイアスです。図では $W_x$ と表記しています。2つ目のパラメータ（$W_{t-1}$）は、以前の出力と現在の出力の間に作用する重みとバイアスです。この章の最初の図では、下部の矢印で表現されていました。最後に、入力そのものに関連するもう1つの重要な詳細があります。入力項目のウィンドウは $N$ 回繰り返しの入力として拡散されます。ここでのウィンドウサイズは3です。つまり、$y_0 = f(x_0, x_1, x_2)$, $y_1 = f(x_1, x_2, x_3)$ のように、3つの入力に対して1つの出力が得られます。出力列は入力列に対してシフトされます。

　まとめると、RNNは次のようにループを実装します。(a) 同じ機能を $N$ 回インスタンス化する、(b) インスタンスの出力を鎖状につなぐ、(c) 入力シーケンスを $N$ 項目取り出し、各項目をそれぞれのインスタンスに同時に与える。

　最後に不明な点が1つだけあります。繰り返し回数 $N$ をどのように指定するのでしょうか。これはおそらく、KerasのRNNで最もわかりにくい点の1つです。この重要なパラメータは、暗黙的に入力の**形状 (shape)** として表現されています。プログラムでその方法を確認します。

　RNNの基本的な概念を説明したので、最後にプログラムを分析してみましょう。まず、関数 build_model で行うモデル定義 (#71-#75) からです。このモデルは、最後の次元が INPUT_VOCAB_SIZE (100) である何らかの形状の入力を受け取り、同じサイズ (100) の出力を生成する SimpleRNN 層を持ちます。そして、その出力はソフトマックス (softmax) 活性化関数を持つ Dense 層に供給されます。ここでは、37章で扱った知識、つまり回帰層の後にソフトマックスで活性化した Dense 層を1つ適用し、ワンホット符号化表現でカテゴリを復元する考え方を使用しています。プログラムは初めから学習版で書かれ

ていて、学習を行う関数train (#59-#69) を持ちます。学習の設定はこれまでのカテゴリ学習と同じであり、新しい部分は何もありません。

　このプログラムの2番目に注目すべき、そして理解しがたい箇所は、関数prepare_for_rnn(#29-#34)で行う入力の整形です。この関数へは、文字のシーケンスに対応する((len(line), INPUT_VOCAB_SIZE) 形状のテンソルを入力し、(len(line), TIME_STEPS, INPUT_VOCAB_SIZE) 形状のテンソルを出力します。これはTIME_STEPSの大きさを持つシーケンス、ここでは3文字に相当します。これはすなわち、SimpleRNN層が3回繰り返されることを意味します。繰り返し回数を増やすには、TIME_STEPSを増加させます。KerasでRNNの繰り返し回数を指定する方法は、このように（暗黙的に）入力の形状に含めます。

　最後の注目すべき箇所は、学習用入出力シーケンスの生成です (#36-#57)。特に内部関数generate_lineの振る舞いが多少奇妙に見えるかもしれません。具体的には、これまでのように入力とそれに対応する出力を生成するだけではなく、入力シーケンスと出力シーケンスの間のシフトも行います (#38)。入力シーケンスの先頭に空白を挿入する一方で、出力シーケンスの先頭には対応する空白文字を挿入しません。この結果、入出力シーケンスは1文字ずれています。なぜでしょう。図40-3を思い出してください。ここでは、$x_i$を3文字の中央に置いた状態で、出力$y_{i-1}$を決定したいと考えています。1つずらすとそれが可能となります。

## 歴史的背景

　経時的な状態を保存できる「循環を持つ」ニューラルネットワークを研究した初期の論文が、W.リトルにより1974年に発表されました。その数年後[*1]、そのアイデアはジョン・ホップフィールドにより、現在ホップフィールドネットワーク（Hopfield networks）として知られているものに一般化されました。回帰型ニューラルネットワークの一般的な形式は、1986年にラメルハート、ヒントン、ウィリアムズが*Nature*に発表しました[*2]。

## 参考文献

Little, W.A. (1974), The existence of persistent states in the brain, *Mathematical Biosciences*19(1-2): February.

　（回帰型）ニューラルネットワークに状態を持たせることが可能かを研究した最初の論文の1つ。このアイデアは、普及させたジョン・ホップフィールドにちなみ、ホップフィールドネットワークと呼ばれる。

---

[*1] 訳注：ホップフィールドネットワークに関する論文「Neural networks and physical systems with emergent collective computational abilities.」は、1982年にPNASに掲載された。https://www.pnas.org/doi/abs/10.1073/pnas.79.8.2554

[*2] 訳注：この論文「Learning representations by back-propagating errors」は、37章の参考文献に、バックプロパゲーションに関する論文として紹介したものと同じ。

# 用語集

**ループ展開（loop unrolling）**

従来のプログラミングにおける最適化手法の1つ。ループの本体を明示的にコピーしてループ命令を排除する。

**重み共有（weight sharing）**

重みを共有することは、共有したそれぞれの層に同じ機能を持たせること。

# 演習問題

**問題 40-1　制御下のリカレントネットワーク**

このプログラムの重みをハードコードして、同じ機能を実現せよ。

**問題 40-2　文字列除去**

2文字の単語も除去するようにプログラムを変更せよ。

**問題 40-3　別パターン**

パターン *cc*（同じ文字の2回繰り返し）から「xx」（2文字のx）への変換を学習するRNNを実装せよ。

**問題 40-4　電話番号**

電話番号の匿名化を学習するRNNを実装せよ。前提として、電話番号は任意の11桁数字のシーケンス（例: 9495551123）、またはハイフン付き11桁数字のシーケンス（例: 949-5551123、949-555-1123）として与えられると仮定する。これを検出した場合、パターン内すべての数字をxに置き換える（例はそれぞれxxxxxxxxxx、xxx-xxxxxxx、xxx-xxx-xxxxとなる）。

**問題 40-5　ストップワード**

学習によりストップワードをすべて空白に置き換えるRNNを実装せよ。ファイルstop_wordsに記載のストップワードを対象とする。

# 索引

## ●著者紹介

**Cristina (Crista) Videira Lopes** (クリスティナ (クリスタ)・ヴィディラ・ロペス)

カリフォルニア大学アーバイン校ドナルド・ブレン情報・コンピュータ科学スクール (Donald Bren School of Information and Computer Sciences) のソフトウェア工学教授として、大規模データおよび大規模システムのソフトウェア工学を中心に研究している。ゼロックスPARCの、アスペクト指向プログラミングおよび言語AspectJを開発したチームの創設メンバーの1人でもある。研究活動に加えソフトウェア開発者としても活躍し、音響ソフトウェアモデムや仮想世界サーバOpenSimulatorなどのオープンソースプロジェクトに貢献している。また、初期段階の持続可能な都市再開発プロジェクトのためのオンラインバーチャルリアリティを専門とする会社の共同設立者でもあり、OpenSimulatorベースの仮想世界検索エンジンを開発・保守している。

ノースイースタン大学で博士号を、ポルトガルのリスボン大学工学部 (Instituto Superior Técnico) で修士号と理学士号を取得している。全米科学財団 (National Science Foundation) の助成金を受けており、権威あるCAREER賞も受賞した。また、ACM Distinguished ScientistおよびIEEEフェローでもある。

## ●訳者紹介

**菊池 彰** (きくち あきら)

日本アイ・ビー・エム株式会社勤務。翻訳書に『動かして学ぶAI・機械学習の基礎』『機械学習による実用アプリケーション構築』『ゼロからはじめるデータサイエンス第2版』『IPythonデータサイエンスクックブック第2版』『Pythonデータサイエンスハンドブック』『詳説Cポインタ』『GNU Make第3版』『make改訂版』(以上オライリー・ジャパン) がある。

## ●査読協力

**大橋 真也** (おおはし しんや)、**鈴木 駿** (すずき はやお)、**藤村 行俊** (ふじむら ゆきとし)、**赤池 飛雄** (あかいけ ひゆう)

# プログラミング文体練習 ── Pythonで学ぶ40のプログラミングスタイル

2023年 6 月12日　　初版第 1 刷発行

| | | |
|---|---|---|
| 著　　　　者 | Cristina Videira Lopes（クリスティナ・ヴィディラ・ロペス） | |
| 訳　　　　者 | 菊池 彰（きくち あきら） | |
| 発　行　人 | ティム・オライリー | |
| 制　　　作 | 有限会社はるにれ | |
| 印 刷・製 本 | 日経印刷株式会社 | |
| 発　行　所 | 株式会社オライリー・ジャパン | |
| | 〒160-0002　東京都新宿区四谷坂町12番22号 | |
| | Tel　　（03）3356-5227 | |
| | Fax　　（03）3356-5263 | |
| | 電子メール　japan@oreilly.co.jp | |
| 発　売　元 | 株式会社オーム社 | |
| | 〒101-8460　東京都千代田区神田錦町3-1 | |
| | Tel　　（03）3233-0641（代表） | |
| | Fax　　（03）3233-3440 | |

Printed in Japan (ISBN978-4-8144-0022-5)
乱丁本、落丁本はお取り替え致します。